Die Kommutatormaschinen

für einphasigen und mehrphasigen Wechselstrom

Von

Dr.-Ing. e. h. M. Schenkel

Oberingenieur der Siemens-Schuckertwerke

Mit 124 Abbildungen

Walter de Gruyter & Co.

vormals G. J. Göschen'sche Verlagshandlung — J. Guttentag, Verlagsbuchhandlung
Georg Reimer — Karl J. Trübner — Veit & Comp.

Berlin und Leipzig 1924

Druck von Walter de Gruyter & Co., Berlin W. 10.

Vorwort.

Trotzdem die Wechselstrom-Kommutatormaschinen seit fast 25 Jahren viel in der Elektrotechnik von sich reden machen, trotzdem die Literatur über sie recht umfangreich ist, gibt es doch kein für die Praxis geeignetes Buch darüber. Man sagt diesen Maschinen nach, daß sie schwierig zu verstehen seien: das mag wohl der Grund für das Fehlen zusammenfassender Werke sein. Wer wie der Verfasser 20 Jahre lang an der Entwicklung der Kommutatormaschinen mitgearbeitet hat, für den wird im Laufe der Zeit der Gegenstand einfach: die Praxis sorgt dafür, daß das Einfache und Gute, auch in der Theorie, bleibt, und das Umständliche verschwindet. Das vorliegende Buch soll diese Einstellung zu dem Stoffe wiedergeben. Mit seinen ersten 3 Kapiteln, in denen die Praxis des ganzen Gebietes ohne Theorie zusammengefaßt ist, will es dem projektierenden Ingenieur an die Hand gehen. In den nächsten 4 Kapiteln bringt es die gemeinsamen Grundlagen aller Kommutatormaschinen, in den letzten 9 Kapiteln die besondere Arbeitsweise der einzelnen Arten. Es werden nur moderne Kommutatormaschinen behandelt, mit Ausnahme eines Ehrenzugeständnisses an den kompensierten Repulsionsmotor. Regelsätze und andere Kaskaden-Anordnungen sind nur gestreift, ihre Entwicklung ist noch zu sehr im Flusse und man bedient sich dabei der beschriebenen Maschinenarten. Das Buch enthält die wichtigsten Berechnungsformeln, ohne deshalb mit Rechenwerk überladen zu sein, sowie ein gutes Literaturverzeichnis. Möge es die Lücke in der Reihe der elektrotechnischen Werke schließen und sich recht viele Freunde erwerben.

Charlottenburg 1924.

Dr.-Ing. e. h. M. Schenkel.

Inhaltsverzeichnis.

Teil I.

Einleitung.

Teil II.

Allgemeine Beschreibung zur Ubersicht über die Kommutatormaschinen mit Bildern und Schaltungen.

Teil III.

Anwendung der Kommutatormaschinen, Unterlagen für die Projektierung, Wirtschaftlichkeit.

Teil IV.

Die Speisung des Ankers.

Teil V.

Der Anker mit Kommutator im magnetischen Felde.

Teil VI.

Die Leistung der Maschine und die Größe des Kommutators.

Teil VII.

Die Kommutierung.

Teil VIII.

Der Einphasen-Reihenschlußmotor und der doppelt-gespeiste Motor.

Teil IX.

Der Repulsionsmotor.

Teil X.

Der kompensierte Repulsionsmotor.

Teil XI.

Der einphasige Nebenschlußmotor.

Teil XII.

Der mehrphasige Reihenschlußmotor.

Teil XIII.

Der mehrphasige Nebenschlußmotor und der kompensierte Asynchronmotor.

Teil XIV.

Der Frequenzwandler.

Teil XV.

Die Phasenregler.

Teil XVI.

Kommutator-Generatoren.

Teil I.

Einleitung.

Die Entwicklung der Kommutatormaschinen für Wechselstrom reicht in ihren Anfängen bis in die Zeit zurück, in der der Aufschwung der Wechselstromtechnik begann [1]. Die Aufmerksamkeit, die sie in der technischen Welt fanden, wurde jedoch bald durch die alle verfügbaren Kräfte in Anspruch nehmende Entwicklung des Drehstromes wieder von ihnen abgelenkt, umsomehr, als die ersten probeweise ausgeführten Kommutatormotoren zunächst bei weitem nicht so befriedigten wie die asynchronen Drehstrommotoren.

Erst nach dem Abschlusse der Entwicklung des Drehstromes griff man wieder auf sie zurück. Man hatte die Grenzen der Verwendbarkeit der Drehstrom-Asynchronmotoren kennengelernt und besonders deren großen Nachteil, sich nicht verlustlos auf beliebige Drehzahlen einstellen zu lassen, häufig störend empfunden. Vor allem wollte es nicht gelingen, den Asynchronmotor in eine für den Bahnbetrieb geeignete Form zu bringen. Wie die tägliche Erfahrung lehrt, ist für diesen Betrieb die Herstellung beliebiger Fahrgeschwindigkeiten, also auch beliebiger Motordrehzahlen geradezu eine Lebensbedingung. Der Gleichstrom konnte infolge der niedrigen Spannungen, für die sich allein seine Motoren bauen ließen, für den Bahnbetrieb in größerem Umfange nicht in Frage kommen; er kann dies übrigens auch heutigen Tages trotz mancher Fortschritte noch nicht recht. Die beiden Forderungen aber: Wechselstrom als Mittel zur Übertragung der Arbeit und Regelbarkeit des Motors in beliebigen Grenzen erfüllen im allgemeinen die Kommutatormotoren. Kein Wunder also, wenn als vielversprechende und siegreiche Wettbewerber diese Maschinen, und zwar zuerst in der Gestalt des einphasigen Reihenschlußmotors für Bahnbetrieb, auf den Plan traten. Nach-

[1] Die älteste mit Wechselstrom betriebene Kommutatormaschine ist der einphasige Reihenschlußmotor.

Repulsionsmotoren liefen nach Angaben von Elihu Thomson im Jahre 1886, vgl. Electrical World 1915, Bd. 66, S. 370 und U. S. P. 363 185 vom 17. Mai 1887.

Drehstrom-Reihenschluß- und Nebenschlußmotoren wurden zuerst durch Görges 1891 beschrieben, vgl. E. T. Z. 1891, S. 699.

dem die ersten Bahnanlagen mittleren Umfanges gut ausgefallen waren, lenkte sich die Aufmerksamkeit ganz allgemein den Kommutatormotoren zu, deren Entwicklung sich nun in den Jahren 1900 bis 1914 vollzog.

Um zu einem rechten Verständnis für die Brauchbarkeit der neuen Maschinen zu kommen, ist es zweckmäßig, den Gang dieser Entwicklung kurz wiederzugeben und dies ist auch der Grund dafür, wenn wir hier auf ihn eingehen.

Da ist zuerst zu bemerken, daß infolge der hohen wissenschaftlichen Entwicklung der Elektrotechnik lebhafte Erörterungen über die Verwendungsmöglichkeiten der Motoren, die an sich sehr mannigfaltig sind, begannen, ohne daß die Einführung der Maschinen in die praktische Erprobung damit gleichen Schritt hielt. Man behauptet nicht zuviel, wenn man sagt, daß dieser Gang der Entwicklung nicht vorteilhaft für den neuen Gegenstand war. Man gelangte dadurch verhältnismäßig zu spät zur Erkenntnis der Grenzen, die auch diesen Maschinen wiederum gezogen waren. Die eine Grenze wird durch die Wirtschaftlichkeit gegeben, die andere Grenze durch die Eigenschaften der heutigen Kohlenbürsten, beide hängen innerlich zusammen.

Bei der Beurteilung der Wirtschaftlichkeit hielt man sich anfangs mangels Erfahrung unwillkürlich zu sehr an das von der Gleichstrommaschine her gewohnte Bild. Die Gleichstrommaschine ist eine in ihrem umlaufenden Teile sehr hoch ausgenutzte Maschine — höher ausgenutzt als die gewöhnlichen Wechselstrommaschinen — mit einem verhältnismäßig kleinen Kommutator und wenigen Bürsten. Ihr Wirkungsgrad ist hoch. Sie ist daher eine wirtschaftliche Maschine Wenn man nun auch von vornherein nicht erwartete, daß die Baustoffausnutzung eines Kommutatormotors der einer Gleichstrommaschine gleichkommen würde, so war es doch erst einer viel späteren Erkenntnis vorbehalten, daß die Eigenschaften der Kohlenbürsten meistens die volle Ausnutzung der übrigen elektrischen und magnetischen Baustoffe verhindern und zur Anwendung recht großer Kollektoren mit recht vielen Bürsten nötigen würden. Die Bürsten bedingen entsprechend mehr Wartung, also Betriebsaufwendungen.

Fragt man nach dem Grunde hierfür, so mag die Antwort vielleicht richtig sein, daß die Gleichstrommaschine bei weitem nicht die Anforderungen an das Bürstenmaterial stellt wie eine Kommutatormaschine für Wechselstrom und daß dadurch die Entwicklung der Kohlenbürsten im allgemeinen hinter der der übrigen elektrischen und magnetischen Baustoffe zurückgeblieben ist. Welche Eigenschaften der Kohlenbürsten es sind, die solche Hindernisse bereiten, ist in den weiteren Abschnitten dieses Buches auseinandergesetzt (Teil VI), hier sei nur die Tatsache festgestellt. Sie wird besonders treffend dadurch gekennzeichnet, daß sie im Laufe der Entwicklung der Bahnkommutatormotoren zu einer lebhaften Erörterung der Frage geführt hat, welche Frequenz man am besten dafür verwende, und daß schließlich die im sonstigen technischen Leben nicht sehr brauchbare Frequenz $16^2/_3$ gewählt worden ist, also ein Wechselstrom, der sich durch seine geringe Frequenz schon recht sehr, in der Beanspruchung der Kohlenbürsten jedenfalls erheblich, dem Gleichstrome nähert.

Daß also die Ausnutzbarkeit der gegenwärtigen Kohlenbürsten in keinem geeigneten Verhältnisse zu der der übrigen Baustoffe steht, hatte zur Folge, daß Kommutatormotoren im allgemeinen große Kollektoren, viele Bürsten und nicht zu günstige Wirkungsgrade haben. Bei guter Ausnutzung (also z. B. beim Erreichen zulässiger Erwärmungen) sinkt der Wirkungsgrad und es leidet die Wirtschaftlichkeit im Betriebe; wird aber der Wirkungsgrad durch schwächere Ausnutzung der Baustoffe künstlich für einen wirtschaftlichen Betrieb gesteigert — was natürlich möglich ist —, so leidet wiederum die Wirtschaftlichkeit der Herstellung.

Aus dem Gesagten ergibt sich von selbst, daß die weitere Zukunft der Kommutatormotoren wesentlich von den Fortschritten abhängt, die man in der Herstellung stark beanspruchbarer Kohlenbürsten machen wird, eine Tatsache, auf die der Verfasser bereits in einer Veröffentlichung im Jahre 1912 nachdrücklich hingewiesen hat [1].

In der Gegenwart hat es sich als eine Folge dieses Standes der Dinge ergeben, daß sich die Kommutatormaschinen im wesentlichen nur die Sondergebiete erobert haben, wo man auf ihre Regulierbarkeit und auf ihre Eigenschaften zur Phasenverbesserung unbedingt angewiesen ist. Diese Gebiete lernen wir in den weiteren Abschnitten des Buches kennen. Nicht erfüllt hat sich dagegen die von manchen Seiten gehegte Meinung, daß die Kommutatormotoren wegen ihrer neuen Eigenschaften dazu berufen seien, die asynchronen Motoren zu verdrängen. Dazu müßten sie, wie gesagt, viel wirtschaftlicher und am Bürstenapparat unempfindlicher herstellbar sein, als sie dies gegenwärtig sind. Daß es einen Weg gibt, auf dem sie zu diesem Ziele gelangen könnten, haben wir gesehen.

Die Entwicklung der Kommutatormaschinen hat etwa mit dem Jahre 1914 einen gewissen vorläufigen Abschluß erreicht. Aus der Fülle

[1] Die Drehstrom-Reihenschlußmotoren der Siemens-Schuckertwerke, E. T. Z. 1912, S. 473, besonders S. 475.

der erdachten Ausführungen haben sich einige bewährt und sich dauernd in der Technik einen Platz gesichert. Der Zweck dieses Büchleins soll der sein, das Bewährte gründlich zu beschreiben und auf diejenigen Formen einzugehen, die nach dem jetzigen Stande der Beurteilung Aussicht haben, in der Praxis dauernd verwendet zu werden. Alles, was sich dagegen nicht bewährt hat, soll weggelassen oder nur gestreift werden.

Für die Einteilung des Stoffes ist es maßgebend gewesen, daß die Kenntnis der Eigenschaften der Kommutatormaschinen für Wechselstrom noch wenig verbreitet ist. Man hält dieses Gebiet häufig für ein besonders schwieriges der elektrotechnischen Theorie; das ist indessen, wie die Darstellungen dieses Buches hoffentlich zeigen werden, nicht in besonderem Maße der Fall, sobald man nur bei den Überlegungen stets von den bewährten Grundsätzen der Elektrotechnik ausgeht. Mit ihnen betrachtet wird auch dieses Gebiet übersichtlich und verständlich.

Der Beginn der Auseinandersetzungen schließt sich daher zunächst an die als bekannt voraussetzbare Elektrotechnik an. Es werden zuerst Bau, Aussehen und Verhalten der bewährten Maschinenformen geschildert, weil diese Dinge am wichtigsten und für jedermann am interessantesten sind, dann werden die den Maschinen gemeinsamen Eigentümlichkeiten erörtert und nachher erst folgt die genauere Beschreibung der einzelnen Formen der Kommutatormaschinen mit eingehender Begründung ihres Verhaltens.

Teil II.

Allgemeine Beschreibung zur Übersicht über die Kommutator-Maschinen.

1. Der Anker.

Der wichtigste Bestandteil jeder Kommutatormaschine ist der Anker, auch Läufer oder Rotor genannt. Er hat stets dieselbe Grundform, welchem Zwecke die Maschine auch dienen möge. Deshalb beschreiben wir ihn zuerst. Der Anker ist immer der in Bewegung befindliche Teil der Maschine, er ist an dem Vorgange der Umwandlung der elektrischen Arbeit in mechanische oder umgekehrt am meisten beteiligt.

In Fig. 1 a ist ein unfertiger Anker, in Fig. 1 b und 1 c ein großer und ein kleiner fertiger Anker dargestellt, seinen Aufbau zeigt in einem Längsschnitte Fig. 2. In der Mitte ist die Welle *W* sichtbar, auf der der ganze Anker aufgebaut ist. Sie trägt das Blechpaket *P*, einen aus Blechscheiben, meist von 0,5 mm Dicke, zusammengesetzten Zylinder. Fig. 3 zeigt eine solche Scheibe von vorn. In den Nuten *N*, die in Fig. 3 der Deutlichkeit wegen verhältnismäßig größer gezeichnet sind, als sie in Wirklichkeit zu sein pflegen, ist die aus Kupferstäben *O* und *U* oder Drähten bestehende Wicklung isoliert eingebettet. Sie ragt beiderseits mit den „Wicklungsköpfen" *WK* aus dem Blechpaket heraus. Während die innerhalb der Nuten liegenden Teile der Wicklung nebst dem Blechpaket die elektrisch wirksamen Bestandteile des Ankers sind, stellen die Wicklungsköpfe nur die leitende Verbindung zwischen den einzelnen Stäben oder Drähten her. Zugleich sind an ihnen meistens die nach dem Kommutator *K* hin führenden Verbindungsstücke *F*, die man mit dem Namen „Fahnen" bezeichnet, angelötet.

Der Kommutator *K* ist ein Zylinder, der aus einzelnen 3 bis 8 mm breiten Lamellen *L* aus Kupfer zusammengesetzt ist. Diese Lamellen *L* sind parallel zur Welle gerichtet und voneinander durch 0,4 bis 0,8 mm starke Lamellen aus Glimmer oder Preßspan (*G* in Fig. 4) isoliert. Sie werden mit Hilfe von Ringen *R*, die in schwalbenschwanzförmige Ausschnitte der Lamellen eingreifen, unter Zwischenlage einer Isolierschicht *I* in ihrer Lage gehalten.

Fig. 1a.

Fig. 1b.

Fig. 1c.

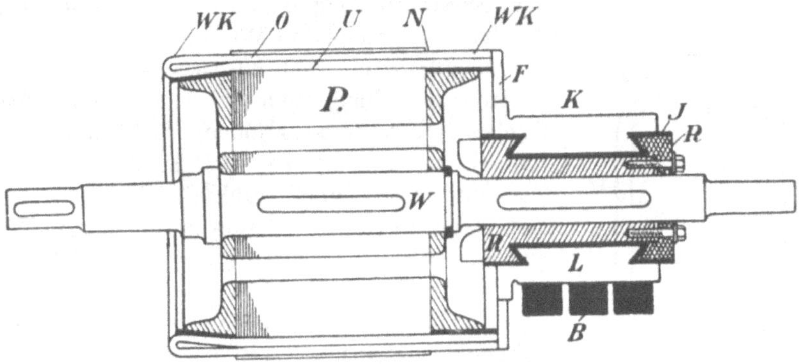

Fig. 2.

Aus den Figuren ist leicht zu erkennen, daß der Aufbau des Ankers rund um die Welle herum völlig gleichförmig ist. Dies hängt mit der Stromzuführung zu ihm zusammen. Auf der zylindrischen Oberfläche des Kommutators stehen die sog. „Bürsten" *B*, von denen in Fig. 2 nur unten drei Stück gezeichnet sind, die beim Umlauf des Kommutators von Segment zu Segment gleiten, mit einer äußeren Stromleitung, häufig dem „Netz", in Verbindung stehen und die Stromzuführung zur Ankerwicklung besorgen.

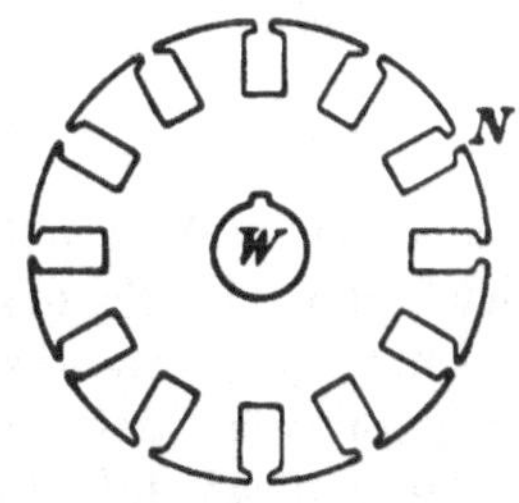

Fig. 3.

Da die Stromverteilung im Anker von dessen augenblicklicher Stellung zu den stromzuführenden Bürsten unabhängig sein muß — anderenfalls würde er nicht in jeder Stellung dieselbe Kraft hergeben können —, muß die Verteilung der Wicklung längs des Umfangs und damit der ganze Aufbau rund um die Welle herum ganz gleichförmig sein. Dieser Umstand ist wichtig und muß zum Verständnis späterer Erläuterungen gemerkt werden.

Wie die Wicklung im einzelnen ausgeführt wird, veranschaulicht Fig. 4 für den am häufigsten vorkommenden Fall der sog. Schleifenwicklung. Von einer Kommutatorlamelle 1 aus gelangt man durch eine der Fahnen F in den Oberstab O, so genannt, weil er beim Einbetten in die Nut in deren oberen Teil zu liegen kommt und dann über den Wicklungskopf WK in einen Unterstab U, der im unteren Teil einer anderen, meist um eine Polteilung [1] entfernten Nut liegt. Von hier kommt man durch eine andere Fahne zu einer zweiten Kollektorlamelle 2. Liegt diese, wie es in der Regel der Fall ist, neben der ersten, so sagt man: zwischen zwei Lamellen liege e i n e Windung. Steht gerade eine Bürste auf beiden Lamellen, so schließt sie die dazwischenliegende Windung kurz.

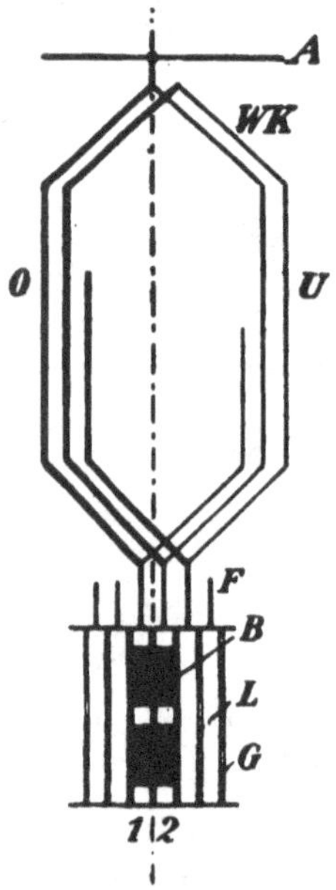

Fig. 4.

Es gibt auch noch eine große Zahl anderer Arten von Wicklungen. Im Rahmen dieses Buches lassen sie sich jedoch nicht behandeln. Es sei auf die Werke von E. Arnold: „Die Gleichstrommaschine" und R. Richter: „Die Ankerwicklungen für Gleich- und Wechselstrommaschinen" verwiesen, die das beste Bild darüber bieten.

Für Kommutatormaschinen ist mit Ausnahme der kleinsten Ausführungen die oben beschriebene Schleifenwicklung mit einer Windung zwischen zwei Lamellen mit Rücksicht auf gute Kommutierung die am meisten gebrauchte Wicklung. Man kann schätzen, daß 80% aller Maschinen damit gebaut werden. Sie ist zugleich die übersichtlichste Wicklung, weil ihr Wicklungszug erst dann in das Gebiet eines anderen Polpaares hinüberführt, wenn ein Polpaar durchlaufen worden ist. Alle Polpaare einer Maschine erscheinen deshalb bei ihr parallel geschaltet. Damit sich der Strom gleichmäßig in die parallelen Zweige verteilt, verbindet man Punkte gleicher Spannung durch „Ausgleichsverbindungen" A, die nur bei Unsymmetrien der Maschine Strom führen. Um diese „Ausgleichströme" nicht auf die Ankerwicklung selbst zurückwirken zu lassen und die Stromwendung nicht zu stören, legt man diese Verbindungen gern auf die Kommutatorseite, bzw. an dessen Lamellen.

Die auf dem Kollektor schleifenden „Bürsten" B bestehen wie bei Gleichstromdynamos aus verschiedenen Kohlensorten, jedoch müssen mit Rücksicht auf die andersartige, schwierigere Kommutierung

[1] Eine Polteilung erhält man, wenn man den Ankerumfang durch die Polzahl $2p$ teilt.

meistens andere Marken als bei diesen verwendet werden. Näheres siehe Teil VI. Aus dem gleichen Grunde sind schmale Kohlen beliebter als breite. Früher ist man darin allerdings häufig zu weit gegangen. Kohlenbrüche und geräuschvoller Lauf waren die Folge. Um derartige mechanische Mängel zu verhüten, sollte man Kohlenbürsten unter 8 mm Dicke bei größeren Maschinen nicht verwenden.

Die Breite der einzelnen Bürste in der Längsrichtung des Kollektors schwankt zwischen 10 und 70 mm. Man wählt die Breite meistens so, daß die Anzahl der Bürsten einer Maschine mit Rücksicht auf deren Bedienung nicht zu groß, andererseits zwecks Verhütung von Stromunterbrechungen nicht zu klein (also nicht kleiner als zwei pro Bürstenbolzen) ist.

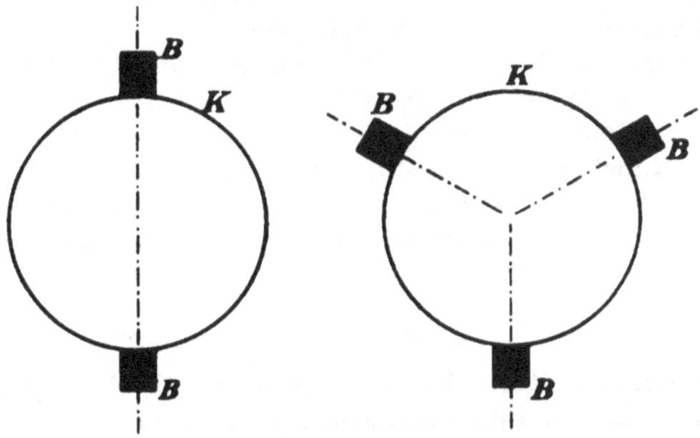

Fig. 5.

Die Bürsten sitzen in Bürstenhaltern, in denen sie auf- und niedergleiten können, um geringen Unebenheiten des Kollektors und der Abnutzung folgen zu können. Den Strom erhalten sie durch Druckplatten oder aufgenietete Reiter zugeführt.

Die richtige Wahl, Beanspruchung, Bemessung der Bürsten und ihrer Halter ist Erfahrungssache, aber äußerst wichtig.

In Figuren, die der Erläuterung dienen, pflegt man einen Anker mit Wicklung, Kollektor und Bürsten nur für ein Polpaar und in der einfachen Weise darzustellen, wie es Fig. 5 zeigt. Der Kreis K bedeutet zugleich Wicklung und auch Kollektor, B bedeuten die Bürsten. Ob der Anker für Ein- oder Mehrphasenstrom eingerichtet ist, erkennt man in der Regel an der Zahl der eingezeichneten Bürsten. Der linke Teil von Fig. 5 zeigt die für Einphasenstrom, der rechte die für Dreiphasenstrom übliche Darstellung.

Dabei gestattet man sich eine Vereinfachung, die wegen des Verständnisses der Abbildungen dieses Buches nicht unerwähnt bleiben darf. Wie Fig. 4 zeigt, liegt die Bürste in Wirklichkeit räumlich in der Mitte der Windung, die sie gerade kurzschließt, und auch genau in der Mitte der Windungen, die sie gerade mit Strom speist. In den meisten Erörterungen spielt aber nicht die Lage der Bürsten, sondern die der gespeisten Leiter die wichtige Rolle. Man denkt sich deshalb die Bürste vom Kommutator weg auf den Leiter selbst versetzt, so daß sie auf ihm unmittelbar zu schleifen scheint. Bürste und gespeister Leiter nehmen nun dieselbe Lage im Raume ein. So hat man auch die Fig. 5 sowie zahlreiche ähnliche zu verstehen.

Die Bürstenhalter sitzen zu mehreren auf „Bürstenbolzen", die zugleich Stromzuführung für die einzelnen Halter sind. Bolzen gleicher Polarität sind untereinander durch „Sammelringe" verbunden.

Die Bolzen endlich sind isoliert an Trägern befestigt, die ihnen den erforderlichen mechanischen Halt geben.

Das Ganze, die Bürsten, Halter, Bolzen und Träger pflegt man mit dem Sammelnamen „Bürstensatz" zu bezeichnen.

Von den Sammelringen eines Bürstensatzes führen steife oder bewegliche Kabel zu den Schaltklemmen des Ankers, die durch bestimmte Buchstaben bezeichnet werden, damit die Maschine auch von ungeübter Hand nach einem beigegebenen „Schaltbilde" geschaltet werden kann.

2. Der Ständer.

Eine weitaus größere Mannigfaltigkeit als die Anker weisen die Ständer der Kommutatormaschinen auf. Man kann an ihrem Aufbau in der Regel sofort erkennen, was für eine Maschine man vor sich hat, während das beim Anker nicht möglich ist.

Gemeinsam ist allen Ständern ein aus Blechen aufgeschichtetes Paket, das den Anker ringförmig umschließt und dieselbe Breite wie sein Blechpaket hat. Seine innere zylindrische Höhlung, die man mit dem Worte „Bohrung" bezeichnet, ist ein wenig größer im Durchmesser als der Anker, damit dieser frei darin umlaufen kann. Der Zwischenraum heißt „der Luftspalt". Er hat Werte von 0,5 bis 5 mm; größere Werte kommen wegen der Rücksichtnahme auf die magnetischen Verhältnisse nicht vor.

Das Blechpaket sitzt in einem meist gußeisernen Gehäuse, dessen seitliche Teile meist zugleich einen Schutz für die Wicklung des Ständers bilden und das besonders bei kleinen Maschinen auch die Lager für die Welle des Ankers trägt.

Um die Bohrung herum ist das Blechpaket des Ständers genutet. In den „Nuten" liegt die „Ständerwicklung".

Nutung und Wicklung sind es, die bei den Ständern der verschiedenen Kommutatormaschinen ebenfalls ganz verschieden sind und ihnen im Verein mit dem Anschluß des Ankers ihre wesentlichen Unterschiede verleihen.

Wir können deshalb die Ständer der verschiedenen Maschinen nur im Zusammenhang mit ihrer Wicklung betrachten.

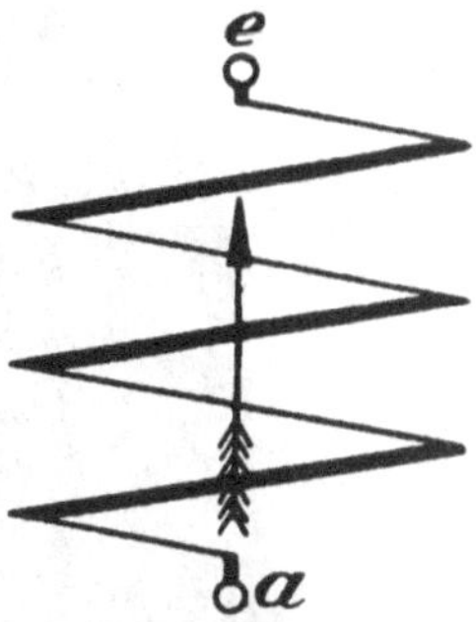

Fig. 6.

In Figuren, die der Erläuterung dienen, pflegt man Ständerwicklungen durch Zickzacklinien darzustellen, wie es Fig. 6 zeigt. Die Punkte an den Enden der Zickzacklinie bedeuten die Klemmen der Wicklung, ihre Längsrichtung deutet in der Regel zugleich diejenige Raumrichtung an, in der die Wicklung den Ständer magnetisieren kann. Es kommt vor, daß mehrere Wicklungen vorhanden sind, die in verschiedener Richtung magnetisieren; solche zeichnet man dann oft mit verschieden gelagerten Längsrichtungen oder, wie man auch sagt, „Achsen" auf. Auch die Wicklungs„richtung" muß oft beachtet werden, man deutet sie dann durch kleine, den Klemmen beigeschriebene Buchstaben „a" = „Anfang" und „e"= „Ende" an.

Werden die Klemmen der Wicklungen unter sich und mit denen des Ankers durch Leitungen verbunden, so entsteht die „Schaltung" der Maschine, die eine sehr wichtige Rolle spielt. Sie wird zeichnerisch durch ein „Schaltbild" wiedergegeben, das für den mit der Maschine nur ungefähr Vertrauten die Anweisung enthält, wie er ihre elektrischen Teile miteinander richtig zu verbinden hat. Das Schaltbild kann auch mehrere Maschinen, ebenso ganz andere Apparate, wie z. B. Transformatoren, Widerstände, Drosselspulen usw., mit enthalten. Um diese rasch und allgemeinverständlich darzustellen, hat man sich auf gewisse Darstellungsarten und vor allem auf Klemmenbezeichnungen geeinigt, die vom Verbande Deutscher Elektrotechniker in den „Normalien für die Bezeichnung von Klemmen bei Maschinen, Anlassern, Regulatoren und Transformatoren" niedergelegt worden sind. Für Kommutatormaschinen sind darin zwar vorläufig keine einheitlichen Bezeichnungen festgelegt worden. Indessen lassen sich die festgelegten Bezeichnungen leicht sinngemäß auf unsere Maschinen anwenden, wie im folgenden und an den Schaltbildern gezeigt ist.

3. Die wichtigsten Kommutatormaschinen.

Wir gehen jetzt dazu über, die wichtigsten Kommutatormaschinen in Bild und Schaltung zu beschreiben.

Fig. 7a bis c stellt einen „Reihenschlußmotor für einphasigen Wechselstrom" vor, Fig. 8 sein Schaltbild. Der Strom wird dem Kom-

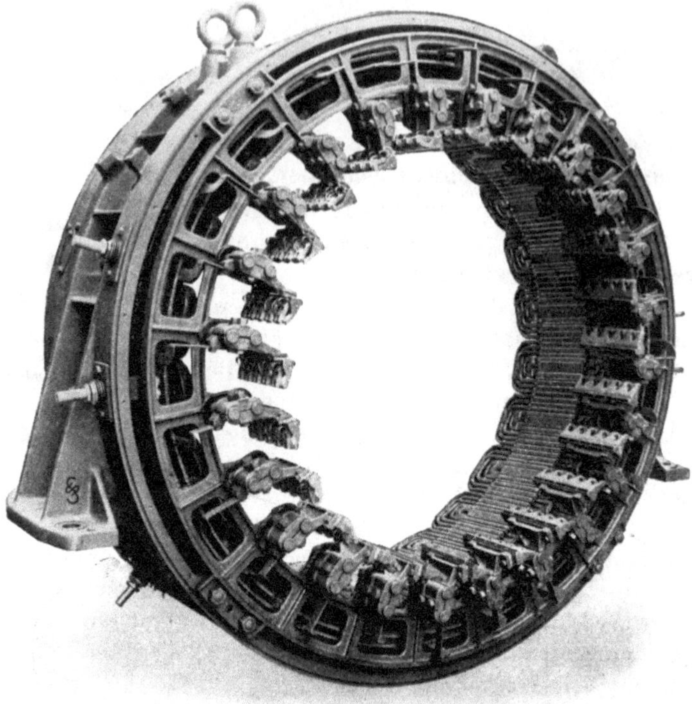

Fig. 7 a.

Fig. 7 b.

Fig. 7c.

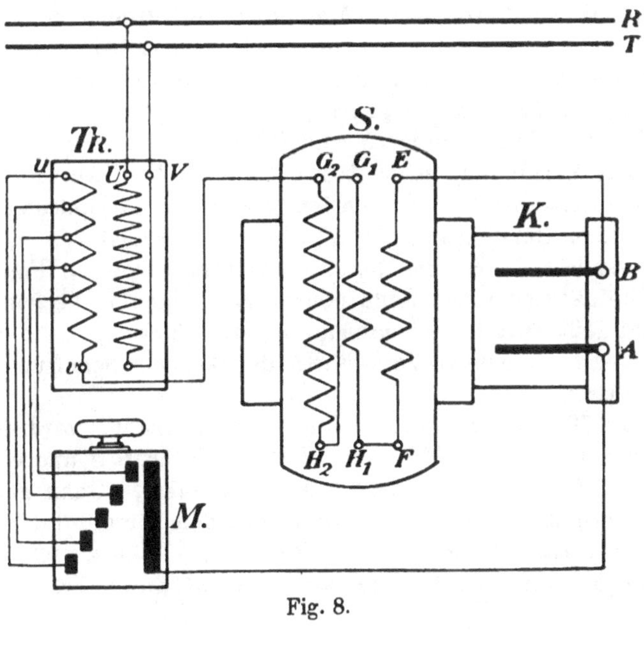

Fig. 8.

mutator *K* des Ankers aus einem an dem Netz *R*, *T* liegenden Transformator *Tr*, über eine Schaltwalze *M*, bei der einen Bürste *A* zugeführt. Er verläßt ihn durch die Bürste *B* und geht in den Ständer *S* über. Hier durchfließt er eine „Erregerwicklung“ *E-F*, die das wirksame Feld des Motors hervorbringt, eine „Kompensationswicklung“ $G_2 - H_2$, die die Aufgabe hat, die Bildung von unerwünschten Feldern durch die Ankerwicklung zu verhindern, und bei großen Motoren häufig noch eine „Wendepolwicklung“ $G_1 - H_1$, die wie bei Gleichstromdynamos zur Beherrschung der Kommutierung dient. Dann geht der Strom nach dem Transformator zurück. Weitere Einzelheiten sowie Abarten dieser Grundschaltung („doppelt gespeister Motor“) finden sich im Teil VIII.

Auch für Mehrphasenstrom kann man Reihenschlußmotoren bauen. Fig. 9a und b stellt solche Motoren für Dreiphasenstrom dar, Fig. 10a und b ihre Schaltbilder. Der Strom wird hier aus dem Netz *RST* dem Ständer *S* zugeführt, der in gewöhnlicher Weise dreiphasig — Wicklungen $G_1 - H_1$, $G_2 - H_2$, $G_3 - H_3$ — gewickelt ist, und geht von ihm aus über einen „Zwischen-Transformator“ *Tr* zum Kollektor *K* mit den drei Bürsten *U*, *V*, *W*, Fig. 10a, der, als Dreieckschaltung, den Stromschluß für die drei einzelnen Phasen bildet. Weitere Einzelheiten sowie Abarten dieser Grundschaltung (Motor mit doppeltem Bürstensatz Fig. 10b) finden sich in Teil XII. — Diese Mehrphasenmaschine findet nicht nur als reiner Motor Verwendung, sondern auch in sogenannten „Regelsätzen“ als Motor eines Motorgenerators, und liegt dann im Ankerkreis eines größeren Asynchronmotors.

Während bei diesen beiden Maschinen der Strom dem Anker unmittelbar durch Leitungen zugeführt wird, wird er beim „Repulsionsmotor“ durch innere Transformation hervorgebracht. Fig. 11a u. b zeigt ihn im Bilde, Fig. 12 das zu 11a gehörige Schaltbild. Der Strom des Netzes *RT* wird nur dem Ständer *S* zugeführt, der Anker ist durch eine unmittelbare Verbindung seiner beiden Bürsten *U*, *V* kurzgeschlossen.

Nähere Angaben sowie Abarten dieser Grundschaltung (Motor mit doppeltem Bürstensatz, Fig. 11b) bietet der Teil IX.

Eine andere Form des Repulsionsmotors ist der in Fig. 13a—c dargestellte „kompensierte Repulsionsmotor“. Fig. 14, die sein Schaltbild zeigt, läßt zugleich erkennen, daß die Vorteile, die der Motor bietet, leider durch eine größere Umständlichkeit der Schaltung erkauft werden müssen.

Der im Transformator *Tr* umgewandelte Strom wird über die Steuerwalze *M* zuerst der Wicklung *U-V* des Ständers *S* und von dieser aus einem „Erregertransformator“ *ETr* zugeführt. Dann geht er in den Transformator zurück. Der Anker mit dem Kommutator *K* wird zweimal gespeist: er ist über die Bürsten *U-V* kurzgeschlossen, so daß er einen Stromkreis hat, der seinen Strom durch Transformation

Fig. 9 a.

Fig. 9 b.

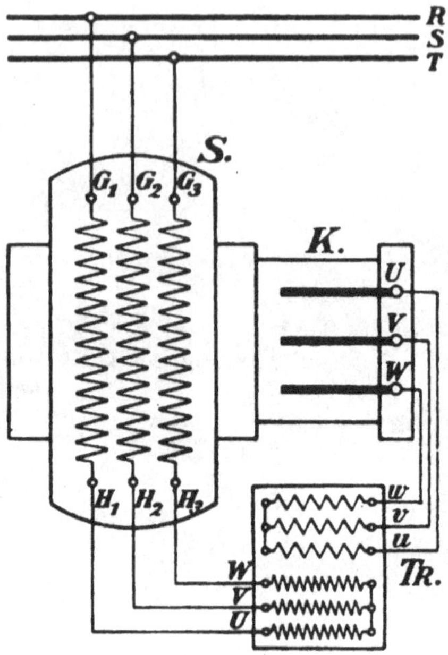

Fig. 10 a.

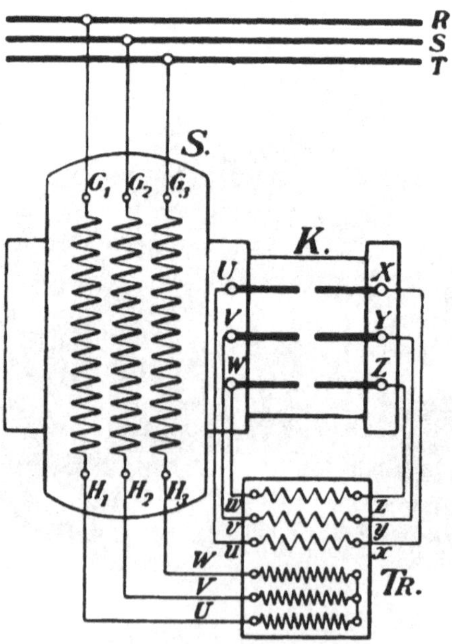

Fig. 10 b.

Fig. 11 a.

Fig. 11 b.

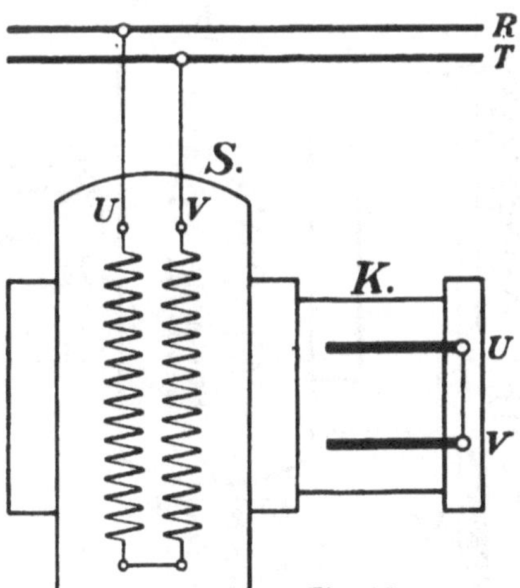

Fig. 12.

Fig. 13 a.

Fig. 13 b.

Fig. 13 c.

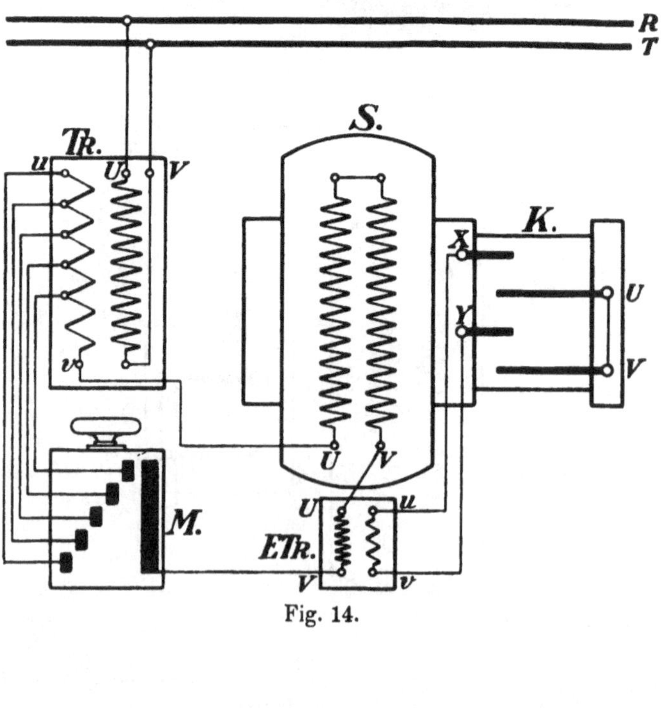

Fig. 14.

erhält, und wird außerdem noch über die Bürsten *XY* aus der Sekundärwicklung *u-v* des Transformators *ETr* gespeist. Der Zweck dieser Einrichtung wird im Teil X erläutert. Ihr Vorteil ist in der geringen Phasenverschiebung zu sehen, die ein mit ihr ausgerüsteter Motor bei voller oder bei nahezu voller Belastung hat.

Eine dem Repulsionsmotor in der Schaltung entsprechende Anordnung für Mehrphasenstrom ist ausführbar, sie ergibt indessen keinen in der Drehzahl regulierbaren Motor, sondern einen, dessen Drehzahl unveränderlich ist. Da der gewöhnliche Drehstrom-Induktionsmotor bereits diese Eigenschaft besitzt, so ist ein derartiger Motor als Kommutatormotor überflüssig [1].

Der Wunsch jedoch, den Repulsionsmotor mit seiner so einfachen Schaltung auch in Drehstromnetzen verwenden zu können, ohne diese einseitig zu belasten, führte dazu, zwei Repulsionsmotoren mechanisch zusammenzubauen, Fig. 15, und sie elektrisch in der sog. Scottschen Schaltung zu verbinden, Fig. 16. Hierbei liegt nur der eine Motor mit beiden Klemmen *UV* bei *RS* am Netz, während die Wicklung des anderen einerseits mit der Klemme *W* bei *T* ans Netz, andererseits an die Wicklungsmitte des ersten Motors angeschlossen ist.

Die bis jetzt beschriebenen Motoren haben alle „Reihenschlußverhalten", d. h. sie sind in der Drehzahl abhängig von ihrer Belastung in der Weise, daß sie mit wachsender Belastung eine niedrigere, mit sinkender eine höhere Drehzahl annehmen.

Bleibt die Belastung dieselbe, dann erhält sich ihre Umdrehungszahl, wenn nichts Willkürliches getan wird, kann aber beliebig eingestellt werden, wenn ein Eingriff von außen geschieht, z. B. wenn die Klemmenspannung oder die Bürstenstellung geändert werden.

Hiervon unterscheiden sich die Motoren mit „Nebenschlußverhalten" — kurz „Nebenschlußmotoren" genannt — dadurch, daß sich die Drehzahl, wie auch die Belastung schwanken möge, fast unverändert erhält, wenn kein willkürlicher Eingriff von außen erfolgt. Erst mit Hilfe eines solchen kann sie beliebig eingestellt werden.

Fig. 17 stellt einen „Nebenschlußmotor für einphasigen Wechselstrom" dar, Fig. 18 sein Schaltbild. Der Strom wird in der Hauptsache nur der Wicklung *U-V* des Ständers *S* zugeführt, während der Anker seinen Hauptbetriebsstrom ähnlich wie der Repulsionsmotor durch Transformation erhält. Der transformierte Strom fließt über die unmittelbar verbundenen Bürsten *U-V*. Außerdem erzeugt sich

[1] Durch besondere Wicklungen lassen sich Nebenfelder erzeugen, durch deren Wirkung eine Regelung der Drehzahl möglich ist. Ein solcher Motor wurde von Heyland beschrieben, vgl. E. T. Z. 1914, S. 85 und 725, hat sich aber noch nicht in die Praxis eingeführt. Da dies voraussichtlich unwahrscheinlich ist, wird er hier nur erwähnt.

Fig. 15.

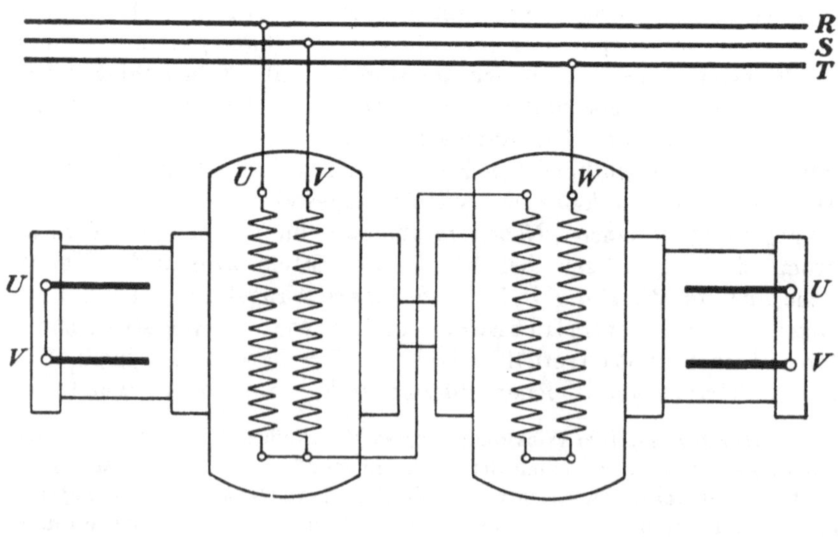

Fig. 17.

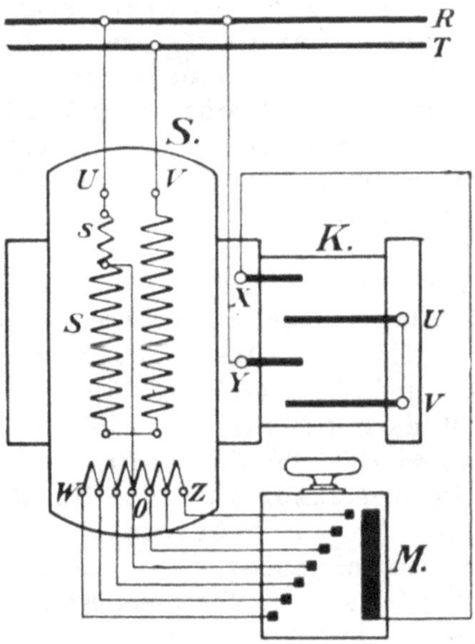

Fig. 18.

der Anker über sog. Erregerbürsten X-Y einen „Erregerstrom“, der das das Drehmoment gebende Feld (Φ_p) der Maschine erregt und der auf eine eigentümliche, im Teil XI näher erläuterte Weise mit Hilfe eines Teiles s der Ständerhauptwicklung U-V und einer im

Ständer gelegenen Hilfswicklung *W-Z*, die eine Reihe von Anzapfungen hat, auf richtige Phase und Stärke eingestellt werden kann. Der Anker übernimmt also die Rolle der Erregerwicklung *E-F* der Fig. 8, weshalb die Maschine keine solche besitzt. Das Feld ist aber nicht mehr wie dort vom Strome (wie in Teil XI gezeigt wird), sondern von der Spannung abhängig, also unveränderlich, solange die Spannung es ist.

Dieser einphasige Nebenschlußmotor wird dadurch auf verschiedene Drehzahlen eingestellt, daß das Feld mit Hilfe der Wicklung *W-Z* verändert wird. Das geschieht mit Hilfe der verschiedenen Anschlußpunkte dieser Wicklung, mit denen die Erregerbürsten *X*-Y durch einen Steuerschalter *M*, der ähnlich gebaut ist wie der Kontroller eines Straßenbahnwagens, verbunden werden können.

Der „Nebenschlußmotor für Mehrphasenstrom" ist übersichtlicher gebaut und geschaltet als der für Einphasenstrom. Fig. 19 zeigt eine Ausführung mit links daneben stehender Schaltwalze und Fig. 20 das Schaltbild. Auch hier wird der Ständer *S* zunächst wieder allein aus dem Netz *RST* gespeist. Der Anker erhält den Strom im Nebenschluß aus dem Netz zugeführt, wozu entweder ein besonderer Transformator oder wie in der Fig. 20 eine Abzweigung von der Ständerwicklung erfoderlich ist. Durch Verändern der Anschlußpunkte u_1, u_2, u_3; v_1, v_2, v; w_1, w_2, w_3 . . . . wird bei Bedarf die Drehzahl eingestellt. Hierzu ist ebenfalls eine Schaltwalze *M* erforderlich. — Eine Abart dieses Motors ohne Drehzahlregelung, also ohne Schaltwalze ist von Heyland als Drehstrom-Asynchronmotor ohne Phasenverschiebung („kompensierter Asynchronmotor") beschrieben, siehe Teil XIII.

Man hat auch Nebenschlußmotoren erdacht, die durch Bürstenverschiebung in der Drehzahl einstellbar sind. Der Zweck dieser Motoren ist es, die sehr unbequeme Schaltwalze zu vermeiden. Diese sieht auf dem Schaltbild zwar harmlos aus. In der Ausführung wird sie indessen groß und teuer (vgl. Fig. 19), weil sie die Ankerströme führen muß, die mit Rücksicht auf die Kommutierung immer sehr stark sind, und weil sie sehr viele Kontakte bekommt. Es liegt daher nahe, den Kollektor und die Bürsten des Motors selbst als Schaltwalze zu benutzen.

Vorausgesetzt, daß im ganzen Anker eine bestimmte Spannung erzeugt wird, so kann man von dieser am Kollektor *K* verschieden große Teile gleichsam „abgreifen", je nachdem man Bürsten einander nähert oder entfernt. Man wird daher im Gegensatz zu der vorher besprochenen Maschine, bei der man dem Ständer die feste Netzspannung, dem Anker die veränderliche Spannung zuführte, bei der neuen Maschine das Umgekehrte tun. Fig. 21 a u. b zeigt ein Bild eines derartigen Motors für Mehrphasenstrom, Fig. 22 sein Schaltbild. Der Netzstrom wird über Schleifringe *UVW* dem Anker zugeführt, während

Fig. 19.

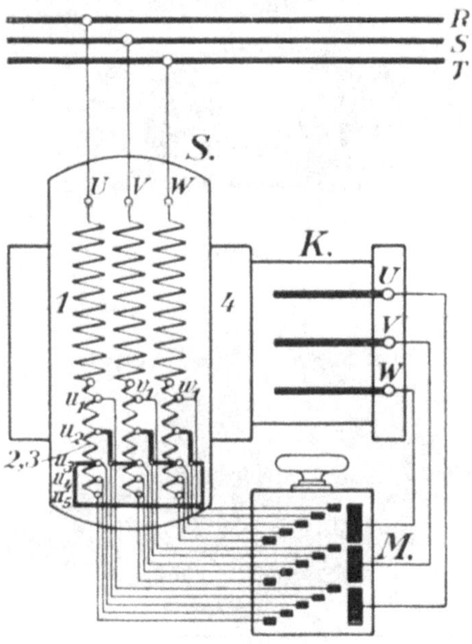

Fig. 20.

Fig. 21 a.

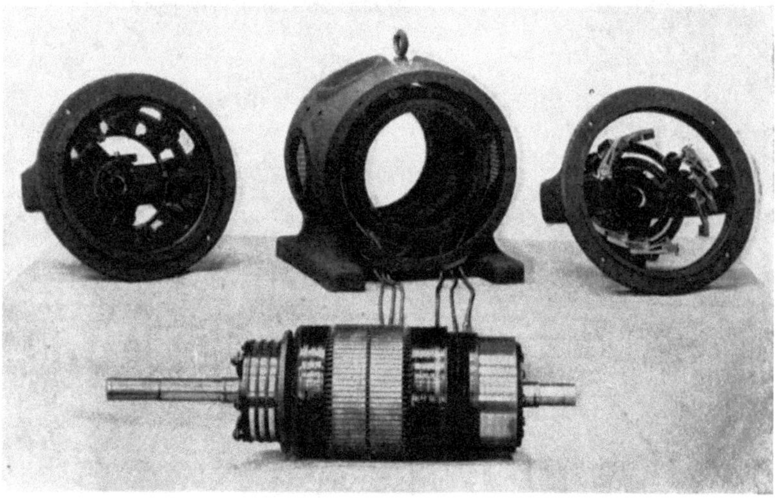

Fig. 21 b.

Fig. 21 c.

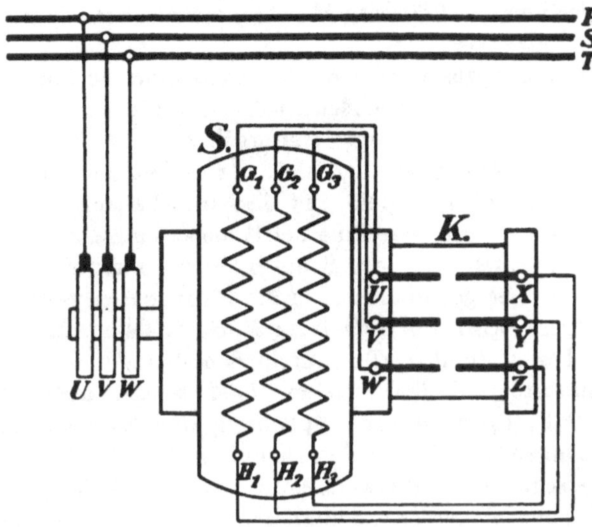

Fig. 22.

die Wicklungen $G_1 - H_1$, $G_2 - H_2$, $G_3 - H_3$ des Ständers S erst über die Bürsten U, X; V, Y; W, Z gespeist werden. Der Anker erhält also die feste, der Ständer dagegen die veränderliche Spannung.

Diese Mehrphasenmaschine findet, gegebenenfalls auch ohne Drehzahlregelung, Anwendung erstens als sogenannter „kompensierter Asynchronmotor", Fig. 21c (vgl. Teil XIII) und als „Regelsatzmaschine"; im letzten Falle liegt sie im Ankerkreis eines Asynchronmotors. In beiden Fällen dient sie zugleich zur Verbesserung der Phasenverschiebung.

Näheres über den einphasigen Nebenschlußmotor bringt der Teil XI, über den mehrphasigen Nebenschlußmotor der Teil XIII.

Außer den genannten Maschinen ist noch eine große Anzahl von anderen Kommutatormaschinen im Laufe der Entwicklung des ganzen Gebietes erdacht und beschrieben worden. Es gibt z. B. Motoren, die eine Mittelstellung zwischen den Reihenschluß- und den Nebenschlußmotoren einnehmen. Unter allen diesen Maschinen hat indessen heute die Praxis bereits ihre Auswahl getroffen. Was sie gewählt hat und was demnach als bewährt, praktisch und gut angesehen werden kann, ist im Vorhergehenden beschrieben worden.

Alle genannten Maschinenarten lassen sich auch als „Stromerzeuger" (Generatoren) gebrauchen. Da ihr wesentliches Aussehen dann das gleiche ist, andererseits aber solche Stromerzeuger heute noch gar nicht in die Praxis eingeführt sind, werden wir sie hier nicht besonders beschreiben. Jedoch ist im Teil XVI das generatorische

Verhalten der hier geschilderten Maschinen wenigstens in großen Zügen behandelt.

Endlich kennt das Gebiet der Kommutatormaschinen auch Umformer, also Maschinen, die elektrische Energie empfangen und sie lediglich als elektrische Energie weitergeben.

Von diesen Maschinen hat sich der „Frequenzwandler" eingeführt, dessen Aussehen Fig. 23 und dessen Schaltung Fig. 24 wiedergibt. Der Ständer dieser Maschine spielt meist eine sehr untergeordnete Rolle, wie dies auch aus dem Schaltbilde zu erkennen ist, aus dem man ersieht, daß er gar nicht mit in die Hauptstromkreise einbegriffen ist. Der Strom wird aus dem Netz $R_1\,S_1\,T_1$ dem Anker über einen regelbaren Transformator T_R durch Schleifringe UVW zugeführt, vom Kommutator an den Bürsten UVW wieder abgenommen und dem Netz $R_2\,S_2\,T_2$ zugeführt. Spannung und Stromstärke sind vor den Schleifringen und hinter dem Kommutator gleich, aber die Frequenz ist verschieden. Näheres über die Maschine enthält der Teil XIV.

Den Frequenzwandler benutzt man besonders in den „Regelsätzen" häufig dazu, neben nutzbarer Arbeit auch wattlose Ströme und Spannungen umzuformen. Derartige Maschinen bezeichnet man auch als „Drehstrom-Erregermaschinen". Der so umgeformten Ströme und Spannungen bedient man sich, um den Leistungsfaktor von Drehstrom-Asynchronmotoren, also deren „Phasenverschiebung" zu verändern.

Gibt man sich bei der Lösung dieser Aufgabe damit zufrieden, die Änderung der Phasenverschiebung nur innerhalb eines verhältnismäßig eng umgrenzten Arbeitsgebietes des Asynchronmotors zu erreichen, so kann man die Schleifringe des Frequenzwandlers und damit dessen Anschluß an ein Netz $R_1\ S_1\ T_1$ entbehren und es entsteht dann die einfache Maschine, die unter dem Namen „Phasenschieber" in den letzten Jahren bekannt geworden ist. Fig. 25 stellt seine Form und Fig. 26 seine Schaltung dar. Näheres über die Maschine enthält der Teil XV. Auch bei ihm spielt der Ständer eine untergeordnete Rolle und enthält keine Wicklung. Der Phasenschieber ist demnach eine außerordentlich einfache Maschine, die aber wegen der Vorteile, die man mit ihr durch die Verbesserung der Leistungsfaktoren großer Drehstrommotoren erzielen kann, sehr wirtschaftlich ist und sich voraussichtlich gut einführen wird.

Es würde an sich möglich sein, sowohl den Frequenzwandler wie auch den Phasenschieber neben der Arbeitsumformung auch noch ein mechanisches Drehmoment entwickeln zu lassen, das man zu ihrem Antrieb benutzen könnte. Dazu müßten die Ständer eine Wicklung erhalten. Da man damit aber den einfachen Bau und die einfache Schaltung der Maschinen aufgeben würde, zieht man es immer vor,

Fig. 23.

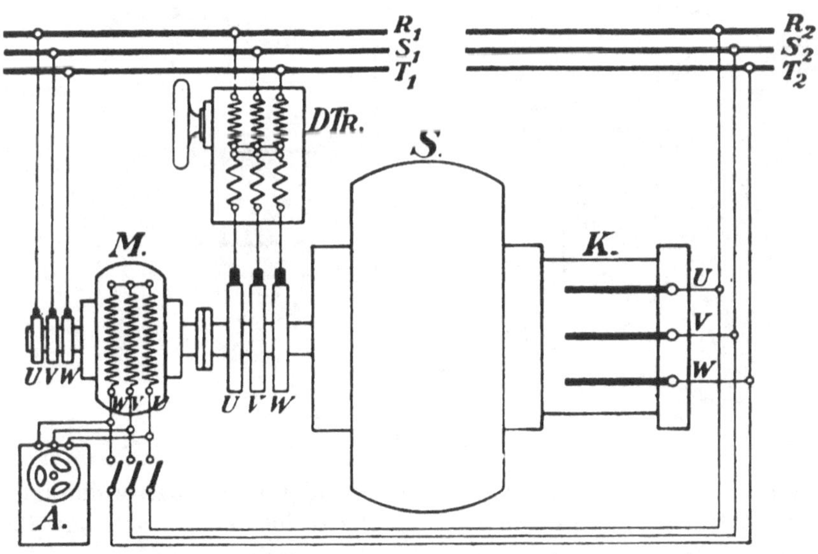

Fig. 24.

Fig. 25.

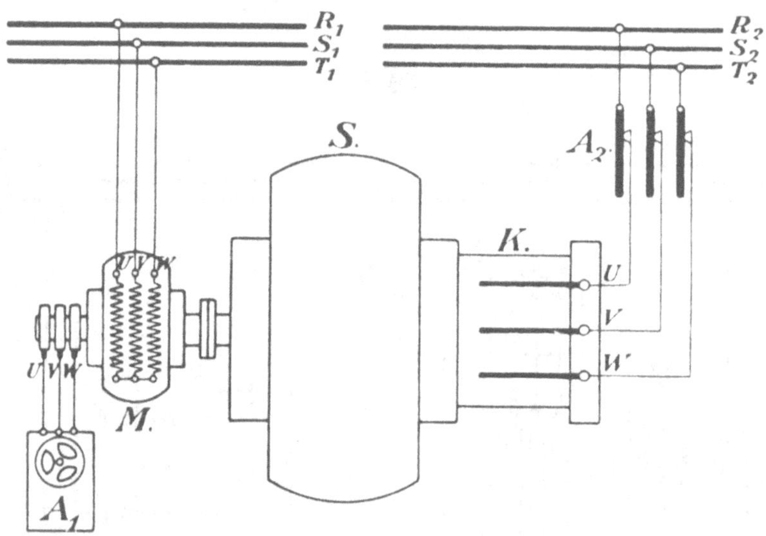

Fig. 26.

sie durch einen besonderen kleinen Motor M, dessen Anlasser durch A dargestellt ist, antreiben zu lassen. Dieser hat wenig mehr als die Leerlaufsarbeit der Maschinen zu leisten. Deshalb spielt sein Preis an sich keine große Rolle und noch weniger kommt die Preisdifferenz in Frage, um die er etwa teuerer sein könnte als eine in den Ständer der Maschine einzulegende Wicklung für selbständigen Betrieb der Maschine. Ferner ist dabei der Umstand maßgebend, daß Frequenzwandler wie auch Phasenschieber immer nur als Zubehörteile zu sehr viel größeren, daher auch teueren Maschinen auftreten.

Wir haben damit die bewährtesten Kommutatormaschinen nach Ausführung und Schaltung kennengelernt. Vergleicht man nochmals die einzelnen Schaltbilder im Zusammenhang, so ist deutlich zu erkennen, daß einige Maschinen nicht nur in der Schaltung sehr einfach sind, sondern auch wenig Zubehör zu ihrem Betrieb erfordern. Man kann unter Zugrundelegung der Einfachheit folgende Reihe aufstellen, in deren Anfang die einfachsten und an deren Ende die umständlichsten Maschinen stehen:

Repulsionsmotor,
Phasenschieber,
Drehstrom-Reihenschlußmaschine,
Drehstrom-Nebenschlußmaschine mit Ankerspeisung,
Einphasen-Reihenschlußmotor,
Frequenzwandler,
Drehstrom-Nebenschlußmotor mit Ständerspeisung,
Einphasen-Nebenschlußmotor,
Kompensierter Repulsionsmotor.

Teil III.

Die Anwendungen der Kommutatormaschinen.

Kommutatormaschinen werden als Motoren, Umformer (Erregermaschinen) und Stromerzeuger verwendet. Unter diesen drei Verwendungsarten überwiegt bei weitem die der Motoren, danach kommt die Verwendung als Umformer, während Kommutatorgeneratoren bisher verhältnismäßig selten verwendet worden sind und vielleicht erst in der Zukunft mehr benutzt werden.

1. Die Anwendungen der Kommutatormaschinen im allgemeinen.

Kennzeichnend für die Anwendungen der Kommutatormaschinen sind Sonderantriebe. In der ersten Zeit ihrer Entwicklung hat man vielfach wegen der mannigfaltigen Eigenschaften der Kommutatormotoren den Gedanken gehabt, diese Maschinen würden andere elektrische Maschinen, z. B. den einfachen asynchronen Drehstrommotor, stark verdrängen. Diese Anschauung hat sich als verfrüht erwiesen. Der Preis der Kommutatormaschinen wird aus den schon in der Einleitung genannten Gründen im Verhältnis zu den asynchronen Drehstrommaschinen und zu den Gleichstrommaschinen hoch. Deshalb lohnt sich ihre Anwendung nur dann, wenn die besonderen Eigenschaften der Kommutatormaschinen auch wirklich ausgenutzt werden und die gestellten Aufgaben mit asynchronen Drehstrom- oder mit Gleichstrommaschinen nicht zu lösen sind. Da nun aber mit diesen Maschinengattungen schon sehr viele Aufgaben der Technik gelöst werden können, so bleiben demnach für die Kommutatormaschinen die Sonderantriebe übrig.

Der Wert der Kommutatormaschinen wird deshalb nicht herabgesetzt. Denn wenn auch ihr Anwendungsgebiet kleiner ist als das anderer Maschinen, so verlangt doch andererseits die Praxis nach ihnen und eine Reihe von Aufgaben sind überhaupt nur mit ihnen ausführbar.

2. Die besonderen Eigenschaften der Kommutatormaschinen.

Es ist ein natürlicher Vorgang gewesen, daß sich zuerst Kommutatormotoren für den Einphasenstrom entwickelten. Fehlte doch den bis dahin bekannten einphasigen Wechselstrommotoren fast alles, was man bei den Drehstrommotoren längst besaß: starke Anzugskraft, Regelbarkeit der Drehzahl und einfacher Betrieb. Aber auch die Drehstrommotoren vermochten auf die Dauer nicht alle Wünsche der Technik zu befriedigen. Sie besitzen zwar die starke Anzugskraft und auch die Regelbarkeit, aber diese ist nicht wirtschaftlich: beim Regeln der Drehzahl bleibt die vom Netz zugeführte Leistung in vielen Fällen konstant, die Nutzleistung des Motors dagegen sinkt und der Unterschied beider muß in Widerständen vernichtet werden. Auch wurde es störend empfunden, daß der Asynchronmotor ungeregelt das Verhalten eines Nebenschlußmotors, geregelt aber das Verhalten eines Reihenschlußmotors, also jedenfalls kein eindeutiges Verhalten besitzt. Endlich ist er nicht beliebig feinstufig regelbar. Die fehlenden Eigenschaften bot nun der Drehstrom-Kommutatormotor dar.

Mit diesen traten zugleich die phasenverbessernden Eigenschaften der Kommutatormaschinen besonders in die Erscheinung.

Demnach haben wir als Eigenschaften, die die Kommutatormaschinen auszeichnen, anzusehen:

starke Anzugskraft,
wirtschaftliche Regelbarkeit der Drehzahl,
Feinstufigkeit der Regelung,
Erreichbarkeit eines *reinen* Reihenschluß- oder
eines *reinen* Nebenschlußverhaltens,
Phasenverbesserung.

Es ist *sehr wichtig*, sich dieser *besonderen* Eigenschaften *stets* zu erinnern. Dann wird man Kommutatormaschinen immer richtig anwenden.

3. Der technische Fortschritt durch die Kommutatormaschinen.

Ihre größten Erfolge haben die Kommutatormaschinen als Motoren bisher auf dem Gebiete der *elektrischen Bahnen* zu verzeichnen. Hier machten sie den Voll- und Fernbahnbetrieb überhaupt erst möglich. Allerdings muß man sich dabei vor Augen halten, daß zu diesem Erfolge viele Dinge beigetragen haben, die erst mittelbar vom Kommutatormotor herrühren. Zu ihnen gehört die Möglichkeit, erstens Einphasenstrom und zweitens sehr hohe Fahrdrahtspannungen verwenden zu können. Durch den Einphasenstrom wird das Fahrleitungsnetz wesentlich einfacher als es bei Drehstrom sein würde, da über jedem Gleis nur *ein* Fahrdraht an Stelle von zweien zu liegen braucht und durch die hohen Spannungen ist man in der Lage, große Entfernungen zu überwinden. Diese beiden Dinge sichern bereits allein dem Einphasenbahnsystem seine wirtschaftliche Überlegenheit gegenüber allen anderen Systemen, nicht etwa der Einphasenkommutatormotor an sich. Diesem kommt lediglich sein Reihenschlußverhalten zugute, das sich bekanntlich für Bahnbetrieb ganz besonders durch seine Anschmiegungsfähigkeit an die Steigungen und Gefälle der Strecke eignet, und die bequeme Regelbarkeit seiner Drehzahl ohne erhebliche Verluste. In diesem Punkte ist er sogar dem Gleichstrombahnmotor etwas überlegen.

Man hat verschiedenartige Bahnmotoren gebaut, deren wichtigste Vertreter der Reihenschlußmotor (Teil VIII), der Repulsionsmotor (Teil IX) und der kompensierte Repulsionsmotor (Teil X) sind. Nach und nach hat man erkannt, daß von diesen der Reihenschlußmotor der am vielseitigsten verwendbare und geeignetste Motor ist; er beherrscht daher gegenwärtig das Feld der schweren und der schnellen Zugförderung. Der Repulsionsmotor ist auf den Betrieb schwächerer Zugförderung, also auf alle Arten von Kleinbetrieb beschränkt. Der kompensierte Repulsionsmotor wird nicht mehr verwendet. Er ist wesentlich umständlicher in der Schaltung als die beiden anderen Motoren, ohne Vorteile zu zeigen (vgl. Fig. 14); seine Besonderheit, einen sehr hohen Leistungsfaktor in der Nähe seiner synchronen Drehzahl zu erreichen, hat für den Bahnbetrieb wenig Wert, weil die Drehzahl ständig wechselt und sehr oft und stark von der synchronen besonders nach unten abweicht.

Machte im Bahnbetrieb die Verwendung des Einphasenstromes den Einphasenkommutatormotor notwendig, so gilt Ähnliches für das ganze übrige Verwendungsgebiet des Einphasenstromes. Auch hier hat der Kommutatormotor verhältnismäßig viel Erfolg aufzuweisen, der nur wegen der geringen Verbreitung der Einphasennetze klein erscheint. Der Grund ist der gleiche wie im Bahnbetrieb: der völlige Mangel kräftig anlaufender und wirtschaftlich regelbarer Motoren.

Der im Bahnbetrieb bevorzugte Einphasenreihenschlußmotor hat sich jedoch in anderen Einphasenbetrieben keinen Eingang zu verschaffen vermocht. Er braucht viel Zubehör zu seinem Betriebe (vgl. Fig. 8). Da er nur für niedrige Spannungen gewickelt werden kann, ist ein Transformator zwischen ihm und dem Netz nicht zu umgehen, und soll er verlustlos geregelt werden können, dann muß dieser Transformator Schaltstufen besitzen und zum Anschluß des Motors an diese ist eine Schaltwalze notwendig. Das alles verteuert sein Anlagekapital. Und da es einen Einphasen-Kommutatormotor gibt, der dem Reihenschlußmotor im Reihenschlußverhalten gar nicht und in seinen sonstigen Betriebseigenschaften nur ganz wenig nachsteht, so vermochte sich der Reihenschlußmotor gegen diesen Motor, den Repulsionsmotor, nicht zu halten.

Der Repulsionsmotor ist derjenige Kommutatormotor für Einphasenstrom, der die vielseitigsten Anwendungen gefunden hat. Er verdankt dies seiner großen Einfachheit (vgl. den Schaltplan Fig. 12), durch die eine hohe Wirtschaftlichkeit gewährleistet ist. Seine Vorzüge sind noch heute gar nicht in dem Maße Gemeingut der Technik geworden, wie sie es verdienten.

Seine Einfachheit wiederum verdankt er folgenden Eigenschaften: Sein Ständer ist für jede Spannung wickelbar, weil er mit dem Anker überhaupt nicht leitend in Verbindung steht, daher an jedes Netz anschließbar. Sein Anker ist vom Netz völlig getrennt, besitzt nur geringe Spannungen und kann daher gefahrlos bedient werden und zwar gefahrloser selbst als eine Gleichstrommaschine für Niederspannung. Seine Schaltung ist äußerst einfach, die einfachste aller Kommutatormotoren. Denn zu dem einfachen Anschluß des Ständers an das Netz tritt der Kurzschluß des Ankers durch einfache Verbindung der Bürsten untereinander. Sie ist also auch für den Käufer leicht verständlich und übersichtlich. Er braucht keinerlei Zubehör, sondern sein Kommutator übernimmt zugleich die Rolle des Steuerorgans, der Schaltwalze, indem die ganze Regulierung einschließlich des Anlaufes nur durch Verschieben der Bürsten erfolgt. Dabei ist sein Wirkungsgrad gut und der Leistungsfaktor hält sich etwa auf der Höhe der Leistungsfaktoren asynchroner Drehstrommotoren.

Wegen seines kräftigen Anzugsmomentes und seiner bequemen Regelbarkeit eroberte sich der Repulsionsmotor vor allem das Gebiet der Krane und Aufzüge, daneben wird er aber auch viel für Transportmittel verwendet. Wir erwähnten schon vorn kleinere Bahnen, Verschiebelokomotiven und können dem noch Schiebebühnen anfügen. Kompressoren, Pumpen und Ventilatoren werden auch sehr oft mit Repulsionsmotoren betrieben. Ferner hat sich der Repulsionsmotor ein Sondergebiet, das ihm erst neuerdings durch die Drehstromkommutatormaschinen streitig gemacht wird, dienstbar gemacht, den Antrieb von Ringspinnmaschinen. Hier ist für seine Anwendung seine Regelbarkeit ausschlaggebend geworden, als man festgestellt hatte, daß sich die Ausbeute aus den Spinnmaschinen um 10 bis 15% steigern ließ, wenn dem Faden beim Aufwinden auf die konische Spindel verschiedene Geschwindigkeiten gegeben würden, je nach der Stellung des Fadens auf dem Konus. Für diesen Zweck wurden Sonderausführungen gebaut, die wegen des Staubes in den Spinnsälen völlig geschlossen und durch Frischluft aus gemeinsamen Kanälen gespeist werden. Sonderbauarten des Repulsionsmotors sind auch für den Betrieb von Aufzügen entstanden, bei denen der Reihenschlußcharakter des Motors nur beim Anfahren gebraucht wird, während später ein Nebenschlußverhalten erwünscht ist, damit die Aufzüge immer dieselbe Endgeschwindigkeit unabhängig von der augenblicklichen Belastung erhalten und dadurch befähigt sind, immer wieder an derselben Stelle anzuhalten. Gerade die Eigenschaft des Repulsionsmotors, daß sein Ständer vom Anker ganz unabhängig ist, gestattet es auch, den Anker durch irgendwelche Mittel unmittelbar an seiner Wicklung kurzzuschließen, so daß sich der Motor in einen asynchronen Induktionsmotor verwandelt, der bekanntlich Nebenschlußcharakter, d. h. eine bei allen Belastungen nahezu unveränderliche Drehzahl besitzt. Man erreicht dies, indem man drei Punkte der Ankerwicklung durch einen Schalter miteinander verbindet oder indem man noch weitere Bürsten auf den Kommutator aufsetzt und diese zur geeigneten Zeit in bestimmter Weise untereinander verbindet, also wiederum durch einen Schalter. Beide Schalter können entweder magnetisch betätigt werden oder auch durch den Umlauf des Motors selbst zum Einschalten gebracht werden. Im letzten Falle bezeichnet man sie als Zentrifugalschalter.

Die beiden Einphasenkommutatormotoren, der Reihenschlußmotor und der Repulsionsmotor, haben Reihenschlußverhalten. Daß sich öfters in der Einphasentechnik das Bedürfnis nach einem Motor mit regelbarem Nebenschlußverhalten geltend machen wird, ist sicher. Dem kommt die Technik durch den Bau des Einphasen-Nebenschlußmotors entgegen. Wie sich indessen aus seinem Schaltungsbilde Fig. 18 ergibt, braucht dieser Motor Zubehör und ist in Wicklung und Schaltung nicht einfach, daher bei weitem nicht so wirtschaftlich wie der Repulsionsmotor. Dies im Verein mit der an sich geringen Verbreitung der Einphasennetze bringt es mit sich, daß diese Motorart nicht sehr verbreitet ist und wenig gebaut wird. Wir sahen, daß es durch mancherlei Mittel gelingt, dem einfachen Repulsionsmotor auch Nebenschlußverhalten zu geben, das allerdings dann keine Regelung mehr gestattet. Deshalb wird man sich häufig wegen seiner größeren Wirtschaftlichkeit überlegen müssen, ob man ihm nicht vor dem Nebenschlußmotor den Vorzug geben soll. Bei manchen Antrieben schadet sein Reihenschlußverhalten wenig. In dieser Erwägung hat man den Repulsionsmotor oft zum Antrieb von Transmissionen verwendet, für die man eigentlich Nebenschlußmotoren nehmen müßte. Die größte Aussicht zur Verwendung hat der Nebenschlußmotor beim Antrieb von Werkzeugmaschinen da, wo nur Einphasenstrom zur Verfügung steht und Drehzahlregelung verlangt wird.

Auf dem Gebiete des Drehstroms hat der Kommutatormotor viel mehr Schwierigkeiten gefunden, ehe er zur allgemeinen Einführung gelangte. Die größere Verbreitung der Drehstromnetze gleicht dies freilich aus, so daß der heutige Bedarf nach Drehstromkommutatormotoren bei weitem größer ist als der nach Einphasenstrommotoren.

Die Gründe sind ohne weiteres klar: der asynchrone Motor ist bereits eine Machine, die bei billiger und einfacher Ausführung ein hohes

Anzugsmoment hat und bequem regelbar ist. Der Kommutatormotor kann also nur da gegenüber dem Asynchronmotor in Wettbewerb treten, wo seine wirtschaftliche Regelung ihm ein Übergewicht gibt.

Für die schon vorn beim Repulsionsmotor aufgezählten Antriebe kommt sehr vielfach der Drehstromreihenschlußmotor in Betracht. Er ist der einfachste und daher billigste der Drehstromkommutatormotoren. Zubehör zum Regeln braucht er nicht, das ganze Regelgebiet wird allein mit der Bürstenverschiebung beherrscht (vgl. sein Schaltbild Fig. 10). Um an alle Netzspannungen angeschlossen werden zu können, braucht er einen Transformator. Allein dieser wird in den weitaus meisten Fällen für eine wesentlich niedrigere Leistung bemessen als sie der Motor selber abgibt, aus Gründen, deren Erörterung dem späteren Kapitel XII über sein elektrisches Verhalten vorbehalten bleiben muß. Dabei wird dieser Transformator manchmal klein genug, daß er im Motorgehäuse selbst mit untergebracht werden kann. Damit wird der Motor nicht nur billig, sondern er wird auch durch sein einheitliches Aussehen und die reine Bürstenregelung dem Repulsionsmotor sehr ähnlich, mit dem er auch das Reihenschlußverhalten gemeinsam hat.

Für Sonderantriebe hat sich der Drehstromreihenschlußmotor ebenso wie der Repulsionsmotor im Spinnereibetriebe hervorragend gut eingeführt. Die Gründe sind die gleichen wie beim Repulsionsmotor. Wenn er diesem, der doch noch etwas einfacher ist, heute allgemein vorgezogen wird, so liegt das an seinem besseren Wirkungsgrade und seinem höheren Leistungsfaktor.

Wegen der besseren Materialausnutzung kann der Drehstromreihenschlußmotor für wesentlich größere Leistungen und etwas höhere Wirkungsgrade gebaut werden als der Repulsionsmotor. Da er außerdem leicht elektrisch bremst und sogar auf das Netz in bescheidenem Maße zurückarbeiten kann und in einer Ausführungsform herstellbar ist, die auch außerordentlich langsame Drehzahlen einzustellen erlaubt (sog. „stabiler“ Motor), so hat er Eingang als Schachtfördermaschine für Anlagen kleiner und mittlerer Größe gefunden. Die größte bekannt gewordene Ausführung, bei der der Motor ein Walzwerk treibt, leistet 800 PS in einer Maschine.

Die Wirtschaftlichkeit muß auch ausschlaggebend sein für die Verwendung der Drehstrom-Nebenschlußmotoren. Wie die Schaltbilder Fig. 20 und 22 zeigen, ist die Schaltung der Nebenschlußmotoren, die man ausführt, teilweise nicht sehr einfach, noch am einfachsten ist der mit reiner Bürstenverschiebung arbeitende Motor (Fig. 22), der gegenüber dem anderen Nebenschlußmotor nach Fig. 20 den großen und wirtschaftlichen Vorteil hat, gar kein Zubehör zu benötigen.

Verwendet werden die Nebenschlußmotoren zum Antrieb regelbarer Werkzeugmaschinen und anderer Maschinen, die eine willkürliche, einstellbare, aber im übrigen bei Belastungsänderungen, auch bei Entlastung, nahezu sich gleichbleibende Drehzahl verlangen. Der asynchrone Drehstrommotor besitzt diese Eigenschaft nur im Synchronismus, bei anderen Drehzahlen bekommt er infolge seiner Regelung mit Widerständen Reihenschlußverhalten, wodurch er für den regelbaren Antrieb von Werkzeugmaschinen nicht recht brauchbar ist.

Hierzu tritt in neuerer Zeit die Ausbeutung der Eigenschaft der Kommutatormaschinen, sich ihren eigenen Magnetisierungsstrom selbst erzeugen oder sogar noch Blindstrom abgeben zu können, eine Eigenschaft, die sie zu Phasenverbesserungen aller Art geeignet macht.

Aus den gegebenen Erläuterungen sehen wir, daß die Kommutatormaschinen nicht nur in der Reihe der bekannten Maschinen Lücken ausfüllen, die diese gelassen haben, sondern daß sie sich auch untereinander in recht vorteilhafter Weise ergänzen und daher äußerst vielseitig verwendbar sind. Der mit ihrer Hilfe erzielte Fortschritt der Technik ist also erheblich.

4. Die Berechtigung für die Anwendung der Kommutatormotoren.

Wir hatten bereits vorn unter 2. gesehen, daß Anzugsmoment, Charakteristik, Regelung und Phasenverbesserung Eigenschaften sind, die den Kommutatormotoren die Daseinsberechtigung geben.

Die Kommutatormotoren geben als Anzugsmoment ohne Ausnahme das 2,5fache des normalen Drehmomentes her. Unter diesem ist dabei das Moment zu verstehen, das sie als offene Motoren dauernd, als geschlossene etwa eine Stunde lang bei ihrer normalen Drehzahl — vielfach ist dies eine synchrone Drehzahl — abgeben können. Mehr bedarf die Praxis in der Regel auch nicht. Erreichbar ist auch dreifaches Moment, doch ist diese Zahl als die Grenze anzusehen.

In der Charakteristik haben wir zwischen Motoren mit Reihenschlußverhalten und Motoren mit Nebenschlußverhalten zu unterscheiden. Diese beiden Arten genügen für die Praxis. Motoren mit Verbundverhalten lassen sich bauen, sind aber gar nicht üblich geworden und werden daher im Rahmen dieses Buches nicht behandelt.

Die Regelbarkeit ist verschieden. Sie wird teilweise durch die Schaltung, also durch rein elektrische Verhältnisse bedingt, teilweise durch bauliche Gesichtspunkte (z. B. Größe des Kommutators) und in den meisten Fällen durch die Rücksicht auf die Stromwendung. Diese Dinge sind im einzelnen in den den verschiedenen Motoren zugewiesenen Kapiteln erörtert; hier geben wir nur eine Übersichtstabelle über die Regelfähigkeit:

	normal	erreichbar
Einphasen-Reihenschlußmotor	20 % bis 150 %	0 % bis 150 %
Repulsionsmotor	50 % bis 110 %	5 % bis 120 %
Kompensierter Repulsionsmotor	20 % bis 130 %	0 % bis 150 %
Einphasen-Nebenschlußmotor	50 % bis 130 %	5 % bis 130 %
Mehrphasen-Reihenschlußmotor	50 % bis 130 %	5 % bis 130 %
Mehrphasen-Nebenschlußmotor	50 % bis 150 %	5 % bis 150 %

Während Anzugsmoment und Verhalten Dinge sind, die die Anwendung eines Kommutatormotors rein technisch empfehlen, hängt mit der Regelung die Frage der Wirtschaftlichkeit auf das engste zusammen, sobald es sich um Verwendung von Drehstrom-Kommutatormotoren handelt. Bei Einphasen-Kommutatormotoren spielt die Wirtschaftlichkeitsfrage nicht die Rolle, die sie bei den Drehstrom-Kommutatormotoren besitzt, weil man eben bei Einphasenstrom sehr viel mehr auf die Kommutatormotoren angewiesen ist.

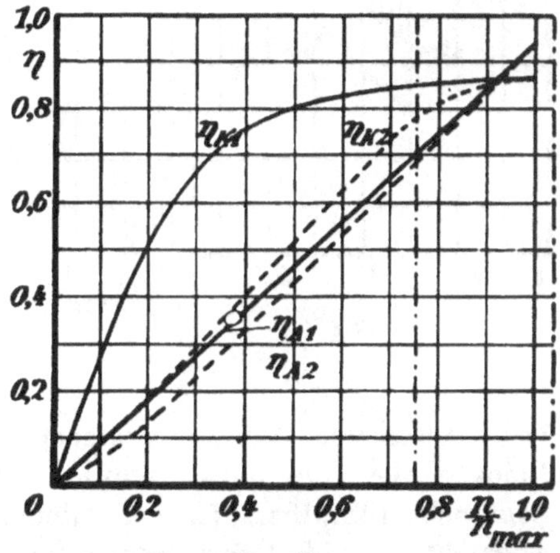

Fig. 27.

Muß man aber doch die Wirtschaftlichkeit prüfen, so gilt für sie dasselbe, was für die Drehstrom-Kommutatormotoren ausgeführt werden soll.

Bei diesen handelt es sich immer um den Wettbewerb mit den billigeren Drehstrom-Asynchronmotoren. Deren kleinere Anschaffungskosten und geringere Amortisation muß der Kommutatormotor durch Betriebsersparnisse einholen. Die Möglichkeit dazu bietet die Tatsache, daß der Wirkungsgrad des mit weniger Verlusten regelbaren Kommutatormotors, besonders bei niederen Drehzahlen, den Wirkungsgrad des asynchronen Motors bedeutend übertrifft. In der Fig. 27 sind die Wirkungsgrade eines Kommutatormotors und Asynchronmotors gegenübergestellt, einmal für Abgabe eines konstanten Drehmomentes bei verschiedenen Drehzahlen, η_{K1} und η_{A1} (Beispiel: Kolbenkompressor), das andere Mal bei einem mit der Drehzahl quadratisch abnehmenden Drehmoment, η_{K2} und η_{A2} (Beispiel: Ventilator). Dabei sind mittlere gute Werte zugrunde gelegt. Aus diesen Wirkungsgradkurven sind dann in den Fig. 28 und 29 Schaulinien abgeleitet, die die an der Welle mechanisch abgegebenen Leistungen N_w und die aus dem Netz entnommenen Leistungen N_n für

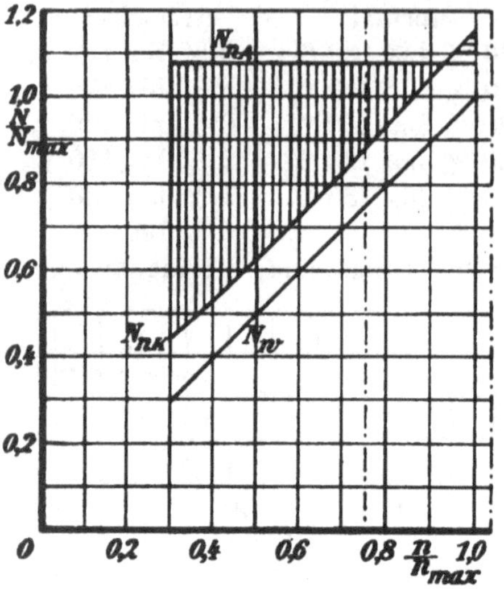

Fig. 28.

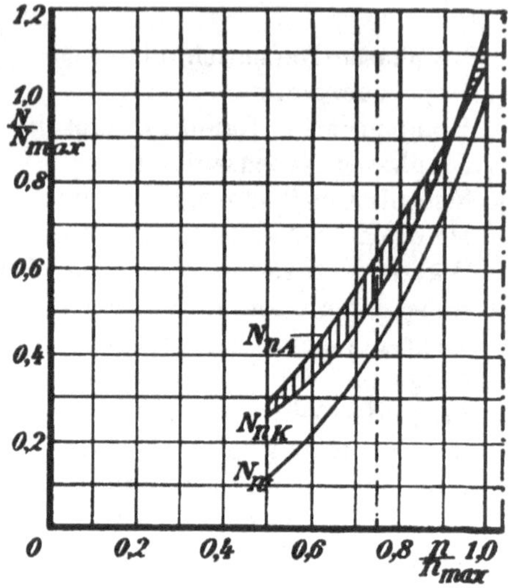

Fig. 29.

beide Arten von Maschinen wiedergeben. Dabei bedeutet wieder der Index K den Kommutatormotor, der Index A den Asynchronmotor. Senkrecht schraffiert ist der Minderbedarf des Kommutatormotors, wagrecht schraffiert sein Mehrbedarf. Wiederum sind die Schaulinien einmal für konstantes (Fig. 28), das andere Mal für ein mit der Drehzahl quadratisch veränderliches Drehmoment (Fig. 29) aufgezeichnet. Man erkennt nun, daß die beste Ersparnis bei Betrieben mit k o n s t a n t e m Drehmoment erzielt wird, während die Ersparnis um so kleiner wird, je mehr das Drehmoment mit der Drehzahl sinkt. Der Ventilatorbetrieb (Fig. 29) gibt schon fast gar keine Ersparnis mehr.

Da die Wirkungsgrade der Reihenschluß- und Nebenschlußmotoren sich grundsätzlich nicht sehr unterscheiden, so gilt unsere Überlegung, die ja nur Grundzüge klarstellen soll, für beide Arten von Motoren.

Bei der Berechnung der Wirtschaftlichkeit spielt es eine große Rolle, ob der Kommutatormotor viel oder wenig Zubehör oder etwa gar keines zu seinem Betriebe braucht und in welchem Maße er damit die Anschaffungskosten und Amortisation beeinflußt. Hierbei können wir auf die Schaltbilder Fig. 8 bis 26 verweisen und die Kommutatormotoren in folgender Reihe ordnen, an deren Spitze die Motoren mit dem geringsten Zubehör, also die billigsten Motoren stehen:

Repulsionsmotor,
Drehstrom-Reihenschlußmotor,
Drehstrom-Nebenschlußmotor mit Ankerspeisung,
Einphasen-Reihenschlußmotor,

Einphasen-Nebenschlußmotor,
Drehstrom-Nebenschlußmotor mit Ständerspeisung,
Kompensierter Repulsionsmotor.

Zu Wirtschaftlichkeitsberechnungen taugliche Angaben über Preise und Gewichte von Kommutatormotoren lassen sich allgemein nicht feststellen. Dazu sind die Grundlagen, auf denen verschiedene Hersteller arbeiten, zu verschieden. Um jedoch eine Vorstellung von der Größenordnung zu haben, bediene man sich folgender kleiner Tabelle:

Leistung:	5	10	50	100	500 KW
Preis:	1000	1400	4000	7000	40 000 Goldmark
Gewicht:	300	500	1800	3500	23 000 kg,

behalte aber im Auge, daß Abweichungen bis zu 50 % von diesen Werten wohl möglich sind.

Zur Phasenverbesserung tragen alle Kommutatormotoren durch ihre guten Leistungsfaktoren bei Vollast bei. Viele gestatten, den Leistungsfaktor 1 oder etwas Voreilung zu erreichen.

Man kann die Phasenverbesserung auch zum Haupt- oder alleinigen Zweck der Kommutatormaschinen machen, wie es z. B. beim sogenannten Phasenschieber geschieht.

5. Die gebräuchlichsten Antriebe mit Kommutatormotoren.

Im Vollbahnbetriebe wirkt der Kommutatormotor auf das wirtschaftliche Ergebnis dadurch günstig ein, daß er bei hoher Spannung die Verwendung des Einphasenstromes möglich macht. Dadurch wird die Fahrleitung billig und einfach. Die Beherrschung sehr großer Entfernungen wird möglich. Den wechselnden Steigungen und Gefällen, Zuglasten und Geschwindigkeiten paßt sich der Kommutatormotor durch sein Reihenschlußverhalten gut an. Die Regelung der Geschwindigkeit ist einfach und verlustlos, das Anzugsmoment und damit die Beschleunigung der Züge erheblich.

Eine Reihe dieser Gesichtspunkte fallen fort, je kleiner die Beförderungsanlagen werden; damit entfällt auch die Notwendigkeit, Kommutatormotoren zu verwenden, es sei denn, daß die Umformung des vorhandenen Wechselstromes in Gleichstrom teurer wird oder sich sonst nicht lohnt.

Drehstrom-Kommutatormotoren scheiden wegen der doppelpoligen Oberleitung für den Bahnbetrieb aus.

Bei Hebe- und Transportmaschinen werden die Kommutatormotoren wegen des großen Anzugsmomentes und der verlustlosen Regelung gern verwendet. Auch hier ist es vorteilhaft, daß die Reihenschlußtypen sich mit ihrer Geschwindigkeit an die Größe der Last anpassen, wodurch eine größere Ausbeute an Nutzarbeit möglich wird. Bei Einphasenstrom ist der Kommutatormotor der einzig verwendbare. Da die mechanische Bürstenverschiebung meist die einfachsten Motoren ergibt, so kann man elektrische Fernsteuerungen nicht gut ausführen, weshalb ein Teil des Gebietes der Hebemaschinen den Kommutatormotoren praktisch verschlossen bleibt.

Dieselben Gesichtspunkte wie für die Hebemaschinen gelten für die Schachtfördermaschinen, doch ist hier der Reihenschlußcharakter weniger vorteilhaft. Denn es ist aus Sicherheitsgründen erwünscht, daß einer bestimmten Einstellung des Steuerhebels der Maschine auch nur eine bestimmte Geschwindigkeit entspricht und diese Bedingung erfüllt der Reihenschlußmotor nicht ohne weiteres. Unter Zuhilfenahme von Zwischenmechanismen hat man aber auch dafür Lösungen gefunden. Nebenschlußmotoren hat man für die erforderlichen großen Leistungen noch nicht gebaut, so daß sich über ihre Eignung nichts sagen läßt. Einphasenstrom kommt bei Förderanlagen nicht vor. Es scheiden deshalb die Einphasen-Kommutatormotoren aus, nur der Repulsionsmotor hat in der eigenartigen Schaltung nach Fig. 16, bei der zwei Repulsionsmotoren in der sogenannten Scottschen Schaltung zu einem für Drehstrom geeigneten Maschinensatze verbunden sind, Eingang in die Fördertechnik gefunden. Als Wettbewerb steht dem Kommutatormotor der Leonardantrieb gegenüber, der ihm betriebstechnisch überlegen, wirtschaftlich aber unterlegen ist. Für kleinere Fördermaschinen (Haspel) werden auch Asynchronmotoren verwendet; ihnen ist der Kommutatormotor durch die wirtschaftlichere Regelung überlegen, besonders dann, wenn die Fördergeschwindigkeit im Verhältnis zur Teufe groß ist. Es sei noch erwähnt, daß in diesen Betrieben die Stromstöße im Netz bei Anwendung der Reihenschluß-Kommutatormotoren geringer sind als die bei Verwendung asynchroner Motoren.

In der großen Klasse der Pumpen- und Kompressoren-Antriebe sind die Kommutatormotoren am wirtschaftlichsten bei den Kolbenpumpen. Bei diesen ist das Drehmoment in der Regel bei verschiedenen gelieferten Mengen dasselbe, andererseits bildet die Veränderung der Drehzahl das einzige Mittel, diese Mengen zu verändern. Die Kommutatormotoren arbeiten also hier unter den Bedingungen, die wir vorn im Abschnitt 4 als besonders günstig und wirtschaftlich hingestellt haben.

Kolbenkompressoren und Kolbengebläse gestatten, die gelieferte Menge außer durch Änderung der Drehzahl auch durch Änderung der Füllung bei gleichbleibender Drehzahl zu verändern. In diesem Falle ist das mittlere Drehmoment veränderlich. Geregelte Kommutatormotoren werden hier also weniger wirtschaftlich als im vorigen Falle arbeiten, weil die Ersparnis an Leistung geringer sein wird. Der Wettbewerb mit dem asynchronen Motor wird dem Kommutatormotor hier schwerer.

Für Schleuderpumpen kommen die Kommutatormotoren da in Frage, wo die Druckhöhen, auf die hinauf zu fördern ist, verschieden groß sind. Denn in solchen Fällen ist die Regelbarkeit der Kommutatormotoren vorteilhaft. Wirtschaftlich arbeiten sie auch hier nur dann, wenn dabei das Drehmoment annähernd konstant bleibt. Die Fälle, in denen auf verschiedene Druckhöhen zu fördern ist, sind indessen nicht häufig.

Den Betrieb der Ventilatoren hatten wir bereits vorn als ein Beispiel dafür herangezogen, daß die Wirtschaftlichkeit des Kommutatormotors bei einem mit der Drehzahl stark veränderlichen Moment nicht erheblich besser als die des Asynchronmotors ist. Er wird infolgedessen hier den schwersten Stand diesem gegenüber haben, wenn die Wirtschaftlichkeit allein ausschlaggebend ist. Das schließt natürlich seine Anwendung nicht aus, besonders dann, wenn seine Regelbarkeit, seine Einfachheit und das Stromsystem für seine Anschaffung ausschlaggebend sind. Infolge dieser Gesichtspunkte tritt die Kommutatormaschine vielfach als Regelsatzmaschine oder Phasenregler zusammen mit dem Asynchronmotor auf.

Für Bearbeitungsmaschinen ist besonders der Drehstrom-Nebenschlußmotor wichtig. Er wird dadurch wirtschaftlich, daß er in reinen Drehstromanlagen, da wo Regelung der Drehzahl notwendig ist, die Umformung in Gleichstrom entbehrlich macht. Dadurch wird die Anlage zu gleicher Zeit einfacher. Voraussichtlich kann er sich auf diesem Gebiete noch sehr weit verbreiten.

Für die Spinnereibetriebe sind Kommutatormotoren wirtschaftlich durch die höhere Ausbeute, die aus den Spinnmaschinen gewonnen werden kann, wenn die Drehzahl verlustlos regelbar ist. Auch hier spielt die Einfachheit und Einheitlichkeit der Anlage eine Rolle, die die Kommutatormotoren fördern, indem die Umformung in Gleichstrom vermieden wird. In der Regel wird man den Drehstromkommutatormotor wegen seines höheren Wirkungsgrades und besseren Leistungsfaktors vorziehen und den noch einfacheren aber etwas schlechter arbeitenden Repulsionsmotor nur da wählen, wo ungeschulte Bedienung äußerste Einfachheit fordert.

Im geringen Umfange sind die Kommutatormotoren auch für Walzenstraßen verwendet worden. Die Wirtschaftlichkeit wird hier zumeist durch Vermeiden der besonderen Gleichstrom-Umformung erreicht, aber auch die verlustlose Regelung kann gegenüber dem Asynchronmotor wirtschaftliche Vorteile bringen, zumal meist das Regelbereich eng ist. Wertvoll ist ferner wie bei den Fördermotoren die Eigenschaft der Kommutatormotoren, mit geringeren Netz-Belastungsstößen zu arbeiten und die dem Asynchronmotor gegenüber sichere Beherrschung der Geschwindigkeit. Eingeschränkt wird ihre Verwendung dadurch, daß sie sich nicht für sehr hohe Leistungen bauen lassen und daß die gegenwärtig erhältlichen Kohlenbürsten den scharfen Anforderungen eines Walzbetriebes nicht recht gewachsen zu sein scheinen, so daß häufiges Auswechseln der Kohlenbürsten nicht zu umgehen ist.

Wegen des meist engen Regelbereichs tritt die Kommutatormaschine hier vielfach als Regelsatzmaschine oder Phasenregler in Verbindung mit dem Asynchronmotor auf.

Bei sämtlichen hier genannten Antrieben erhöht der gute Leistungsfaktor der meisten, insbesondere der Drehstromkommutatormaschinen mittelbar ihre Wirtschaftlichkeit.

6. Bau- und Ausführungsarten.

In Bau und Ausführung schließen sich die Kommutatormotoren den sonstigen Motoren der Elektrotechnik an. Demnach überwiegt der offene Motor. Er ist meistens für dauernde Abgabe seiner Leistung gebaut. Für staubige Betriebe oder solche, in denen sich entzündliche Stoffe anhäufen, der Motor aber auch dauernd arbeiten muß, benutzt man ventiliert geschlossene Motoren. Es sind dies Ausführungen, die bis auf je eine Öffnung für Luftein- und -ausströmung ganz geschlossen sind. Die Luft wird entweder mit einem im Motor selbst angebrachten Ventilator hindurchbefördert oder wird dem Motor in besonderen Kanälen zugeführt und ebenso wieder abgeführt. Die Lüftung kann dabei ganz durch eine besondere Ventilationsanlage erfolgen oder der Motor kann deren Wirksamkeit durch seine eigenen Ventilatoren noch steigern.

Für Motoren im Freien oder für Motoren, die besonders ruhig laufen sollen, wendet man die völlig geschlossene Bauart ohne jede Ventilation an. In dieser leisten die Motoren diejenige Leistung, die sie als offen gebaute Typen dauernd abgeben können, ohne Pause nur eine Stunde lang. Dies genügt jedoch für Betriebe, in denen die Motoren ohnedies nur mit Pausen benutzt werden, dem Aufzugs- und Kranbetrieb.

Kommutatormotoren werden durch den Kollektor länger als andere Motoren gleicher Leistung. Dabei verlangen sie gerade einen besonders ruhigen Gang, damit nicht aus rein mechanischen Gründen Feuer unter den Bürsten auftritt. Ihre Wellen müssen daher gegenüber denen anderer Motoren stärker bemessen werden.

Die Kommutatoren sind besonders sorgfältig vor Öl zu schützen. Es zerstört die Isolation zwischen den Kollektorlamellen und verunreinigt die Oberfläche des Kommutators, so daß auch dadurch Feuer unter den Bürsten entstehen kann.

Von äußerster Wichtigkeit ist die gute Zugänglichkeit der Bürsten, weil die meisten Kommutatormotoren sehr viele Bürsten haben, die entsprechend viel Wartung fordern (vgl. Teil VI). Diese Aufgabe ist konstruktiv durchaus nicht leicht zu lösen.

7. Praktische Eigenschaften der Kommutatormotoren.

a) Frequenz.

Die Kommutatormotoren werden in der Regel für die Frequenz 50 gebaut. Eine Ausnahme machen die Vollbahnmotoren, die für $16^2/_3$, und die Kleinbahnmotoren, die für 25 Perioden ausgeführt werden. Die äußerste Grenze dürfte wegen der Beherrschung der Kommutierung im Anlauf die Frequenz 60 sein.

Alle synchron lauffähigen [1] und für die Frequenz 50 gebauten Kommutatormotoren können auch für Frequenzen zwischen 40 und 50 gewickelt werden. Ihre Leistung ändert sich dabei proportional zur Frequenz, so daß sie also bei der Frequenz 40 um 20 % weniger leisten. Dabei fällt die Änderung auf die Drehzahl, während das Drehmoment bei 50 und 40 Perioden das nämliche ist.

Die vom Synchronismus sehr stark unabhängigen Reihenschlußmotoren für Einphasenstrom können mit jeder Frequenz betrieben werden, ohne daß sich die Leistung ändert. Im Gegenteil ist es möglich, die Leistung mit sinkender Frequenz noch zu steigern. Sie können insbesondere auch mit der Frequenz Null, also mit Gleichstrom, betrieben werden. Von diesen Eigenschaften macht man im Bahnbetriebe Gebrauch.

b) Leistung, Überlastung und Erwärmung.

Über die Leistung der verschiedenen Ausführungsformen (offene, ventiliert geschlossene und ganz geschlossene) und über die Änderung der Leistung mit der Frequenz hatten wir unter 6. und im vorhergehenden schon gesprochen. Es erübrigt noch zu sagen, daß Kommutatormotoren entsprechend den „Regeln für die Bewertung und Prüfung von elektrischen Maschinen (REM)“ und nach den „Normalen Bedingungen für den Anschluß der Motoren an öffentliche Elektrizitätswerke“ des Verbandes Deutscher Elektrotechniker gebaut werden können.

---

[1] Synchron lauffähig sind alle hier behandelten Kommutatormotoren mit Ausnahme des einfachen und des doppelt gespeisten einphasigen Reihenschlußmotors. Diese Bezeichnung heißt, daß diese Motoren mit synchroner Drehzahl laufen können, am besten mit ihr betrieben werden und sich beim Regeln nicht beliebig weit von ihr entfernen dürfen.

Die Überlastbarkeit kann nach folgender Tafel beurteilt werden:

Motoren für	vertragen 25 % Überlast	40 % Überlast
Dauerbetrieb	½ Stunde lang	3 Minuten lang
Stundenbetrieb	15 Minuten ,,	keine
30-Min.-Betrieb	5 Minuten ,,	keine.

Diese Zahlen gelten für die abgegebene Leistung; die Überlastbarkeit im Drehmoment ist größer, wenn gleichzeitig die Drehzahl entsprechend sinkt. Hierbei bleibt die Erwärmung in normalen Grenzen und die Maschinen leiden nicht. Auf den Anlauf beziehen sich diese Zahlen nicht.

Alle Maschinen besitzen ein höchstes Drehmoment, das sie ausüben können. Es hat bei den Kommutatormotoren nicht die Bedeutung, die es z. B. als Kippmoment bei den asynchronen Motoren hat, weil es meist hohe Werte besitzt, die im Betriebe sehr selten verlangt werden. Zumeist liegt es über dem 2,5fachen des normalen Drehmomentes.

c) Anzugskraft.

Die hohe Anzugskraft ist die wichtigste Eigenschaft der Kommutatormotoren, die um ihretwillen häufig verwendet werden. Alle Motoren können so gebaut werden, daß sie das 2,5fache des normalen Drehmoments hergeben, unter normalem Drehmoment das Dauermoment bezogen auf offene Bauart verstanden. Es ist dabei vorausgesetzt, daß dieses große Moment nur bei den ersten Umdrehungen des Motors verlangt wird und mit wachsender Drehzahl allmählich in das normale übergeht. Die Anzugskraft ändert sich mit der Spannung; siehe unter: Spannung. Die Stromaufnahme beim Anlauf entnehme man folgender Tabelle:

Motorart	Anzugsmoment	Anzugsstrom
Einphasen-Reihenschlußmotor	2,5-	2,0fach
Einphasen-Nebenschlußmotor	2,5-	2,5 ,,
Repulsionsmotor	2,5-	2,0 ,,
Kompensierter Repulsionsmotor	2,5-	2,0 ,,
Doppelt gespeister Reihenschlußmotor ...	2,5-	2,0 ,,
Drehstrom-Reihenschlußmotor	2,5-	2,0 ,,
Drehstrom-Nebenschlußmotor		
mit Ständerspeisung	2,5-	2,0 ,,
mit Läuferspeisung	2,5-	2,0 ,,

d) Drehzahl.

Bei den synchron lauffähigen Maschinen ist der Synchronismus meist die normale Drehzahl, mindestens liegt sie in seiner Nähe. Daher ist die Drehzahl der Frequenz proportional, falls sich diese ändert.

Bei den Einphasen-Reihenschlußmotoren ist die Drehzahl von der Frequenz außerordentlich wenig abhängig, sie kann praktisch als unabhängig von ihr angesehen werden.

Im Abfall der Drehzahl unterscheiden sich die Motoren mit Reihenschluß- und Nebenschlußverhalten sehr wesentlich:

Motoren mit Nebenschlußverhalten fallen bei Belastung mit dem normalen Drehmomente nur 3 bis 7 % gegenüber Leerlauf ab, Motoren mit Reihenschlußverhalten besitzen eine mit dem Momente sehr veränderliche Drehzahl, die bei Entlastung sehr ansteigt; Beispiele geben die Schaulinien Fig. 57, 69, 84. Bei Entlastung solcher Motoren ist daher Vorsicht, gegebenenfalls durch Schutzmaßnahmen, am Platze. Solche Schutzmaßnahmen können in mechanischen oder elektrischen Einrichtungen bestehen; es muß auf die den einzelnen Motoren gewidmeten Kapitel verwiesen werden.

Die Regelbarkeit der Drehzahl der Motoren ist verschieden und der folgenden Tabelle in Prozenten zu entnehmen. Die Prozente beziehen sich auf die normale Drehzahl (= 100%). Im ersten Teil der Tabelle ist konstantes Drehmoment, im zweiten ein mit dem Quadrate der Drehzahl (n) veränderliches Drehmoment vorausgesetzt.

Drehmoment konstant

Motorart	Einphasen-Reihenschluß-motor	Repulsions-motor	Kompensierter Repulsions-motor	Einphasen-Nebenschluß-motor	Mehrphasen-Reihenschluß-motor	Mehrphasen-Nebenschluß-motor
Niedrigste herstellbare Drehzahl	5	5	5	5	5	5
Niedrigste dauernd bzw. 1 Std. zulässige Drehzahl	50	50	50	50	50	50
Höchste dauernd zulässige Drehzahl	140	110	130	120	130	150
Höchste herstellbare Drehzahl	150	120	150	130	130	190

Drehmoment veränderlich mit n^2

Motorart	Einphasen-Reihenschluß-motor	Repulsions-motor	Kompensierter Repulsions-motor	Einphasen-Nebenschluß-motor	Mehrphasen-Reihenschluß-motor	Mehrphasen-Nebenschluß-motor
Niedrigste herstellbare Drehzahl	5	5	5	5	5	5
Niedrigste dauernd bzw. 1 Std. zulässige Drehzahl	5	5	5	5	5	5
Höchste dauernd zulässige Drehzahl	110	110	110	110	110	110
Höchste herstellbare Drehzahl	120	110	120	115	115	115

Die Angaben dieser Tabelle beziehen sich nur auf die Betriebsregelung, nicht auf den Anlauf, der immer vom Stillstande (0 %) aus erfolgt und bei dem der Motor die für den Betrieb unzulässigen Drehzahlen rasch überläuft.

Mit Rücksicht auf die Kosten regelt man Kommutatormotoren möglichst durch Bürstenverschiebung, bei der besondere Anlaß- und Regeleinrichtungen meistens erspart werden; der Kommutator ist Anlaß- und Regelapparat! Daher ist Bürstenverschiebung einfach, zuverlässig und billig. Mit Stufentransformatoren und Schaltwalzen werden geregelt:

Einphasen-Reihenschlußmotoren mit und ohne Wendepole,
Einphasen-Nebenschlußmotoren,
Drehstrom-Nebenschlußmotoren mit Ständerspeisung.

Die Regelung der Motoren ist ihre wertvollste Eigenschaft und es muß hervorgehoben werden, daß hierbei, vor allem bei Regelung mit konstantem Drehmoment, der Wirkungsgrad über ein großes Bereich hoch bleibt im Gegensatz zu den mit Widerständen geregelten Gleich- und Drehstrommotoren (vgl. Fig. 27). Wenn in einer Anlage hierauf kein Wert gelegt wird, so soll man einen Kommutatormotor nicht verwenden, da seine Wirtschaftlichkeit von der Ausnutzung des Regelbereiches und dem dabei guten Wirkungsgrad abhängt, es sei denn, daß noch andere Gründe für den Kommutatormotor sprechen.

Bei manchen Motoren wird die Bürstenverschiebung nur während des Anlassens zum Steigern der Drehzahl benutzt. Nach Erreichen der synchronen Drehzahl werden sie durch einen Zentrifugalschalter in einen Induktionsmotor umgeschaltet, besitzen von da ab das Verhalten eines solchen und können demnach dann nicht mehr geregelt werden.

Die Möglichkeit der Wärmeabfuhr bei verschiedenen Drehzahlen hat folgenden Einfluß auf die Regelbarkeit aller Maschinen:

a) Bei konstantem normalen Drehmoment kann die Drehzahl ohne künstliche Kühlvorrichtung dauernd bzw. eine Stunde nur bis 50 % erniedrigt werden. Soweit laut Tabelle noch tiefere Drehzahlen überhaupt möglich sind, muß bei diesen die natürliche Kühlung des Motors durch eine künstliche unterstützt werden. Treten die tieferen Drehzahlen nur vorübergehend und im Wechsel mit hohen Drehzahlen auf, wie z. B. bei Fördermaschinen, so ist keine besondere Lüftung erforderlich.

b) Bei einem Drehmoment, das proportional n^2 veränderlich ist, z. B. beim Antrieb von Ventilatoren und Zentrifugalpumpen, wird das Regelbereich nach unten fast unbeschränkt erweitert, nach oben dagegen beschränkt.

Die Höchstdrehzahl, die die Maschinen mechanisch aushalten können, setzt man mit Rücksicht auf den Kommutator nur etwa 15 bis 30 % höher an als die normale Drehzahl. Bei Bahnmotoren muß man allerdings 50 % zulassen, dann aber den Kommutator besonders gut konstruieren.

Einige Kommutatormotoren lassen sich grundsätzlich bis zum Stillstand herabregeln. Da indessen die Forderung einer so weitgehenden Regelung verhältnismäßig selten ist, baut man sie nicht immer für dieses große Bereich, wenn bei kleinerem Regelbereich die Kommutatoren etwas kleiner werden können. Dies tritt besonders in die Erscheinung bei dem Drehstrom-Nebenschlußmotor mit Läuferspeisung. In den beiden Tabellen sind Regelbereiche angegeben, die den meist vorkommenden Fällen entsprechen.

e) Spannungen.

Kommutatormotoren mit synchroner Lauffähigkeit können für die Spannungen ausgeführt werden, die bei den asynchronen Motoren üblich sind, also meistens für 120, 220, 380, 3000 Volt, aber auch für alle zwischenliegenden Werte. Dabei werden Motoren unter 20 kW sowie läufergespeiste Motoren meist nur bis 500 Volt gewickelt.

Die Einphasen-Reihenschlußmotoren, die nicht an den Synchronismus gebunden sind, müssen für eine ganz bestimmte, durch die Anforderungen an eine gute Kommutierung gegebene Spannung gewickelt werden. Dies gilt zugleich für alle Kommutatormaschinen, deren Kommutator in unmittelbarer Verbindung mit dem Netze steht. Die Kommutatorspannung liegt bei Motoren für die Frequenz 50 in der Größenordnung von 50 bis 100 Volt, für die Frequenz 25 in der von 150 bis 300 Volt, für die Frequenz 16,7 in der von 250 bis 500 Volt.

Für einen fertig gewickelten Motor kann die Spannung um etwa 5 % schwanken, ohne daß Betriebsnachteile entstehen. Ist der Spannungsunterschied aber größer, so muß die Leistung für Maschinen mit unmittelbarem Netzanschluß mit dem Quadrate der Spannung herabgesetzt werden. Dies gilt besonders hinsichtlich des größten Drehmomentes, das die Motoren entwickeln können.

f) Leistungsfaktor.

Der Leistungsfaktor hat bei den Drehstrom-Kommutatormotoren bei Vollast meistens den Wert Eins oder sinkt doch nicht unter 0,95. Ihnen am nächsten kommen die Einphasen-Reihenschlußmotoren, die bei genügend raschem Laufe Leistungsfaktoren von 0,90 bis 0,95, bei langsamerem Laufe von 0,80 bis 0,90 haben. Die niedrigsten Leistungsfaktoren haben die Einphasen-Repulsionsmotoren, die in guter Ausführung Leistungsfaktoren von

0,80 bis 0,85, bei hoher Ausnutzung oder in kleineren Typen jedoch nur von 0,70 bis 0,80 haben.

Bei einer Anzahl Einphasenmotoren kann man durch besondere Einrichtungen auch den Leistungsfaktor Eins erreichen, so beim kompensierten Repulsionsmotor und beim Einphasen-Nebenschlußmotor.

Bei allen Motoren nehmen die Leistungsfaktoren mit der Drehzahl ab, zuerst langsam, dann rascher. Im Stillstande pflegen sie Leistungsfaktoren von 0,30 bis 0,40 zu haben, Zahlen, die auch für die erhöhten Anzugskräfte, die sie entwickeln müssen, gelten.

g) Wirkungsgrade.

Wie in der Einleitung und im Teil VI näher ausgeführt wird, sind mit der Einführung des Kommutators Verluste unvermeidlich verbunden. Um daher die Wirkungsgrade der Kommutatormotoren wettbewerbsfähig mit denen anderer Maschinen zu machen, muß der rein elektrische Teil für sich einen besonders guten Wirkungsgrad erhalten, wodurch die Preise der Maschinen steigen. Es ist daher wirtschaftlich richtig, bei Kommutatormotoren den Wirkungsgrad nicht zu hoch zu treiben. Wir finden deshalb allgemein, daß sie Wirkungsgrade besitzen, die mehr der unteren Grenze von Wirkungsgraden anderer Maschinen naheliegen als der oberen Grenze.

Bei der Messung von Wirkungsgraden legt man zweckmäßig den § 41 der „Regeln für Bewertung und Prüfung von elektrischen Maschinen" des V. D. E. zugrunde, nach dem der Wirkungsgrad nicht aus Einzelverlusten, sondern durch Messung der zugeführten und der abgenommenen Leistung bestimmt wird.

Bei guten Maschinen von 15 KW ab liegt der Wirkungsgrad etwa bei 80 %, bei kleineren geht er bis zu 70 % herab, bei größeren steigt er über 80 % und erreicht etwa 88 % bei den größten Ausführungen von mehreren hundert kW.

Ist der normale Wirkungsgrad, d. h. der bei voller normaler Belastung, gegeben, z. B. $\eta = 80\ \%$, so kann man angenähert den Wirkungsgrad bei Teillasten nach folgender Tafel finden:

Leistung	25	50	75	100	125 %
Multiplikationsfaktor	0,50	0,80	0,95	1,0	0,95

Im Beispiel würde man also bei Halblast (50 %) finden:

$$\eta = 80 \cdot 0{,}80 = 64\ \%.$$

Diese Tafel gilt, natürlich bloß annähernd, sowohl wenn das Drehmoment bei der Teilleistung unveränderlich, als auch wenn es mit dem Quadrate der Drehzahl veränderlich ist, also auch für Zwischenfälle. Zur Abgabe von Gewährleistungen oder zu scharfen Wirtschaftlichkeitsberechnungen muß man sie natürlich nicht benutzen.

h) Isolation.

Für die Isolation der Kommutatormotoren gelten die nämlichen Regeln wie für andere elektrische Maschinen, mit dem Zusatze, daß der Kommutator vor Staub, Feuchtigkeit, Öl, ätzenden oder ölhaltigen Dämpfen zu schützen ist.

i) Anlassen.

Über das Anlaufmoment und die Anlaufstromstärken gibt der Abschnitt c) dieses Teiles Aufschluß. Im allgemeinen muß man darauf sehen, diejenigen Kommutatormotoren zu verwenden, die durch Bürstenverschiebung angelassen werden können. Das ist billig, einfach und betriebssicher. Kleine Maschinen bis zu 10 kW können auch ohne irgendeine Anlaßvorrichtung unmittelbar durch Einlegen des Schalters ans Netz gelegt werden, ohne Schaden zu nehmen. Es tritt dabei allerdings ein ziemlich großer Stromstoß (meist 3- bis 4facher Normalstrom) auf und man muß sich vergewissern, daß das betreffende stromliefernde Werk ihn zuläßt.

Als Anlaßvorrichtungen werden im einfachsten Falle, besonders bei Bürstenverschiebung, Handräder verwendet. Vielfach benutzt man aber auch Hebel oder Fernsteuerapparate in den verschiedensten Ausführungsformen.

k) Anschlußklemmen.

Die nicht immer einfache Schaltung der Kommutatormotoren bringt es mit sich, daß neben den zwei Einphasen-Netz- (R, T) oder den drei Drehstrom-Netz-Klemmen (R, S, T) noch mehrere andere Klemmen vorhanden sind, besonders solche für die Bürsten und deren Verbindungen mit dem Ständer. Es sind deshalb für jede Maschinenart Schaltbilder gezeichnet worden (siehe Fig. 8 bis 26), deren Zweck auch darin mit besteht, die notwendigen Klemmen erkennen zu lassen. Vorschriften für die Klemmenbezeichnungen, wie sie für andere elektrische Maschinen bestehen, hat der V. D. E. wegen der Neuheit der Kommutatormotoren nicht herausgegeben, doch lassen sich die vorhandenen Vorschriften sinngemäß verwerten und dies ist bei den einzelnen Schaltbildern auch geschehen. Man vergleiche hierzu die „Normalien für die Bezeichnung von Klemmen bei Maschinen, Anlassern, Regulatoren und Transformatoren“ des V. D. E.

Die Ermittlung des richtigen Anschlußsinnes der verschiedenen Wicklungen unter sich ist nicht immer einfach. Man erhält über diesen Punkt, der über den Rahmen der in diesem Buche zu behandelnden Gegenstände hinausgeht, einigen Aufschluß durch die Spezial-Literatur[1].

[1]) Eine der besten Darstellungen bietet das Buch: Die Ortskurven der graphischen Wechselstromtechnik von Dr. Otto Bloch, Verlag Rascher & Co., Zürich 1917, in seinem Abschnitt: Die Zustandsdiagramme unter Berück-

l) Sicherungsmaßnahmen.

Unter den Kommutatormotoren befinden sich solche mit Reihenschlußverhalten. Sie nehmen bei Entlastung eine hohe Drehzahl an. Man muß daher bei ihrer Verwendung darauf achten, daß sie nicht zu weit entlastet werden. Wieviel Entlastung zulässig ist, ersieht man am einfachsten aus den Schaulinien für jede Motorenart. Im allgemeinen ist Entlastung auf die Hälfte des normalen Drehmomentes noch zulässig.

Ist noch mehr Entlastung unvermeidlich, so müssen Sicherheitsmaßnahmen getroffen werden. Vielfach verwandelt man den Motor aus dem Reihenschlußmotor in einen solchen mit Nebenschlußverhalten. Bei Repulsionsmotoren braucht man dazu nur den Anker entweder über Schleifringe oder über den Kommutator kurzzuschließen. Dasselbe Verfahren läßt sich bei Drehstrom-Reihenschlußmotoren anwenden. Statt der Schleifringe verwendet man vielfach Kontakte, die mitsamt dem Anker umlaufen und sich bei bestimmter Drehzahl schließen (sog. Zentrifugalschalter).

Ein eigentümliches Mittel zu demselben Zweck hat man bei dem Drehstrom-Reihenschlußmotor dadurch in der Hand, daß man den Zwischentransformator genügend sättigt (siehe Teil XII über diesen Motor).

m) Zubehör (vgl. hierzu die Schaltbilder Fig. 8 bis 26).

Alle Kommutatormotoren, die mit Bürstenverschiebung arbeiten, brauchen kein oder ganz wenig Zubehör, also weder Anlaß- noch Regelapparate, sofern nicht besondere Einrichtungen, wie z. B. Fernsteuerung, verlangt werden. Auf diese für die Wirtschaftlichkeit und den Betrieb gleich wichtige Tatsache wurde bereits wiederholt verwiesen. Eine halbe Ausnahme machen davon die Drehstrom-Reihenschlußmotoren, die einen Zwischentransformator haben müssen. Dieser kann aber für eine um so kleinere Leistung gebaut werden, je enger das Regelbereich des Motors ist, und fällt dadurch so klein aus, daß er häufig in den Motor eingebaut werden kann. Dann sehen diese Maschinen genau so aus wie solche ohne Zubehör, weshalb wir oben von einer halben Ausnahme sprachen.

Das meiste Zubehör brauchen die Einphasen-Reihenschlußmotoren, nämlich einen Transformator mit Schaltstufen und eine Schaltwalze. Mitunter, z. B. auf Kranen, kann ein einziger Transformator mehrere Motoren versorgen, wodurch die Gestehungskosten der Anlage sinken.

---

sichtigung des Wicklungssinnes. Vgl. hierzu die Äußerungen von Prof. Emde in Elektrotechnik und Maschinenbau 1923, Heft 11.

Im allgemeinen wird der Reihenschlußmotor für Kleinanlagen durch das viele Zubehör unwirtschaftlich und bleibt daher auf den Bahnbetrieb beschränkt, wo andere Vorteile diesen Nachteil mehr als aufwiegen.

Die in diesem Buche befindlichen Schaltbilder Fig. 8 bis 26 sind so entworfen, daß man aus ihnen das notwendige Zubehör der einzelnen Typen sofort erkennt.

n) Geräusch.

Kommutatormaschinen haben, wie im Teil VI ausgeführt wird, nicht nur viele, sondern auch harte Bürsten. Sie können daher nicht geräuschlos laufen. Ist ein äußerst ruhiger Lauf unbedingt notwendig, so müssen völlig geschlossene Motoren verwendet werden und es müssen die damit verbundenen Nachteile — große Typen, hoher Preis — in Kauf genommen werden.

o) Selbsterregung, Bremsen und Rückarbeiten.

Alle Kommutatormaschinen können als Generatoren arbeiten (siehe Teil XVI). Sie können daher auch alle bremsen.

Jedoch können nur die Motoren mit Nebenschlußverhalten mit gutem Wirkungsgrade ins Netz zurückarbeiten. Hierzu müssen sie mit einer Drehzahl angetrieben werden, die etwas höher liegt (wenige Prozent) als diejenige, die sie im Leerlauf annehmen würden. Es ist zu bemerken, daß dies nicht nur die synchrone Drehzahl zu sein braucht. Stellt man also einen Nebenschlußmotor mit Hilfe seines Regelorgans, z. B. der Bürstenverschiebung, auf 60 % des Synchronismus im Leerlauf ein und treibt ihn durch eine fremde Kraft mit 65 % der synchronen Drehzahl an, so wird er bereits ins Netz Leistung zurückgeben.

Reihenschlußmotoren können nicht so leicht wie die Nebenschlußmotoren ins Netz zurückarbeiten. Sie haben alle die Eigentümlichkeit, als Generatoren eine Frequenz hervorzubringen, die von der des Netzes im allgemeinen abweicht. Ein Zusammenarbeiten des Motors mit dem Netz ist dann natürlich unmöglich. Man kann aber durch dämpfende Mittel, Widerstände oder Sättigungen, die Erzeugung dieser Eigenfrequenz unterdrücken, die Motoren vom Netz aus erregen und kann dann Leistung in das Netz zurückgeben. Infolge der dämpfenden Mittel wird aber auch die Leistungsrückgabe mit gedämpft und ist wenig wirkungsvoll. Man macht daher von der Leistungsrückgabe selten Gebrauch, sondern benutzt die generatorische Wirkung der Motoren bloß zum Bremsen. Außerdem kann man durch Schaltungsänderung die Reihenschlußmotoren in Nebenschlußmotoren verwandeln. Sowohl beim Einschalten der dämpfenden Mittel als beim Ändern der

Schaltung sind besondere Einrichtungen nötig, so daß im Gegensatz zu den Nebenschlußmotoren die Handhabung der Reihenschlußmotoren dadurch umständlicher wird.

p) Wartung.

Die Wartung der Kommutatormaschinen erstreckt sich außer der bei allen Maschinen üblichen sonst nur noch auf den Kommutator. Dieser ist ihr empfindlichster Teil. Er muß stets vollkommen glatt und bläulichblank aussehen. Die Bürsten müssen stets alle sauber und mit ihrer ganzen Fläche aufliegen und dürfen in ihren Haltern nicht klemmen. Ihre Temperatur muß gleichmäßig sein. Kohlenstaub muß entfernt werden. Infolge ihrer größeren Anzahl ist die Wartung, die die Bürsten erfordern, etwas größer als bei Gleichstrommaschinen. Gegen Verstaubung sind Kommutatormaschinen wegen des Festklemmens der Bürsten und wegen Überbrückung der Verbindungen zum Kommutator empfindlich.

8. Die Anwendung der Kommutatorumformer.

In der elektrotechnischen Praxis sind zweierlei Arten von Umformern bekannt:

Erstens Maschinengruppen, bei denen die Umformung auf dem Umwege über mechanische Arbeit erfolgt, sog. Motorgeneratoren, und zweitens einzelne Maschinen, bei denen die Umformung der elektrischen Arbeit ohne Zuhilfenahme der mechanischen Arbeit unmittelbar erfolgt. Für diese letzten Maschinen verwendet man die Bezeichnung „Umformer" neuerdings ausschließlich.

Auf dem Gebiete der Kommutatorumformer liegen die Verhältnisse genau so. Es gibt Motorgeneratoren, bei denen in der Regel der Motor als Kommutatormotor ausgeführt ist, und es gibt Umformer, die aus einer einzigen Maschine bestehen. Die bekanntesten Vertreter der ersten Art, also der Motorgeneratoren, sind die sog. Regelsätze, deren ältester, der von Scherbius, Brown-Boveri & Co., aus einem Dreiphasen-Reihenschlußmotor besteht, der mechanisch einen asynchronen Generator antreibt.

Es sind noch andre Umformer nach Art der Motorgeneratoren erfunden worden, die sich indessen erst zur Zeit einführen.

Da der Betrieb derartiger Motorgeneratoren gegenüber dem, was bei den Kommutatormotoren gesagt war, nichts Neues bietet, so sollen hier nur die eigentlichen Kommutatorumformer behandelt werden.

Der Zweck der Kommutatorumformer besteht darin, die in Gestalt von Wechselstrom von bestimmter Spannung und Frequenz verfügbare Leistung in solche anderer Spannung und Frequenz umzuwandeln. Der Kommutatorumformer stellt daher den allgemeinen

Fall zu dem bekannten Drehstrom-Gleichstromumformer dar, dessen Aufgabe es ja ist, Drehstrom von gegebener Frequenz und Spannung in Strom von der Frequenz Null, also in Gleichstrom umzuwandeln.

Kommutatorumformer können demgemäß zwei Netze von verschiedener Frequenz und Spannung derartig miteinander verknüpfen, daß das eine Netz in das andere Leistung abgeben kann, eine Aufgabe, die bekanntlich bei unmittelbarem Zusammenschalten der Netze unmöglich sein würde. Der Fall, daß zwei Verteilungsnetze in dieser Weise miteinander verbunden worden wären, ist aber bis heute noch nicht praktisch verwirklicht worden und bleibt der Zukunft überlassen. Dagegen sind die Kommutatorumformer sehr häufig in den Fällen angewendet worden, wo das eine Netz durch den Anker eines asynchronen Motors dargestellt ist. Der Kommutatorumformer löst in diesem Falle die Aufgabe, die beim Regeln eines asynchronen Motors zur Verfügung stehende elektrische Leistung von niedriger Frequenz dem Hauptnetz, von höherer Frequenz, aus welchem der asynchrone Motor betrieben wird, wieder zuzuführen, ohne daß diese Leistung eingebüßt wird, wie es der Fall wäre, wenn der asynchrone Motor mit Hilfe von Widerständen reguliert würde. Es hat sich gezeigt, daß es hierbei möglich ist, gleichzeitig noch die Phasenverschiebung der asynchronen Motoren zu regeln, so daß wir also als Hauptaufgabe der Umformer die verlustlose Drehzahlregelung und die Regulierung der Phasenverschiebung anzusehen haben.

9. Die Vorteile der Kommutatorumformer.

a) Die Drehzahl der asynchronen Motoren muß mindestens von 60 bis 120 % verändert werden, so daß 40 bis 20 % Verluste entstehen würden, wenn der asynchrone Motor mit Widerständen geregelt würde. Diese Verluste werden durch den Kommutatorumformer zum größten Teil erspart. Vollständig werden die Verluste natürlich nicht vermieden; denn der Kommutatorumformer verbraucht selbst eine gewisse Leistung. Man kann annehmen, daß sein Wirkungsgrad zwischen 80 und 90 %, im Mittel etwa 85 % beträgt, und kann daraus schließen, daß eine wesentliche Ersparnis an Verlusten bei Drehzahländerungen unterhalb 10 % nicht herauskommt, daß also die Wirtschaftlichkeit des Kommutatorumformers erst bei einer Regelung von mindestens 10 % beginnt.

Von der Ersparnis von Verlusten abgesehen, besitzt eine Maschine mit einem Kommutatorumformer noch folgende Vorzüge bei der Regelung der Drehzahl.

Es kann je nach der für den Umformer gewählten Schaltung dem ganzen Maschinensatz, also auch dem Hauptmotor, das Verhalten eines Nebenschlußmotors oder auch das Verhalten eines Reihenschlußmotors, endlich auch das Verhalten eines Verbundmotors erteilt werden. Hierzu ist es nur erforderlich, mit Hilfe geeigneter Schaltungen die vom Kommutatorumformer nach dem Hauptmotor geleitete Spannung entweder konstant oder veränderlich mit der Stromstärke zu machen oder eine Vermischung aus diesen beiden Abhängigkeiten zu erzielen. Es können also den asynchronen Motoren die Eigenschaften regelbarer Nebenschlußmotoren erteilt werden, wodurch sie sich zu allen Antrieben eignen, in denen sich Gleichstrom-Nebenschlußmotoren bewähren würden. Es können aber auch, wenn dem asynchronen Motor Reihenschluß- oder Verbundeigenschaften erteilt werden, mit Hilfe von Drehstrom Wirkungen erzielt werden, die man bisher nur im Gebiete des Gleichstroms kannte. Beispielsweise ist auf diese Weise die Ausnutzung der Energie von Schwungmassen möglich. Es sind alle Aufgaben lösbar, die das Pufferungsproblem der Gleichstromtechnik gestellt hat, ohne daß man auf Gleichstrom zurückzugreifen genötigt ist.

b) Die zweite Aufgabe, die der Kommutatorumformer lösen kann, nämlich die Verbesserung des Leistungsfaktors, ist gleichfalls recht wichtig. Der durchschnittliche Leistungsfaktor von asynchronen Motoren beträgt 0,8. Es kann aber nicht nur allein dieser Leistungsfaktor selbst verbessert werden, sondern es kann auch der Leistungsfaktor des Netzes gehoben werden, der meistens noch kleiner ist als der Leistungsfaktor eines einzelnen asynchronen Motors, weil nicht alle an einem Netz angeschlossenen Motoren voll belastet laufen. Der Kommutatorumformer kann also ähnliche Aufgaben erfüllen, wie sie überregte synchrone Maschinen, die man zum Ausgleich der Phasenverschiebung für eine ganze Reihe von Motoren an ein Netz anschließt, lösen können. Hierbei hat man den wesentlichen Vorteil, daß man nicht den schwer zu bedienenden teuren synchronen Motor, sondern den leicht zu bedienenden normalen billigen asynchronen Motor zur Phasenverschiebung benutzen kann.

Wir hatten oben gesagt, daß man die Regelung der Drehzahl meistens mit einer Regelung der Phasenverschiebung verbindet. Es ist indessen auch möglich, dem Kommutatorumformer nur die Aufgabe der Phasenverschiebung zuzuweisen. Er wird dann, weil er in diesem Falle keine Leistung mehr zu übertragen hat, eine kleine Maschine und, wenn man nicht besondere Anforderungen stellt, auch eine sehr einfache Maschine, die unter dem Namen „Phasenschieber", „Phasenregler" oder „Drehstrom-Erregermaschine" in den letzten Jahren bekannt geworden ist.

Der Phasenschieber steht zum eigentlichen Kommutatorumformer etwa in dem gleichen Verhältnis wie eine Drosselspule zu einem Transformator. Wie die Drosselspule trotz einer dem Transformator sehr ähnlichen Wirkungsweise keine Leistung auf fremde Stromkreise überträgt, so auch der Phasenschieber. Aus diesem Grunde ist der Phasenschieber unter dem Abschnitt für Kommutatorumformer behandelt.

c) Vorteile beim Aufbau von Maschinen mit Kommutatorumformern.

Der Hauptvorzug ist darin zu erblicken, daß für Hauptmaschinen der betriebssichere, billige und den meisten Fachleuten genügend bekannte asynchrone Motor stets beibehalten bleibt, während die Kommutatoren sich nur auf kleineren, oft wesentlich kleineren Hilfsmaschinen befinden. Dies ermöglicht oft eine getrennte Aufstellung der Kommutatormaschinen und der Hauptmaschinen mit allen damit verbundenen Vorteilen. Der Kommutator ist dadurch viel weniger Störungen ausgesetzt, denen er gemäß seiner empfindlicheren Natur viel leichter unterliegt als der asynchrone Motor. Die ganze Anlage arbeitet jetzt sicherer und es kann im Falle einer Störung am Kommutator der Hauptmotor noch immer seinen Dienst ohne Regelung versehen. Endlich ist noch ein Vorteil der, daß die Regeleinrichtung auf leichte Weise an bereits vorhandene Motoren nachträglich angebaut werden kann. Meistens geht der Anbau ohne jede Änderung am Hauptmotor und sogar ohne Betriebsunterbrechung vor sich. Man kann auf diese Weise an vorhandenen Motoren nachträglich noch ihre Phase, ihre Drehzahl, ihre Überlastbarkeit und damit ihre Leistung verändern.

Die Typengröße des Kommutatorumformers hängt direkt von der Größe der Regelung der Drehzahl ab und ist ihr proportional.

Wir hatten oben gesagt, daß der reine Umformer Leistungen empfängt und unmittelbar weitergibt. Er entwickelt also kein Drehmoment. Deshalb braucht der Antrieb, der für ihn erforderlich ist, nur so groß zu sein, daß seine Verluste entsprechend dem oben angegebenen Wirkungsgrade von 85 % gedeckt werden. Man erhält also Antriebsmotoren von sehr geringer Leistung für die Kommutatorumformer. Dies gilt sowohl für die wirklichen Umformer als auch für ihre Abart, die Phasenschieber.

Die Art des Antriebes ist abhängig von der Aufgabe, die der Umformer zu erfüllen hat und ist in den Abschnitten besprochen, die den einzelnen Umformern noch im besonderen gewidmet sind. Es gibt in diesem Gebiete direkten Antrieb mit beliebiger und synchroner Drehzahl, Zahnrad- und Riemenantrieb.

Der Umformer wird in der Regel erst dann mit dem Hauptmotor in Verbindung gebracht, wenn der Hauptmotor angelassen worden ist. Der Hauptmotor benötigt also auch in Verbindung mit Umformern ebensogut eines Anlaßwiderstandes, als wenn er allein als asynchroner Motor arbeitete. Damit man nicht erst vom Anlaßwiderstand auf den Umformer umschalten und den Strom unterbrechen muß, legt man den Anlasser zwischen den Hauptmotor und den Umformer. Es darf also der Anlasser nicht in Stern geschaltet sein, sondern muß einen aufgelösten Nullpunkt, mithin sechs Klemmen besitzen. Hierauf ist zu achten, wenn es sich darum handelt, an einen vorhandenen Motor einen Umformer anzubauen.

10. Die Wirtschaftlichkeit der Kommutatorumformer.

Es war bereits oben erwähnt worden, daß infolge des Wirkungsgrades zwischen 80 und 90 %, den die Kommutatorumformer zumeist aufweisen, bei einer Regelung von weniger als 10 % keine Wirtschaftlichkeit mehr zu erreichen ist. Außer diesem Gesichtspunkte müssen jedoch bei der Überlegung, ob ein Kommutatorumformer wirtschaftliche Vorteile bietet, noch folgende Punkte beachtet werden: Durch die Verbesserung des Leistungsfaktors werden in den Stromerzeugern, Transformatoren und Leitungen die Verluste und die Spannungsabfälle geringer. Im Hauptmotor selbst bleiben die Temperaturen niedriger oder aber bei gleicher Temperaturzunahme kann dem Motor eine größere Leistung abverlangt werden. Bei neuen Entwürfen kann dies bei der Wahl der Typengröße des Motors berücksichtigt werden. Es kann unter Umständen ein etwas kleinerer Motor gewählt werden, als dies ohne Umformer möglich sein würde. Noch mehr tritt dieser Gesichtspunkt in den Vordergrund, wenn bei der Verwendung fremderregter Kommutatorumformer von der Möglichkeit Gebrauch gemacht wird, den Hauptmotor mit Drehzahlen über dem Synchronismus zu betreiben, eine Möglichkeit, die bei Regelung durch Widerstände allein bekanntlich nicht gegeben ist. Durch die höhere Drehzahl steigt bei gleichem Drehmoment die Leistung des Hauptmotors und man kann unter Umständen durch Ausnutzung dieser Möglichkeit mit einem kleineren Motor auskommen. Die Anschaffungskosten für den Hauptmotor gehen dadurch herunter, werden allerdings zum Teil wiederum durch die Anschaffungskosten des Kommutatorumformers erhöht. Endlich bietet die neuere Tarifpolitik der meisten Elektrizitätswerke Vorteile beim Strombezug mit gutem Leistungsfaktor.

Bietet so die Anwendung des Umformers Vorzüge in den Erstellungskosten der Anlage, so muß andererseits beachtet werden, daß bei irgendeinem Versagen des Kommutatorumformers jede Reserve in der Anlage fehlt, weil dann entweder der Leistungsfaktor wieder schlecht wird oder der Übersynchronismus nicht mehr ausgenutzt werden kann.

Ein weiterer wirtschaftlicher Vorteil kommt bei Anlagen heraus, in denen Schwungmassen ausgenutzt werden, da die Steigerung der

Drehzahl auf den Übersynchronismus oder die Vergrößerung des Schlupfes infolge Einschaltung der Kommutatormaschine es gestattet, mit geringeren, also billigeren Schwungmassen auszukommen.

Zur Wirtschaftlichkeit trägt auch in gewissem Grade der beliebige Antrieb der Umformer bei.

Die Verbesserung des Wirkungsgrades drückt sich mehr in der Entlastung der ganzen Anlage von Verlusten und Spannungsabfällen aus als in einer Steigerung des Wirkungsgrades des mit dem Umformer versehenen Motors; denn wenn schon dessen Wirkungsgrad wegen des kleineren Netzstromes erhöht wird, so wird er andererseits durch den größeren Ankerstrom sowie durch die eigenen Verluste des Umformers wiederum erniedrigt. Aufschlüsse über den Grad der Wirtschaftlichkeit können immer nur Berechnungen von Fall zu Fall ergeben.

Fremderregte Kommutatorumformer brauchen zu ihrer Erregung in der Regel Transformatoren, die außerdem regelbar sein müssen. Die Beschaffung dieser Transformatoren beeinträchtigt durch ihre Anschaffungskosten die Wirtschaftlichkeit derartiger Umformer oft recht erheblich.

11. Besondere Eigentümlichkeiten der Kommutatorumformer.

a) Bei der Regelung der Drehzahl ist besonders zu beachten, daß fremderregte Kommutatorumformer es möglich machen, den Hauptmotor mit einer über dem Synchronismus gelegenen Drehzahl zu betreiben. Auf die damit zusammenhängenden Vorteile kamen wir bereits oben zu sprechen.

Die Fremderregung mit Wechselstrom hat eine große Ähnlichkeit mit der Gleichstromerregung eines synchronen Motors. Ein auf diese Weise über einen Kommutatorumformer im Anker fremderregter Motor verliert bei manchen Schaltungen die Eigenschaften des asynchronen Motors und bekommt dafür einige des synchronen Motors. Hierzu gehören das Synchronisieren und die Pendelerscheinungen. Durch das Synchronisieren werden Zusatzeinrichtungen erforderlich, die wiederum durch ihre Anschaffungskosten auf die Wirtschaftlichkeit der Anlage nachteilig einwirken und durch die Pendelungen können Störungen im Betriebe und Außertrittfallen verursacht werden. Jedoch sind alle diese Nachteile nicht anders zu bewerten als bei den bekannten synchronen Motoren.

b) Bei der Phasenverschiebung mancher Schaltungen sind die gleichen Dinge zu beachten, wenn die Regelung durch fremderregte Umformer geschieht. Dagegen fallen sie weg, wenn selbsterregte Umformer angewendet werden. Der Betrieb wird also dann infolge des Wegfalls von synchronisierenden Einrichtungen, von Erregertransformatoren und von Pendelerscheinungen billig, einfach und sicher. Andererseits besitzt die Phasenregelung durch selbsterregte Umformer den Nachteil, daß bei geringerer Belastung wegen Fehlens des erregenden Stromes die Verbesserung der Phase nicht in dem Maße möglich ist wie bei voller Belastung. Es kann also der Leistungsfaktor mit Hilfe von fremderregten Umformern auch im Leerlauf des Hauptmotors verbessert werden, dagegen nicht mit selbsterregten Umformern. Um diesem Nachteil der einfachen selbsterregten Umformer zu begegnen, kann man mit abnehmender Belastung ihre Drehzahl erhöhen.

Verbunden mit der Verbesserung der Phasenverschiebung ist in jedem Falle eine Zunahme des Überlastungsmomentes auf erheblich höhere Beträge als ohne Umformer.

Ferner ist mit dem besseren Leistungsfaktor eine Verminderung der Überspannungsgefahr verbunden.

c) Besondere Beachtung verdienen die Umformer in Verbindung mit asynchronen Generatoren, die auf diese Weise, wenn sie den Leistungsfaktor Eins erreichen oder Voreilung bekommen, ihren Magnetisierungsstrom nicht mehr vom Netz beziehen, sondern ihn sich selbst herstellen. Es fällt damit ein Nachteil fort, den man bisher bei der Anwendung asynchroner Generatoren häufig lästig empfunden hat. Zu beachten ist bei dieser Anwendung der Umformer der Übergang von Motor- zu Generatorwirkung und umgekehrt. Mit Hilfe fremderregter Umformer läßt sich dieser Übergang ohne weiteres bewerkstelligen, während bei selbsterregten Umformern ein Phasenumtausch, also ein Schaltvorgang notwendig ist, der den Betrieb in diesem Falle umständlicher macht. Es ist also vorzuziehen, wenn bei der Anwendung der einfacheren selbsterregten Umformer (Phasenschieber) die asynchronen Generatoren immer als Generatoren arbeiten und nicht gleichzeitig zu motorischen Diensten mit herangezogen werden.

d) Wird ein Motor in Verbindung mit einem Umformer dazu verwendet, die Phasenverschiebung im Netz zu verbessern, so kommt als weitere Eigentümlichkeit gegenüber dem synchronen Motor das viel bequemere Anlaßverfahren und die Beibehaltung des asynchronen Charakters (= Fähigkeit zu schlüpfen) zur Geltung.

e) Zusammenfassend läßt sich über die Anwendung der Kommutatorumformer sagen, daß sie gestatten, neue Aufgaben zu lösen, die bei Drehstrom bisher ohne sie unlösbar waren, und daß in vielen Fällen ihre Anwendung wirtschaftlich ist. Da die Wirtschaftlichkeit zumeist den Ausschlag gibt, so dürfte voraussichtlich der einfachere und billigere selbsterregte Umformer (Phasenschieber) ein weit größeres Anwendungsgebiet finden als der kompliziertere fremderregte Umformer, trotzdem seine Leistung in elektrischer Hinsicht nicht die

Güte und Vollkommenheit der Leistung des letzten erreicht. Die einfache und billige Lösung wird jedoch in den meisten Fällen wichtiger sein als die technisch vollkommenste.

12. Kommutatorgeneratoren.

Daß die generatorische Wirkung der Kollektormaschinen, die im Teil XVI näher behandelt ist, mitunter zum Bremsen der Maschinen verwendet wird, wurde schon in diesem Teil unter Abschnitt 7 o) besprochen.

Außer dieser Verwendung hat man bisher die generatorische Wirkung, etwa zur Speisung von Netzen, noch nicht verwendet, doch soll nicht unerwähnt bleiben, daß Vorschläge dazu gemacht worden sind. So wird in einer Arbeit in E. T. Z. 1917, S. 593 die Drehstrom-Reihenschlußmaschine als Generator im Ankerkreise von Induktionsmotoren verwendet, um deren Phase zu verbessern.

Teil IV.

Die Speisung des Ankers.

1. Die Stromverteilung in den Ankerabteilungen bei Speisung über beliebig viele Bürsten.

Während bei den mit Kommutatoren versehenen Gleichstrommaschinen die Speisung des Ankers sehr einfach ist, sehen wir uns bei der Speisung der Anker von Wechselstrom-Kommutatormaschinen verwickelteren Aufgaben gegenübergestellt.

Bei der zweipoligen Gleichstrommaschine wird dem Kollektor K an zwei um 180° versetzten Stellen B, B Strom zugeführt. Diese Speisung ist in der Fig. 5 links dargestellt. Hat der Anker mehr als zwei Pole, so wiederholt sich dieses Bild für jedes Polpaar.

Bei der Wechselstrom-Kommutatormaschine wiederholt sich das Bild der Ankerspeisung zwar auch für jedes Polpaar, indessen kann eine zweipolige Maschine auf ganz verschiedene Arten gespeist werden.

Die Ankerspeisung der Wechselstrom-Kommutatormaschine unterscheidet sich vor allem darin von der der Gleichstrommaschine, daß in der zweipoligen Maschine nicht bloß zwei, sondern eine ganze Anzahl Speisepunkte vorkommen können, beispielsweise nach Fig. 5 rechts. Werden diesen gewisse bekannte Ströme zugeführt, so entsteht die Frage, wie groß die Ströme in den einzelnen Ankerabteilungen sind, in die der Anker durch die Speisepunkte zerlegt wird.

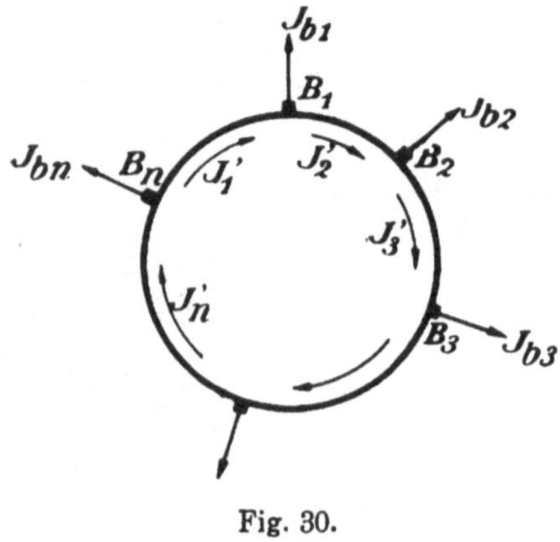

Fig. 30.

Auf diese Frage läßt sich mit Hilfe des Kirchhoffschen Gesetzes eine bestimmte Antwort geben. In der Fig. 30 stelle der Kreis die Ankerwicklung dar, die durch die Punkte B_1, B_2, B_3, ... bis B_n in n Abteilungen geteilt werde. Das zwischen B_1 und B_2 gelegene Kreisstück verkörpere alle Leiter, durch die man kommt, wenn man in der Wicklung von B_1 nach B_2 wandert. Diese Abteilungen seien beliebig groß oder klein. In ihnen mögen die inneren Ströme $J'_1, J'_2, J'_3, \ldots$ bis J'_n fließen etwa so, daß der Strom J'_1 auf die Verzweigungsstelle B_1 zufließe. Die hierdurch festgelegte Stromrichtung sehen wir als die positive an. Ist der Strom J'_1 größer als J'_2, beide aber positiv gerichtet, so tritt aus dem Speisepunkte B_1 ein Strom J_{b1} heraus. Einen aus einem Speisepunkte herauskommenden Strom wollen wir als positiv bezeichnen. Die Speisepunktströme J_{b1} bis J_{bn} seien nicht beliebig, sondern es sei ihre Summe

$$(1) \qquad J_{b1} + J_{b2} + J_{b3} + \cdots + J_{b(n-1)} + J_{bn} = 0.$$

Diese Beziehung ist dadurch gegeben, daß die Bürsten- oder Speisepunktströme zu irgendeinem gemeinsamen Verzweigungspunkte hinfließen und dort zusammen Null geben müssen, widrigenfalls dort sich Elektrizität ansammeln würde.

Ferner sei auch die Summe der inneren Ströme

$$(2) \qquad J'_1 + J'_2 + J'_3 + \cdots + J'_{(n-1)} + J'_n = 0.$$

Diese Beziehung ist dadurch gegeben, daß Ströme, die nur im Innern der Ankerwicklung zirkulieren (Verluste!), nicht vorhanden sein sollen.

Neben diesen Beziehungen gelten für die n Speisepunkte die Kirchhoffschen Gleichungen

$$(3) \qquad \begin{array}{lcl} J'_1 & - J'_2 = & J_{b1} \\ J'_2 & - J'_3 = & J_{b2} \\ J'_3 & - J'_4 = & J_{b3} \\ \vdots & \vdots & \vdots \\ J'_{(n-1)} & - J'_n = & J_{b(n-1)} \\ J'_n & - J'_1 = & J_{bn}. \end{array}$$

Wir schreiben die erste dieser Gleichungen nochmals ab, setzen darunter die Summe der ersten und zweiten, darunter wieder die Summe der ersten drei und so weiter fort und schreiben zuletzt die Summe aller n Gleichungen an. Dieses Verfahren gibt:

$$\begin{array}{l} J'_1 - J'_2 = J_{b1} \\ J'_1 - J'_3 = J_{b1} + J_{b2} \\ J'_1 - J'_4 = J_{b1} + J_{b2} + J_{b3} \\ \vdots \quad\; \vdots \quad\;\; \vdots \quad\;\; \vdots \quad\;\; \vdots \\ J'_1 - J'_n = J_{b1} + J_{b2} + J_{b3} + \cdots + J_{b(n-1)} \\ J'_1 - J'_1 = J_{b1} + J_{b2} + J_{b3} + \cdots + J_{b(n-1)} + J_{bn}. \end{array}$$

Addieren wir diese neuen n Gleichungen und berücksichtigen die beiden Voraussetzungen 1) und 2), so ergibt sich:

$$(4) \quad n \cdot J'_1 - 0 = n \cdot J_{b1} + (n-1) J_{b2} + (n-2) J_{b3} + \cdots + 2 J_{b(n-1)} + 1 \cdot J_{bn}.$$

Fig. 31.

Ehe wir diese Beziehungen genauer untersuchen, wollen wir sie auf zwei einfache und leicht zu übersehende Fälle anwenden.

a) Wird der Anker wie bei Gleichstrommaschinen (Fig. 5 links) nur an zwei Punkten gespeist, deren Lage im übrigen willkürlich sein möge, also auch so sein kann wie in Fig. 31, so ist $n = 2$ und wegen der Grundgleichungen 1) und 2) ist

$$J_{b2} = -J_{b1}$$
$$J_2' = -J_1'.$$

Die Vorzeichen bedeuten folgendes:

J_{b1} tritt aus Bürste 1 aus,
J_{b2} tritt in Bürste 2 ein,
J_1' läuft im Uhrzeigersinne,
J_2' läuft gegen den Uhrzeigersinn,
J_1' und J_2' laufen demnach beide nach der Bürste B_1 hin.

Setzen wir dies in die Gleichung 4) ein, so bekommen wir

$$2 \cdot J_1' = 2 \cdot J_{b1} - 1 \cdot J_{b1}$$

und daraus die bekannte Beziehung:

$$J_1' = -J_2' = \frac{1}{2} J_{b1}.$$

b) Wird der Anker an vier Punkten gespeist, so erhalten wir das Bild Fig. 32. Bezeichnen wir die vier Bürsten wie in der Figur angegeben mit den Zahlen 1 bis 4 ohne Klammern, so ist

$$n = 4.$$

Wenn wir annehmen, daß gleiche Ströme zu den unteren Bürsten (3 und 4) eintreten und dieselben aus den oberen Bürsten (1 und 2) wieder austreten, so haben wir eine Ankerspeisung vor uns, der wir später bei der Beschreibung des Repulsionsmotors mit doppeltem Bürstensatz wieder begegnen werden.

$$J_{b2} = J_{b1}$$
$$J_{b4} = J_{b3} = -J_{b1},$$

mithin

$$4 \cdot J_1' = 4J_{b1} + 3J_{b1} - 2J_{b1} - 1 \cdot J_{b1}$$
$$J_1' = J_{b1}.$$

Dabei bezeichnet J_1' den Strom im Abschnitt links von der Bürste 1.

Um den Strom im Abschnitt links von der Bürste B_2 zu finden, verschieben wir die Bezeichnung so, daß die früher mit 2 bezeichnete

Bürste jetzt die Nummer (1) erhält. Diese Nummern sind in der Fig. 32 in Klammern angeschrieben. Es ist jetzt:

$$J_{b4} = J_{b1}$$
$$J_{b2} = J_{b3} = -J_{b1},$$

mithin

$$4J_1' = 4J_{b1} - 3J_{b1} - 2J_{b1} + 1 \cdot J_{b1},$$

also

$$J_1' = 0.$$

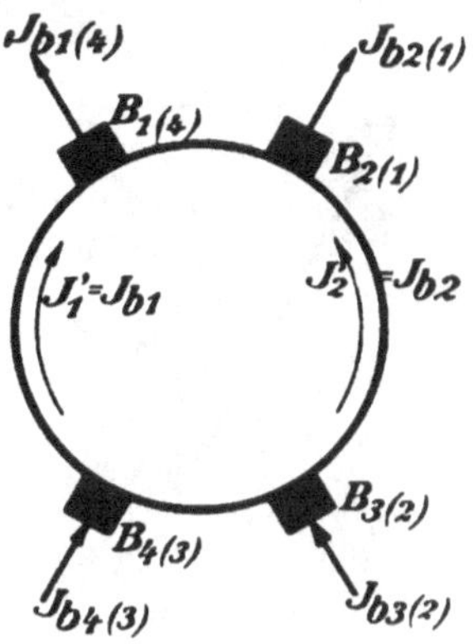

Fig. 32.

Der Strom links von der Bürste, die früher mit 2, jetzt mit (1) bezeichnet war, ist demnach gleich Null. Es ergibt sich also schließlich die Stromverteilung, die in der Fig. 32 eingezeichnet ist; bei ihr wird der Anker nur teilweise benutzt, nämlich nur in dem linken und rechten Wicklungsabschnitt, der obere und untere Abschnitt sind stromlos.

Wie man aus diesen wenigen Beispielen ersieht, kommt man also durch Anwendung der Formel (4) leicht zum Ziel.

Sind die den Bürsten zugeführten Ströme in der Phase beliebig, dann sind die Additionszeichen der Formel (4) nicht algebraisch, sondern geometrisch zu lesen. Dies ist demnach der Fall, wenn Anker mehrphasig gespeist werden.

Wir kommen damit zu neuen Anwendungen der Formel, die es in der Gleichstromtechnik nicht gibt.

Praktisch kommen dabei nur solche Fälle vor, in denen die den Bürsten zugeführten Ströme zwar verschiedene Phasen besitzen, aber ihrem Betrage nach wenigstens gleich groß sind.

Bei einem dreiphasig gespeisten Anker nach Fig. 5 rechts erhalten wir

$$n = 3$$

und

$$3J_1' = 3J_{b1} \hat{+} 2J_{b2} \hat{+} 1 \cdot J_{b3}$$

oder

$$J_1' = J_{b1} \hat{+} \frac{2}{3} J_{b2} \hat{+} \frac{1}{3} J_{b3}. \tag{5}$$

In der Fig. 33 möge das gleichseitige Dreieck ABC drei dem Betrage nach gleiche Bürstenströme J_{b1}, J_{b2}, J_{b3} bei einer Phasenverschiebung von 120 Grad darstellen. Ihre Summe ergibt voraussetzungsgemäß Null. Unter denselben Richtungen, die diese Ströme miteinander bilden, hat man nun die Beträge $AB = J_{b1}$, $BD = \frac{2}{3} J_{b2}$, und DM

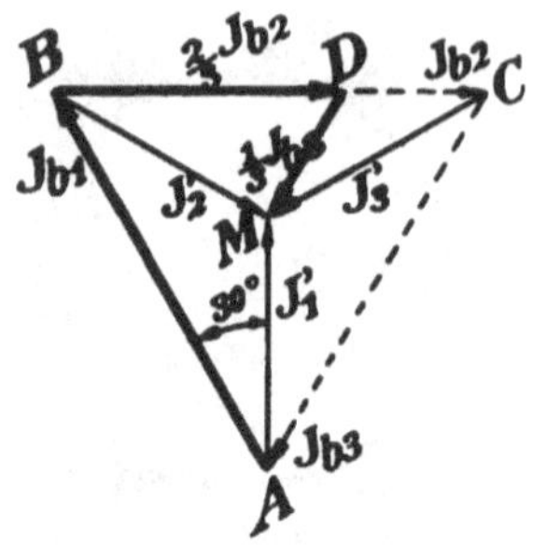

Fig. 33.

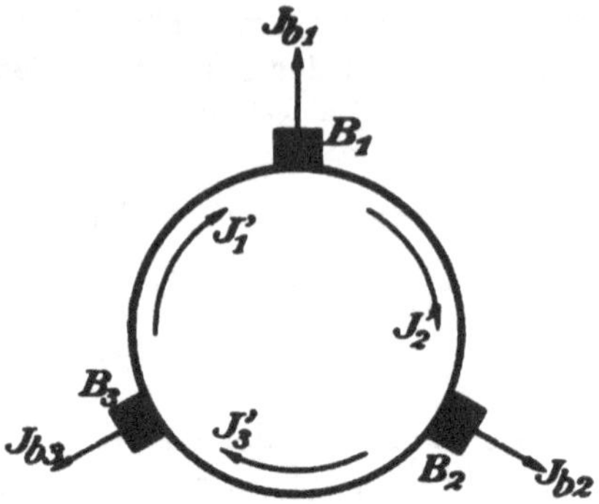

Fig. 34.

$= \frac{1}{3} J_{b3}$ geometrisch aneinanderzufügen, wodurch man den Linienzug $ABDM$ erhält. Dies schreibt uns die Formel (5) zu tun vor. Die Schlußstrecke AM ist nach Größe und Phase gleich dem Strome J_1', der in dem Ankerabteil links von der Bürste B_1 fließt (Fig. 34). Man erkennt leicht, daß er dem Betrage nach gleich $[J_{b1}] \cdot \frac{1}{2} \sqrt{3}$ ist und um 30 Grad gegen J_{b1} nacheilt, wobei $[J_{b1}]$ der Betrag von J_{b1} ist.

Zugleich erkennt man, daß die Konstruktion des Linienzuges $ABDM$ in den Mittelpunkt M des Dreieckes geführt hat und daß daher die von den Punkten B und C nach M hingehenden Vektoren die beiden anderen inneren Ströme J_2' und J_3' darstellen.

Haben wir statt der Phasenzahl 3 und der Speisepunktszahl $n = 3$ eine beliebige Phasenzahl x und ebensoviel Speisepunkte $n = x$, so führt immer die Konstruktion des Linienzuges nach Formel (4) auf den Mittelpunkt des aus den Bürstenströmen gebildeten Vielecks. Wir wollen den Beweis dafür nicht angeben; an seine Stelle möge neben dem leicht übersehbaren Falle mit $n = 3$ die Fig. 35 treten, die für die Phasenzahl $q = 10$, also für die Speisepunktszahl $n = 10$ gezeichnet ist.

Wir sehen also, daß man nur das Vieleck der Bürstenströme aufzuzeichnen hat, dann geben die Linien von seinen Endpunkten nach dem Mittelpunkte M die Ströme in den einzelnen Ankerabteilungen nach Größe und Phase an. Das gilt natürlich nur solange, als die n Bürstenströme gleich große Beträge besitzen und n Speisepunkte vorhanden sind. Unwesentlich ist es dagegen, ob die Abstände der n Speisepunkte einander alle gleich sind, wenn nur die Reihenfolge, in der ihnen die einzelnen Ströme zugeführt werden, mit der Aufeinanderfolge der Phasen übereinstimmt.

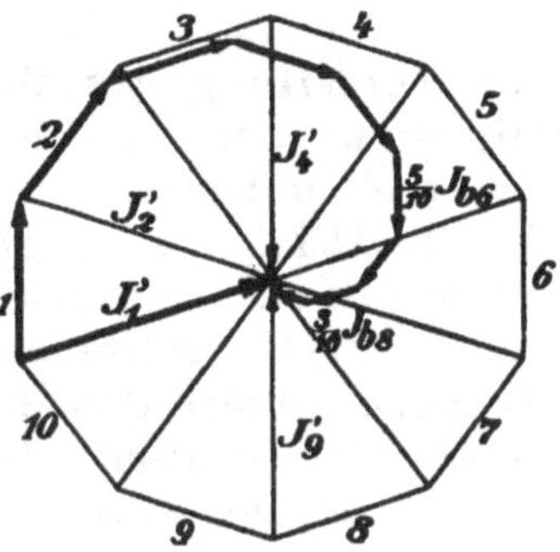

Fig. 35.

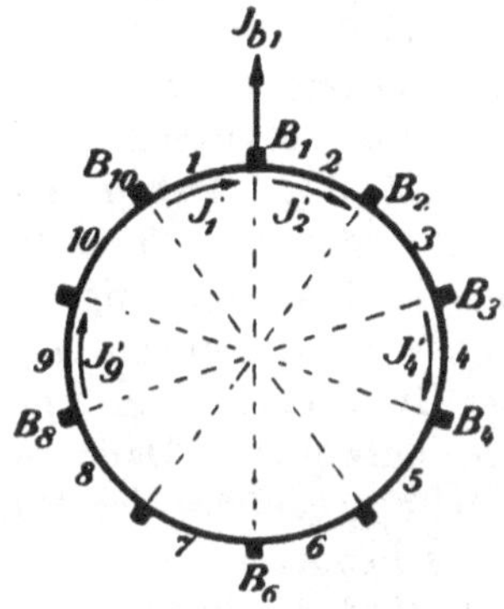

Fig. 36.

Für Ankerspeisungen, bei denen die Zahl der Speisepunkte, z. B. 6, von der der Phasen, z. B. 3, abweicht, lassen sich so einfache Regeln nicht aufstellen, man muß alsdann stets auf die Grundformel (4) zurückgreifen. Bei ihrer Anwendung beachte man folgende Regeln:

a) Man numeriere die Speisepunkte aufeinanderfolgend im Urzeigersinne wie in Fig. 30, 31, 32, 34 und 36.

b) Man bezeichne die Bürstenströme mit den entsprechenden Nummern.

c) Man stelle Größe und Phase jedes Bürstenstromes genau fest, zweckmäßig zeichnet man sie sich auf.

d) Man nehme die Summierung gemäß Formel (4) vor, nachdem man die einzelnen Ströme mit den ihnen zukommenden Faktoren n, $(n-1)$ usw. multipliziert hat.

Über die Speisung mehrphasiger Anker können wir noch folgende wichtige Erkenntnisse aus einem Vergleich der Fig. 33 und 35 entnehmen:

a) Je größer die Zahl der Phasen gewählt wird, um so kleiner wird bei gleichem Innenstrom J' in den Ankerabteilungen der Bürstenstrom J_b. Mit den Folgen dieser Tatsache werden wir uns bei der Stromwendung (Teil VII) näher zu befassen haben.

b) Diejenige Ankerabteilung, die den größten zeitlichen Wert des Innenstromes J' führt, liegt um 90 elektrische Raumgrade von derjenigen Bürste entfernt, die den größten zeitlichen Wert des Bürstenstromes J_b führt. In der Tat: betrachten wir in Fig. 35 den Zeitpunkt, in dem der Bürstenstrom J_{b1} im Maximum ist, so sind mit ihm zugleich die Innenströme J_4' und J_9' im Maximum und diese fließen gemäß Fig. 36

in den Abteilungen 4 und 9, die 90 Raumgrade von der Bürste B_1 entfernt sind.

c) Denken wir uns im Grenzfalle die Zahl der Phasen sehr groß, so erkennen wir, daß die Verteilung des Stromes rund um den Anker sinusförmig wird. Hat z. B. die Bürste B_1 den Höchstwert ihres Stromes, so sind momentan die inneren Ströme in den Abteilungen neben ihr sehr klein. Die nächsten Abteilungen führen etwas mehr Strom und so fort, bis schließlich die um 90 Grad entfernten Abteilungen den zeitlichen Höchstwert ihrer Ströme aufweisen. Dann nehmen die Ströme wieder ab und sind an der Stelle gegenüber der Bürste B_1 wiederum sehr klein. Diese Erkenntnis benutzen wir bei der Berechnung des Drehmomentes.

d) Wird die Phase sämtlicher inneren Ströme J' um einen gleichen Phasenwinkel verändert, so muß sich die Phase der Bürstenströme J_b um den gleichen Winkel drehen und umgekehrt.

Da man schon mit verhältnismäßig wenig Phasen — aus einem sogleich zu besprechenden Grunde schon mit dreien — eine Stromverteilung erreicht, deren Wirkung der einer sinusförmigen Verteilung sehr nahekommt — bei drei Phasen beträgt der mittlere Fehler nur 5 % —, so legt man der Berechnung mehrphasiger Maschinen fast mmer die sinusförmige Stromverteilung zugrunde.

2. Die Durchflutung des Ankers.

Es bleibt nun noch ein Wort über die Belegung des Ankers mit den Strömen oder die „Durchflutung" zu sagen. In der Formel (4) hatten wir ein Mittel kennengelernt, die Ströme J' in den einzelnen Ankerabteilungen, die sich von einer Bürste zur nächsten erstrecken, zu finden. Die zu diesen Abteilungen gehörigen Ankerleiter sind nun abwechselnd Oberstäbe und Unterstäbe und liegen sich als solche auf dem Umfange eines zweipoligen Ankers bei Durchmesserwicklung gerade gegenüber (vgl. Teil II, Fig. 4). Andere Wicklungen als Durchmesserwicklungen betrachten wir nicht. Die für eine Abteilung berechnete Stromstärke J' fließt daher nicht bloß auf der einen Ankerseite, wo sich die sie abgrenzenden Bürsten und die zu ihr gehörigen Oberstäbe befinden, sondern sie findet sich auch an der gegenüberliegenden Ankerseite in den dort befindlichen Unterstäben vor. Für die Stromverteilung der Figuren 34 und 36, die für drei und zehn Phasen entworfen waren, bilden demnach die Figuren 37 und 38 die Darstellungen der entsprechenden Belegung oder Durchflutung des Ankerumfanges mit Strom. Aus diesen Bildern erkennen wir folgendes:

Ist die Phasenzahl gerade, z. B. 10, so unterscheidet sich das Bild der Durchflutung nicht von dem der Stromverteilung, indem sich

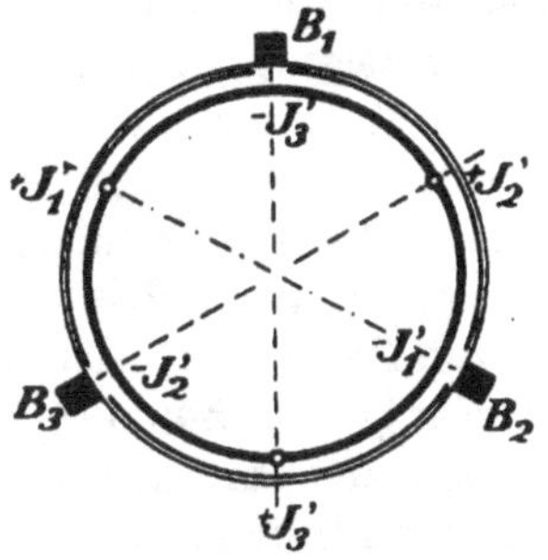

Fig. 37.

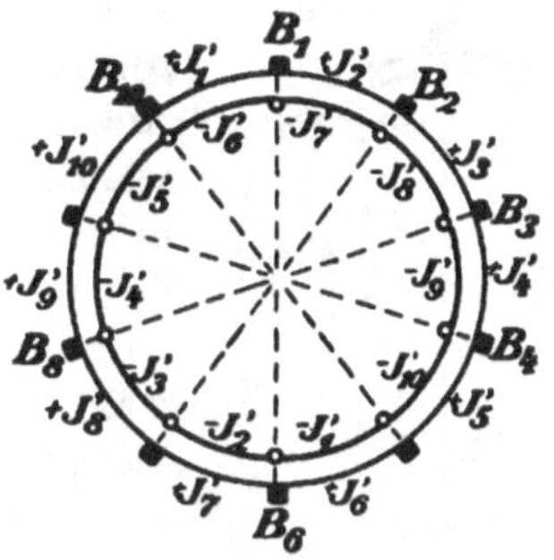

Fig. 38.

in beiden nur so viele Stellen mit verschiedenen Strömen vorfinden, als Phasen vorhanden sind, weil die Phasen der Ströme in den übereinanderliegenden Stabgruppen, z. B. in den Oberstäben der Abteilung 4 und den Unterstäben der Abteilung 9, sich um 180 Grad in der Phase unterscheiden und dieser Unterschied durch das verschiedene Vorzeichen der Ströme (z. B. $+ J'_4$ oben, $- J'_9$ unten) wieder aufgehoben wird.

Ist die Phasenzahl aber ungerade, z. B. 3, so wird das Bild der Durchflutung d o p p e l t so viele Stellen mit verschiedenen Strömen aufweisen als das der Stromverteilung. Denn innerhalb jeder einzelnen Stelle sind die Phasen der Ströme in den Ober- und in den Unterstäben verschieden. Man kann ihre gemeinsame Wirkung dadurch darstellen, daß man sie durch einen resultierenden Strom ersetzt, den man sich in nur e i n e r der beiden Stablagen fließend denkt.

Wegen seiner Wichtigkeit betrachten wir genauer, wie sich das bei der dreiphasigen Ankerspeisung macht. Hierzu müssen wir, um die resultierenden Ströme bilden zu können, das Zeitdiagramm der inneren Ströme J'_1, J'_2, J'_3, Fig. 39, zu Hilfe nehmen. Wir erhalten 6 Stellen; die Ströme, die in deren Ober- und Unterstäben fließen, sind in der Fig. 37 angeschrieben. Setzen wir sie geometrisch zusammen, so erhalten wir im Zeitdiagramm Fig. 39 die 6 Ströme $J'_1 - J'_2$, $J'_1 - J'_3$,

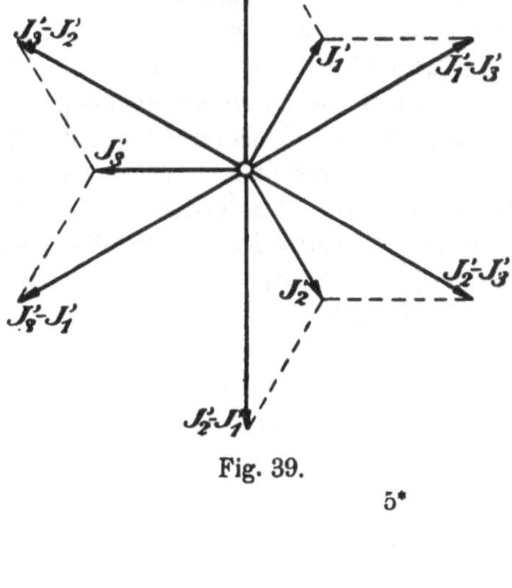

Fig. 39.

Fig. 40.

$J_2' - J_3'$ usw., und wenn wir dieses auf den Anker übertragen, so zeigt sich, daß sich der Anker so verhält, als ob er in 6 Abteilungen sechsphasig gespeist würde, Fig. 40. Wir entnehmen daraus die wichtige Erkenntnis, daß die Durchflutung von Ankern, die mit einer ungeraden Zahl von Phasen gespeist werden, magnetisch gleichwertig ist mit der Strombelegung eines Ankers, der mit der doppelten Phasenzahl, die alsdann eine gerade Zahl ist, gespeist wird. Hieraus erklärt es sich, weshalb die Wirkung der Strombelegung schon bei dreiphasig gespeisten Ankern der einer rein sinusförmigen Strombelegung so nahe kommt.

3. Der Begriff der magnetischen Ankerachse.

Unsere Betrachtungen zeigen uns, daß ein Anker, möge er nun mit wenigen oder vielen Phasen gespeist werden, durch die Verbindungslinie seines Mittelpunktes mit derjenigen Bürste, die gerade den zeitlichen Höchstwert ihres Stromes führt, in zwei Teile zerlegt wird, derart, daß die Ströme rechts von dieser Linie nach hinten, links nach vorn gerichtet sind. Denn betrachten wir das Zeitdiagramm Fig. 35 in dem Augenblick, in welchem der Strom J_{b1} im Maximum ist, so sind die Ströme J_2' bis J_6' alle positiv, die Ströme J_7' bis J_{10}' negativ. Es möge nun, was an sich eine willkürliche Festsetzung ist, „positiv" einen Strom, der in einem Oberstab des Ankers nach „hinten" gerichtet ist, „negativ" einen Strom, der in einem Oberstab nach „vorn" gerichtet ist, bedeuten. Nehmen wir nun die Raumfig. 38 zu Hilfe, die die räumliche Lage der Ankerabteilungen nebst den Stromrichtungen darin für Augenblicke, in denen diese im Zeitdiagramm positiv sind, wiedergibt, so sehen wir, daß alle rechts gelegenen Oberstäbe nach hinten gerichtete, alle links gelegenen Oberstäbe nach vorn gerichtete Ströme führen, denn die Ströme J_7' bis J_{10}' sind im betrachteten Zeitaugenblicke „negativ", also räumlich nach vorn gerichtet. Für die Unterstäbe gilt das Umgekehrte, weil sie ja die ihnen durch die Oberstäbe zugeführten Ströme in umgekehrter Richtung befördern. Damit erhalten wir also schließlich, wie oben gesagt war, eine Durchflutung im Anker, die rechts von jener Linie nach hinten gerichtete, links davon nach vorn gerichtete Ströme aufweist. Diese Verteilung gilt für den betrachteten Augenblick, in dem die Stromstärke J_{01} sich in ihrem Maximum befindet.

Danach wirkt also der Anker so wie eine Spule, deren Leiter auf einem Kreise gelagert liegen. Würde der Anker allein mit Strom gespeist werden, so würde er ein Feld entwickeln, das seinen Höchstwert da hat, wo die Bürste mit dem Höchststromwerte J_b steht, und seine Nullwerte da, wo die Leiter liegen, die gerade ihren Höchststrom J' führen. Dieses Feld wird um so besser sinusförmig längs des Ankerumfanges verteilt sein, je mehr Phasen benutzt werden zur Speisung des Ankers. Seine allgemeine Richtung wird durch die genannte Linie angegeben. Man bezeichnet sie als „die magnetische Ankerachse".

Die hier auseinandergesetzten Verhältnisse werden uns wieder im Teil V und VI begegnen, wenn wir die Entwicklung des Drehmomentes und die Stromwendung betrachten werden. Ihre Wichtigkeit hängt damit zusammen, daß durch die Ankerachse die gesamte Stromverteilung im Anker und die Strombelegung in großen Zügen beschrieben ist, Dinge, die natürlich bei der Bildung des Drehmomentes und bei der Stromwendung wesentlich sind.

Wir merken uns also den wichtigen Satz: Die „magnetische Ankerachse" geht durch diejenige Bürste hindurch, die gerade eben den zeitlichen Höchstwert ihres Stromes führt.

Die Anwendbarkeit dieses Satzes hat zur Voraussetzung, daß der Anker in n Punkten gespeist wird, die in gleichen Abständen voneinander entfernt liegen, wenn die Phasenzahl $q = n$ ist, und daß die Stromstärken dieser q Phasen dem Betrage nach gleich sind. Für andere Speisungsarten lassen sich keine so einfache Regeln aufstellen, man muß dann bei der Ermittlung der magnetischen Ankerachse auf die Grundformel (4) zurückgreifen, kann im übrigen aber deshalb dasselbe Verfahren anwenden, das wir bei der Ermittlung der magnetischen Ankerachse bei den von uns besonders betrachteten Stromverteilungen gebrauchten.

Teil V.

Der Anker mit Kollektor im magnetischen Felde.

1.

Die wichtigste Wirkung des stromdurchflossenen Ankers im magnetischen Felde ist die Hervorbringung der mechanischen Kraftäußerung, die die Maschine erst zur Erfüllung ihrer Aufgabe befähigt. Sie drückt sich in dem „Drehmomente" des Ankers aus. Das Drehmoment M ergibt zusammen mit der Drehzahl n des Ankers dessen mechanische Leistung.

Für spätere Erörterungen ist es wichtig, etwas über das Vorzeichen dieser Größen festzulegen.

Die Drehzahl n sieht man ganz übereinstimmend dann als positiv an, wenn die Drehung im Sinne der Uhrzeigerbewegung erfolgt. Das Drehmoment M wollen wir ebenfalls als positiv ansehen, wenn es in demselben Sinne wirkt. Diese Festsetzung ist willkürlich. Wir treffen sie deshalb, weil die meisten Kommutatormaschinen nicht Generatoren, sondern Motoren sind; mit ihrer Hilfe sehen wir also das Drehmoment eines Motors als positiv an.

Wegen der großen Wichtigkeit des Drehmomentes wollen wir dessen Entstehung und die Dinge, die seine Größe beeinflussen, sehr genau verfolgen.

Wie sich von selbst ergibt, muß es das Bestreben des Erbauers der Maschine sein, ein möglichst großes Drehmoment aus seiner Maschine herauszuholen.

Dazu machen wir einige Voraussetzungen, durch die unsere Betrachtungen teils geordnet, teils vereinfacht werden sollen. Wir denken uns erstens den Anker zweipolig gewickelt und in der schematischen Weise dargestellt, wie wir es schon in Fig. 5 (Teil II) kennengelernt haben. Diese Darstellungsweise behalten wir für Überlegungen bei, die gewonnenen Ergebnisse dehnen wir aber auch auf mehrpolige Anker aus. Ferner denken wir uns auch das magnetische Feld zweipolig und symmetrisch angeordnet. Dies bedeutet: wenn wir den Umfang des Ankers umschreiten, finden wir, daß der magnetische Fluß auf der einen Hälfte des Ankers in diesen hineintritt, während er auf der anderen wieder aus ihm herauskommt, ferner, daß die Feldstärke — d. h. der zahlenmäßige Wert des Feldes an einer bestimmten Stelle — an Stellen, die um 180 Grad auseinanderliegen, dem Betrage nach gleich ist, und endlich, daß der eintretende Fluß wie der austretende zu einer gewissen Ebene symmetrisch angeordnet sind. In Fig. 41 ist dies dargestellt. Die Symmetrieebene $F - F$ steht senkrecht zu der Ebene $A - A$, die die beiden obengenannten Hälften des Ankers scheidet. Obwohl die Feldstärke selbst durchaus nicht überall dieselbe Richtung hat wie die Symmetrieebene, so wird doch durch $F - F$ ihre Richtung in der Hauptsache angedeutet. Man ist daher übereingekommen, die allgemeine Lage des Feldes und seine Richtung durch die Richtung der Ebene $F - F$ anzugeben, und nennt die Richtung $F - F$: „die Achse des Feldes".

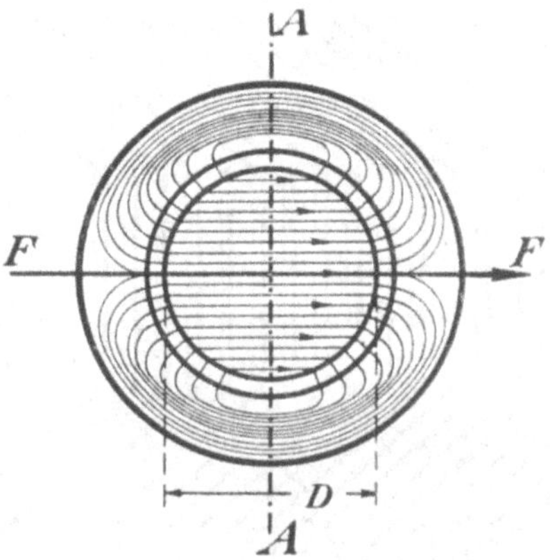

Fig. 41.

Anstatt wie in der Fig. 41 das Feld räumlich durch Linien (Induktionslinien) darzustellen, bedient man sich namentlich dann, wenn man den Umfang des Ankers in eine gerade Linie aufrollt, der in Fig. 42 wiedergegebenen Darstellungsweise: man trägt über dem gestreckten Ankerumfang $\pi \cdot D$ die Induktion $\mathfrak{B}$ als Ordinaten auf. Bei diesem Verfahren wird natürlich die Symmetrieebene $F - F$ in zwei Stücke zerteilt, die in Fig. 42 angegeben sind. Die in der Fig. 42 gewonnene Kurve heißt „die Feldkurve" oder „die Feldform".

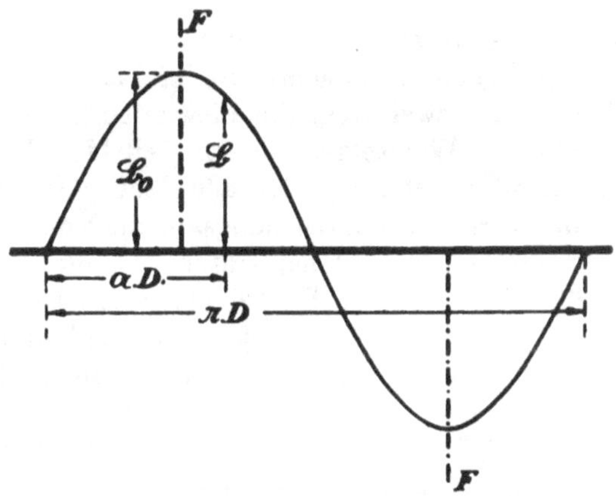

Fig. 42.

Man behalte ausdrücklich im Gedächtnis, daß diese Feldkurve oder Feldform die räumliche Verteilung der Feldstärke, nämlich längs des Ankerumfangs, vorstellt.

Der Anker selbst, der ein völlig symmetrisch aufgebauter Körper ist, kann im Felde eine ganz beliebige Lage einnehmen. Wenn jedoch die Bürsten auf den Kommutator auf-

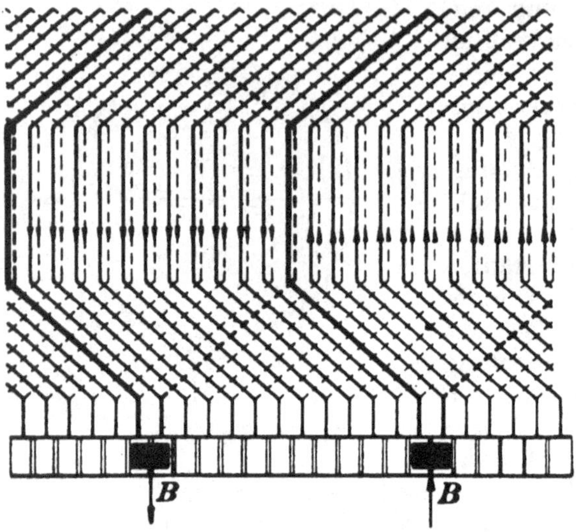

Fig. 43.

gelegt und damit bestimmte im Raum fest gegebene Stromzuführungspunkte festgelegt sind (s. Teil IV), ist auch die Verteilung des Stromes um den Anker herum räumlich festgelegt.

Um nun die Lage des Feldes gegenüber dieser Stromverteilung bestimmt angeben zu können, bedient man sich der im Teil IV bereits genannten „magnetischen Ankerachse". Wegen ihrer Bedeutung sei der Begriff der magnetischen Ankerachse am einfachsten Beispiel, der Speisung des Ankers an zwei gegenüberliegenden Punkten, hier nochmals behandelt. Wir setzen die im Teil II, Fig. 4 für einige Stäbe gezeichnete Darstellung für alle Stäbe des Ankers fort und erhalten so das sogenannte „Wicklungsschema" des Ankers Fig. 43. Oberstäbe sind durch ausgezogene, Unterstäbe durch gestrichelte Linien dargestellt. Tritt nun z. B. bei einer der Bürsten *B* der Strom ein, so teilt er sich und fließt derart durch die einzelnen Stäbe, daß in der einen Ankerhälfte alle Ströme nach vorn, in der anderen alle nach hinten gerichtet sind, bis beide Stromteile bei der anderen Bürste austreten. Übertragen wir dies auf die schematische Ankerdarstellung Fig. 5, so erhalten wir Fig. 44. Diese zeigt eine deutliche Scheidung der Stromrichtungen „nach vorn" und „nach hinten".

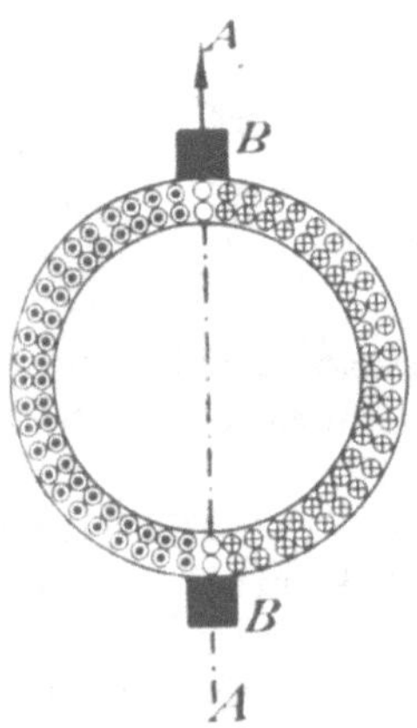

Fig. 44.

Die hier geschilderte Trennung der Stromrichtungen muß stets eintreten, einerlei, über wieviele Bürsten der Anker (z. B. bei Mehrphasenstrom) gespeist wird, damit er, wie wir später sehen werden, ein möglichst großes Drehmoment entwickeln kann; siehe wegen anderer Speisungsarten Teil IV, Abschn. 3.

Der so mit dem Strome beschickte Anker ist in der Lage, selbst ein Feld zu entwickeln, dessen Achse demnach in der Richtung jener Scheidelinie *AA* liegt, indem er wie eine Spule wirkt, deren Windungen auf einem Zylinder angeordnet sind. Die Scheidelinie *AA* nennt man die „Ankerachse".

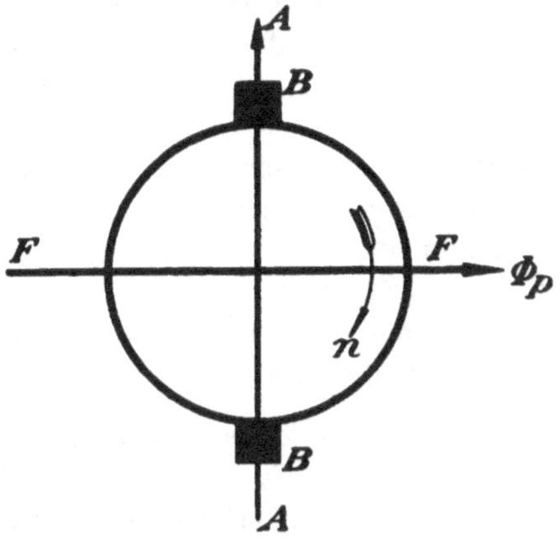

Fig. 45.

Wichtig ist die Feststellung, daß die Ankerachse, da sich ihre Lage nach der Stromstärkenverteilung richtet, nur durch deren Veränderung verschoben werden kann. Daran ändert sich auch dann nichts, wenn der Anker selbst umläuft, da die Bürsten durch ihr Hingleiten auf dem Kommutator die augenblickliche räumliche Stromverteilung erhalten. Es ist sehr wichtig, sich das genau einzuprägen, weil diese besonders anfangs für die Vorstellung nicht ganz leichte Tatsache sehr viel zum Verständnis unserer Maschinen beiträgt. Wir haben sie schon im Teil IV, Abschn. 3 berührt.

Zu den vorn bereits festgelegten Richtungen treten jetzt neue hinzu. Ein Feld in der Richtung $F - F$ sei positiv, wenn es von links nach rechts verläuft. Soll in einem solchen der Anker ein positives Drehmoment entwickeln, so müssen die Ströme rechts nach hinten, links nach vorn gehen, siehe Fig. 44, ein positives Ankerfeld also von unten nach oben gerichtet sein. Auf der Ankerachse zeigt somit die positive Richtung von unten nach oben, Fig. 45.

Nehmen wir nun irgendeine Feldverteilung an, so erzielt man offenbar dann ein größtes Drehmoment, wenn die Ankerachse $A - A$ senkrecht zur Feldachse $F - F$ steht. Denn dann kann es nicht vorkommen, daß die Kraft an einzelnen Stellen des Ankers der an anderen entgegengerichtet ist. Vielmehr werden sich bestimmt alle hervorgebrachten Kräfte gleichsinnig unterstützen.

Steht die Ankerachse nicht senkrecht zur Feldachse, so kann es vorkommen, daß die Kraft an einzelnen Stellen des Ankers sich mit Kräften an anderen aufhebt, weil die im Felde gleicher Richtung liegenden stromführenden Leiter Ströme verschiedener Richtung führen können. Das Drehmoment wird dann also kleiner werden. Es muß daher das Bestreben des Erbauers einer Maschine sein, die Ankerachse immer ganz oder nahezu senkrecht zur Feldachse zu legen.

Unsere Kommutatormaschinen erfüllen diese Forderung bei ihrer vollen Belastung alle ziemlich gut, einige erfüllen sie vollständig. Bei teilweiser Belastung tritt aber bei einigen eine erhebliche Abweichung der Ankerachse von ihrer besten Lage ein; dies alles werden wir bei der Besprechung der einzelnen Arten noch näher sehen.

Wegen seiner großen Wichtigkeit geben wir nun für das größte Drehmoment, also bei zur Feldachse senkrechter Ankerachse, die Ableitung ausführlich an.

Die momentane Kraft ist nach dem Biot-Savartschen Gesetze für einen einzelnen am Ankerumfang befestigten Leiter:

$$(6) \qquad P' = \mathfrak{B} \cdot l' \cdot i' \cdot \frac{1}{981 \cdot 10^4} \text{ in kg,}$$

wobei $\mathfrak{B}$ die Feldstärke an dem Orte, wo der Leiter liegt, in cgs/cm², l' die Länge des Leiters in cm, i' die im Leiter vorhandene momentane Stromstärke in Amp. bedeuten. Vorausgesetzt ist, daß die Feldstärke $\mathfrak{B}$ überall längs des Stückes l' dieselbe ist. Liegen Teile des Leiters außerhalb des Feldes, so zählen solche nicht mit, unter l' ist daher nur die „vom Felde betroffene" Leiterlänge zu verstehen. Die Voraussetzung, daß $\mathfrak{B}$ längs l' immer dasselbe sei, ist bei allen Maschinen wegen ihres axial gleichförmigen Baues stets erfüllt.

Solange nun $\mathfrak{B}$ und i' zeitlich konstant sind, wie z. B. in einer Gleichstrommaschine, ist auch P' an jeder Stelle des Ankerumfanges zeitlich konstant. Diesen Fall untersuchen wir zunächst.

Ist r der Halbmesser des Ankers in cm, so ist das Drehmoment eines Leiters:

$$M' = \mathfrak{B} \cdot l' \cdot i' \cdot \frac{r}{100} \cdot \frac{1}{981 \cdot 10^4} \text{ in mkg.}$$

Besitzt die Maschine Z Leiter auf dem ganzen Umfang, so entfällt auf das räumliche Winkelelement $d\alpha$ die Anzahl: $\frac{Z}{2\pi} \cdot d\alpha$ Leiter. Innerhalb eines einzelnen Poles wird ein Drehmoment vom Betrage

$$\frac{Z}{2\pi} \cdot \frac{1}{981 \cdot 10^6} \cdot \int_{\alpha=0}^{\alpha=\frac{\pi}{p}} \mathfrak{B} \cdot i' \cdot l' \cdot r \cdot d\alpha \text{ in mkg}$$

hervorgebracht und von sämtlichen Polen zusammen $2p$-mal soviel, wenn $2p$ die Polzahl bedeutet. Wir erhalten also schließlich den Ausdruck:

$$(7) \qquad M = Z \cdot p \cdot \frac{1}{\pi \cdot 981 \cdot 10^6} \cdot \int_0^{\frac{\pi}{p}} l' \cdot \mathfrak{B} \cdot i' \cdot r \cdot d\alpha \text{ in mkg,}$$

in welchem wir einige konstante Größen bereits vor das Integralzeichen gesetzt haben.

Das Drehmoment hängt also nun noch davon ab, nach welchen Gesetzen sich $\mathfrak{B}$ und i' innerhalb $\alpha = 0$ und $\alpha = \frac{\pi}{p}$, also innerhalb des Poles, verteilen. In dieser Beziehung verhalten sich die Kommutatormaschinen verschieden, jedoch lassen sich die am häufigsten vorkommenden Fälle zwischen zwei Grenzfällen einordnen.

Der erste Grenzfall ist dadurch gekennzeichnet, daß der Strom in allen Leitern derselbe ist. Wir können ihn daher vor das Integralzeichen setzen. Nennen wir den konstanten Wert

$$i' = J_0',$$

so erhalten wir als Ausdruck für das Drehmoment

$$(8) \qquad M = J_0' \cdot Z \cdot p \cdot \frac{1}{\pi \cdot 981 \cdot 10^6} \cdot \int_0^{\frac{\pi}{p}} l' \cdot \mathfrak{B} \cdot r \cdot d\alpha \text{ in mkg.}$$

Hierin bedeutet der unter dem Integralzeichen verbleibende Wert aber nichts anderes als den gesamten Fluß pro Pol Φ_p, so daß wir schließlich erhalten

$$(9) \qquad M = Z \cdot J_0' \cdot p \cdot \frac{\Phi_p}{10^6} \cdot \frac{1}{\pi \cdot 981} \text{ in mkg.}$$

Ein Unterfall dieses Grenzfalles ist der, daß zwar alle Leiter den Strom J_0' führen, daß aber die Stromzufuhr zum Anker so angeordnet ist, daß sich an einigen Stellen des Ankers die Stromrichtungen in den oberen und unteren Leitern entgegengesetzt sind, siehe z. B. Fig. 32. Derartige Stellen tragen zum Drehmoment nichts bei. Bei der Ausrechnung des Integrals der Formel (7) erhält man daher einen Teil, der über diese Stellen zu erstrecken ist und den Wert Null ergibt, und einen zweiten Teil, der über die wirksamen Stellen zu erstrecken ist. Wir wollen den Teil des Polbogens, der wirksam ist, mit dem Winkel β bezeichnen. Dann müssen wir den Teil des Integrals, der ein Drehmoment ergibt, nicht von $\alpha = 0$ bis $\alpha = \frac{\pi}{p}$, sondern ebenfalls nur über den Winkel β ausrechnen. Dann erhalten wir aus ihm nicht den gesamten Fluß im Pol, Φ_p, sondern nur den innerhalb des Winkels β gelegenen Teil dieses Flusses. Diesen wollen wir mit Φ_β bezeichnen. Wir erhalten dann:

$$(10) \qquad M = Z \cdot J_0' \cdot p \cdot \frac{\Phi_\beta}{10^6} \cdot \frac{1}{\pi \cdot 981} \text{ in mkg.}$$

In den bisher entwickelten Formeln haben wir, wie vorn gesagt war, dem noch nicht Rechnung getragen, daß J_0' sowohl wie auch Φ_p, oder Φ_β, zeitlich nach einem Sinusgesetz veränderliche Größen sind. Daher muß M eine Größe sein, die sich zeitlich nach dem Gesetze sin² ändert. Von dieser zeitlichen Änderung bemerkt man in der Maschine selbst nichts, da die Frequenz des zugeführten Stromes auch bei der niedrigsten gebräuchlichen Frequenz von 15 in der Sekunde noch zu groß ist, um sich den Massen des Ankers gegenüber nach außen hin bemerkbar zu machen. Messen kann man demnach nur den Mittelwert des nach dem Gesetze sin² verlaufenden Drehmomentes. Der Mittelwert einer nach diesem Gesetz verlaufenden Größe ist bekanntlich die Hälfte des vorkommenden Höchstwertes. Diesen erhalten wir, wenn wir in unserer Formel unter J_0' den Höchstwert der Stromstärke und unter Φ_p oder Φ_β den Höchstwert des Flusses verstehen. Der Höchstwert der Stromstärke ist $J_0' = J' \cdot \sqrt{2}$, wenn J' der effektive Wert des Leiterstromes ist. Wir führen J' deshalb ein, weil man diesen Wert messen kann. Somit erhalten wir schließlich für die meßbaren Drehmomente die beiden Formeln:

$$(11) \qquad M = Z \cdot J' \cdot p \cdot \frac{\Phi_p}{10^6} \cdot \frac{1}{\pi \cdot 981 \cdot \sqrt{2}} \text{ in mkg,}$$

$$(12) \qquad M = Z \cdot J' \cdot p \cdot \frac{\Phi_\beta}{10^6} \cdot \frac{1}{\pi \cdot 981 \cdot \sqrt{2}} \text{ in mkg,}$$

worin $\pi \cdot 981 \cdot \sqrt{2} = 4355$ ist.

Die erste dieser Formeln wird bei der Berechnung des Drehmomentes einphasiger Reihenschlußmotoren stets gebraucht. Die zweite kann bei einphasigen Kommutatormotoren mit Bürstenverschiebung, wie z. B. beim Repulsionsmotor gebraucht werden, weil hier, wie wir in späteren Abschnitten sehen werden, durch die Bürstenverschiebung gerade der Fall der Fig. 32 eintritt, daß an gewissen Stellen des Ankerumfanges die Oberstäbe und die Unterstäbe Ströme von verschiedener Richtung führen, also diese Stellen nichts zum Drehmomente beitragen, oder aber die Ankerachse $A - A$ nicht senkrecht zur Feldrichtung $F - F$ steht, wodurch ebenfalls nur der Teil Φ_β des ganzen Flusses Φ_p ausgenutzt wird.

Für Mehrphasenstrommaschinen sind diese Formeln aus Gründen, die wir sogleich kennenlernen werden, jedoch nicht anwendbar.

Der zweite Grenzfall ist dadurch gekennzeichnet, daß der Strom i' in den Leitern innerhalb jedes Poles nach einem räumlichen Sinusgesetz verläuft und daß gleichzeitig die Induktion $\mathfrak{B}$ innerhalb des Poles auch nach einem räumlichen Sinusgesetz verläuft, also wie es in Fig. 42 aufgezeichnet ist. Dabei sei vorausgesetzt, daß der Leiter mit dem stärksten Strome i_0' zugleich an der Stelle liege, wo sich der Höchstwert $\mathfrak{B}_0$ der Induktion befindet. Diese Annahmen lassen sich ausdrücken durch

$$i' = i_0' \cdot \sin(p \cdot \alpha),$$
$$\mathfrak{B} = \mathfrak{B}_0 \cdot \sin(p \cdot \alpha),$$

worin p wieder die Polpaarzahl, α einen Raumwinkel bedeutet.

Mit diesen Werten erhalten wir für das Drehmoment den Ausdruck:

$$M = Z \cdot p \cdot l' \cdot r \cdot \mathfrak{B}_0 \cdot i_0' \cdot \frac{1}{\pi \cdot 981 \cdot 10^6} \cdot \int_{\alpha=0}^{\alpha=\frac{\pi}{p}} \sin^2(p \cdot \alpha) \cdot d\alpha \text{ mkg},$$

der nach Ausrechnung des Integrals übergeht in:

$$M = Z \cdot p \cdot l' \cdot r \cdot \mathfrak{B}_0 \cdot i_0' \frac{1}{\pi \cdot 981 \cdot 10^6} \cdot \frac{\pi}{2p} \text{ mkg.}$$

Hierin können wir $\mathfrak{B}_0$ durch den gesamten Fluß im Pol Φ_p ersetzen, zwischen beiden besteht die Beziehung

$$(13) \quad \Phi_p = l' \cdot \int_0^{\frac{\pi}{p}} r \cdot \mathfrak{B}_0 \cdot \sin(p \cdot \alpha) \cdot d\alpha = \mathfrak{B}_0 \cdot \frac{2 \cdot l' \cdot r}{p}.$$

Ferner können wir auch den Höchstwert i_0' des Stromes ersetzen. i_0' bedeutet zunächst nur einen räumlichen Höchstwert. Nun ist aber, wie wir im Teil IV gesehen haben, dieser räumliche Höchstwert ganz eng mit dem zeitlichen Höchstwert der Stromstärke verbunden: beide sind einander gleich, also $i_0' = J' \cdot \sqrt{2}$.

Wir erhalten damit den endgültigen Ausdruck:

$$(14) \qquad M = Z \cdot J' \cdot p \cdot \frac{\Phi_p}{10^6} \cdot \frac{\sqrt{2}}{4 \cdot 981} \text{ in mkg,}$$

in welchem der Höchstwert Φ_p des Flusses und der meßbaren effektive Strom J' vorkommen.

Es ist

$$\frac{\sqrt{2}}{4 \cdot 981} = \frac{1}{2775}.$$

Da wir im Teil IV gesehen hatten, daß die sinusförmige Stromverteilung in den Leitern längs des Ankerumfanges nur bei einer großen, streng genommen nur bei unendlicher Phasenzahl erreicht werden kann und andererseits dabei das Feld Φ_p immer ein Drehfeld ist, das mit derselben Geschwindigkeit wie die Ankerstromverteilung umläuft, so daß beide zueinander immer dieselbe Lage behalten, so übt ein derartiger Anker kein schwankendes, sondern ein stetiges und zwar immer das größte Drehmoment aus. Wir haben es daher hier nicht nötig, an unserer Formel eine den zeitlichen Verlauf von Strom und Feld berücksichtigende Verbesserung anzubringen.

Der Vergleich der beiden Formeln (11) und (14) zeigt, daß bei gleicher Leiter- und Polzahl, Stromstärke und gleichem Fluß die Mehrphasenmaschine günstigstenfalls

$$\frac{\pi \cdot 981 \cdot \sqrt{2} \cdot \sqrt{2}}{4 \cdot 981} = \frac{\pi}{2} = 1{,}57 \text{ mal soviel Drehmoment gibt.}$$

Aus später zu erörternden Gründen ermäßigt sich diese Zahl meist auf

$$\frac{\pi}{2} \cdot \frac{\sqrt{3}}{2} = 1{,}36.$$

Die soeben abgeleitete Formel kann für alle Drehfeldmaschinen bis herab zur Phasenzahl 3 benutzt werden, weil bei solchen die Voraussetzung über die Induktions- und Stromverteilung, die Sinusförmigkeit, um so besser erfüllt ist, je größer die Zahl der Phasen ist (s. Teil IV). Selbstverständlich muß stets eine geringe Verbesserung vorgenommen werden, die sich nach der Phasenzahl richtet. Es würde den Rahmen dieses Buches überschreiten, wenn wir diese Verbesserungswerte ableiten wollten. Man verfährt jedoch dabei so, daß man die wirklichen Verteilungen des Stromes und des Feldes durch Sinuslinien gleicher Gesamtwirkung ersetzt und dann diejenigen Strom- und Flußwerte in die Drehmomentsgleichung einführt, die bei sehr großer Phasenzahl dieselben Sinuslinien ergeben würden. Was man daraus erhält, vergleicht man mit den Ergebnissen bei unmittelbarer Einführung der wirklichen Strom- und Flußwerte und das ergibt endlich den Verbesserungswert.

Man erhält auf diese Weise

für die Phasenzahl	3	6	9	12
die Beiwerte	0,955	0,969	0,989	0,999,

woraus man sieht, daß die Verbesserungen tatsächlich gering sind und bei einer einigermaßen großen Phasenzahl fast nicht in Betracht kommen.

Ein sehr wichtiger Unterfall dieses zweiten Grenzfalles tritt dann ein, wenn die Phasen der Stromstärken in den Ober- und Unterleitern, die an derselben Stelle des Ankers sitzen, verschieden sind. Es ist dies ein Gegenstück zu dem beim ersten Grenzfall betrachteten Unterfall, bei dem an einigen Ankerstellen die Stromrichtungen entgegengesetzt oder, wie man auch sagen kann, um 180 Grad phasenverschoben waren.

Wir hatten im Teil IV bei Fig. 39 und 40 gesehen, daß sich dann die wirkliche Stromverteilung ihrer Wirkung nach durch eine andere ersetzen läßt, bei der die eine der Stablagen, z. B. die Oberstäbe, den resultierenden Strom der wirklichen Ströme führt.

Liegt also ein derartiger Fall vor, so muß man in die Formel (14) diesen einführen. Da nun die Ersatzstromverteilung mit der wirklichen lediglich durch einen Zahlenwert verbunden ist, so muß man demnach die Formel (14) mit diesem Zahlenwert noch multiplizieren, um das richtige Drehmoment zu erhalten. Sehr häufig kommt bei Mehrphasenmaschinen der Wert $\frac{\sqrt{3}}{2} = 0{,}866$ vor, mit dem der Zahlenfaktor $\frac{\sqrt{2}}{4 \cdot 981}$ übergeht in $\frac{\sqrt{2}}{4 \cdot 981} \cdot \frac{\sqrt{3}}{2} = \frac{1}{3210}$. Wann solche Fälle vorliegen, ergibt sich aus Teil IV.

Wir hatten bei der bisherigen Ableitung vorausgesetzt, daß Strom- und Induktionsmaximum räumlich zusammenfallen, wobei wir das größte mögliche Drehmoment erhalten. Das ist nicht immer der Fall, sondern nur dann, wenn die „Ankerachse" senkrecht zur „Feldachse" steht. Bilden beide den Winkel β miteinander, so ist der Höchstwert von M mit dem Werte $\sin\beta$ zu multiplizieren.

Bei allen bisher abgeleiteten Formeln war endlich vorausgesetzt, daß Strom und Feld zu gleicher Zeit auftreten. Mitunter kommt es vor, daß das Feld gegen die Ankerströme eine zeitliche Phasenverschiebung hat. Alsdann ist der Wert für das höchste Drehmoment mit dem Kosinus des Zeitwinkels zu multiplizieren. Für Drehfeldmaschinen von der Phasenzahl 3 an bedeutet diese zeitliche Verschiebung nichts anderes als eine räumliche Verstellung der Ankerachse zur Feldachse, z. B. um den Winkel δ. Neben dem obengenannten Winkel β hat man δ zu ermitteln, beide zusammenzuzählen und mit dem Winkel $(\beta + \delta)$ genau so zu verfahren wie oben mit β allein. Auf richtige Vorzeichen ist dabei zu achten.

Man behalte im Gedächtnis, daß weder eine räumliche Verschiebung β noch eine zeitliche δ im Interesse des Erbauers liegt, da jede Abweichung der Ankerachse von der zum Felde senkrechten Lage nur das Drehmoment verkleinert. Die Verschiebungen β und δ geben daher wenigstens für den Vollastbetrieb der Maschine fast immer nur geringe Verbesserungsglieder, deren Größenordnung zwischen 0,9 und 1,0 liegt.

2. Die elektromotorischen Kräfte.

Durch die Bewegung, die der Anker gegenüber dem magnetischen Felde ausübt, entstehen in ihm elektromotorische Kräfte. Man bezeichnet sie als „elektromotorischen Kräfte der Drehung".

Durch die zeitliche Veränderung des Feldes entstehen im Anker ebenfalls elektromotorische Kräfte. Diese nennt man „elektromotorische Kräfte der Transformation", weil sie in den Spulen des Ankers ebenso hervorgebracht werden wie z. B. in den Windungen eines Transformators.

Wir werden zuerst diejenigen Fälle betrachten, in denen entweder nur die elektromotorischen Kräfte der Drehung oder nur die der Transformation entstehen. Die verwickeltere Aufgabe, daß beide zugleich auftreten, betrachten wir zuletzt.

Bei den beiden erstgenannten Fällen spielt wiederum die Lage der Ankerachse zu der der Feldachse eine sehr wichtige Rolle.

Es lassen sich zwei Lagen des Feldes gegenüber dem Anker feststellen, die wir als die „Hauptlagen" ansehen wollen und von denen wir die erste bereits kennen:

Hauptlage I: die Achse des Feldes steht senkrecht zur Ankerachse;

Hauptlage II: die Achse des Feldes läuft parallel zur Ankerachse.

Die erste Hauptlage kommt bei jeder Gleichstrommaschine vor; wir hatten sie als die zur Erzeugung des besten Drehmomentes wichtige Lage kennengelernt, sie ist in der Fig. 45 dargestellt. Bekanntlich bringt bei den Gleichstrommaschinen eine Drehung des Ankers zwischen den Bürsten eine elektromotorische Kraft hervor, die außer von der Drehzahl des Ankers von der Größe des Flusses abhängt. Bei unseren Maschinen tritt dasselbe ein, nur wechselt der Fluß im allgemeinen seine Größe u n d Richtung gegenüber dem Anker und diesem Wechsel muß die elektromotorische Kraft folgen. Dieser Wechsel drückt sich in zwei Hauptformen aus:

a) Richtung unveränderlich. Größe zeitlich veränderlich (Wechselfeld).

b) Richtung zeitlich veränderlich. Größe unveränderlich (Drehfeld).

Es ist leicht einzusehen, daß diese durch Drehung erzeugte *EMK* selbst im Maximum steht, in demselben Augenblicke, wo der Fluß gegenüber dem Anker im Maximum ist, und daß sie mit ihm durch Null geht. Es ist daher im allgemeinen die relative Drehbewegung (n_r) für die Größe der *EMK* maßgebend. Diese Feststellungen sind trotz ihrer scheinbaren Einfachheit sehr wichtig!

Ehe wir uns noch näher mit dieser *EMK* befassen, stellen wir fest, daß ein Fluß Φ_p in der ersten Hauptlage in einer r u h e n d e n Wicklung, trotzdem er ein Wechselfeld ist, keine *EMK* durch Transformation hervorbringen kann. Denn wie die Ankerwicklung selbst nur in Richtung der magnetischen Ankerachse $A - A$ ein Feld hervorzubringen vermag, kann sie auch nur aus dieser Richtung her durch andere Felder transformatorisch beeinflußt werden. Ein Feld in der Hauptlage I besitzt nun nicht einmal eine Komponente in der Richtung der Ankerachse, kann also die Ankerwicklung nicht transformatorisch treffen. Die durch Drehung erzeugte *EMK* ist die einzig mögliche.

Wegen ihrer Wichtigkeit wollen wir erstens den Wert der größten *EMK* der Drehung ableiten, die man aus einem gegebenen Anker erhalten kann.

Es bedeute:

$v = \frac{2\pi r n}{60}$ die Geschwindigkeit eines Ankerleiters gegenüber dem Flusse in cm/sec.,

l' die wirksame Länge eines Ankerleiters in cm,

$\mathfrak{B}$ die Induktion an der Stelle des Leiters in cgs/cm²,

r den Halbmesser des Ankers in cm,

Z die gesamte Leiterzahl des Ankers.

Jeder Leiter entwickelt die elektromotorische Kraft:

$$e' = \mathfrak{B} \cdot l' \cdot v \cdot 10^{-8} \text{ Volt.} \tag{15}$$

Innerhalb eines Winkelelementes da liegen

$$\frac{Z}{2\pi} \cdot da \text{ Leiter.}$$

Diese entwickeln zusammen die elektromotorische Kraft

$$dE_{ro} = \mathfrak{B} \cdot l' \cdot \frac{2\pi r \cdot n}{60} \cdot \frac{Z}{2\pi} \cdot da \cdot 10^{-8} \text{ Volt.}$$

Innerhalb jedes Poles entwickeln die darin liegenden Leiter die elektromotorische Kraft:

$$E_{ro} = \frac{n}{60} \cdot Z \cdot \int_{a=0}^{a=\frac{\pi}{p}} \mathfrak{B} \cdot l' \cdot r \cdot da \cdot 10^{-8} \text{ Volt}$$

und dieses ist offenbar die größte *EMK*, die man erhalten kann, weil alle Leiter eines Poles in Betracht gezogen sind. Man erhält sie, wenn man Stromabnahmestellen (B, B) anbringt, die im zweipoligen Anker diametral gegenüberliegen (Fig. 44).

Diesen Wert hat man bei $2p$ Polen und $2a$ parallelen Ankerkreisen mit $\frac{2p}{2a}$ zu multiplizieren, um die größte mögliche *EMK* zu finden, die man einem beliebigen Anker entnehmen kann.

Wir bemerken, wie schon bei Formel (8), daß das Integral

$$\int_0^{\frac{\pi}{p}} \mathfrak{B} \cdot l' \cdot r \cdot da = \Phi_p \tag{16}$$

nichts anderes als den gesamten Fluß Φ_p pro Pol bedeutet. Somit erhalten wir schließlich:

$$E_{ro} = \frac{p}{a} \cdot \frac{n}{60} \cdot Z \cdot \Phi_p \cdot 10^{-8} \text{ Volt.}$$

Bedeutet Φ_p den zeitlichen Höchstwert des Flusses pro Pol, so bedeutet E_{r0} nach Obigem den zeitlichen Höchstwert der *EMK*. Um den Effektivwert zu finden, haben wir — unter der Voraussetzung zeitlich sinusförmiger Änderung des Flusses — mit $\sqrt{2}$ zu dividieren. Daher lautet die Schlußformel:

$$(17) \qquad E_r = \frac{p}{a} \cdot \frac{n}{60 \cdot \sqrt{2}} \cdot Z \cdot \Phi_p \cdot 10^{-8} \text{ Volt effektiv.}$$

Auf diesen Wert für die größte erzeugbare *EMK* der Drehung ist laut Formel (16) die Verteilung des Flusses innerhalb des Poles ohne Einfluß.

Zweitens wollen wir uns mit der Phase dieser *EMK* befassen. Oben hatten wir schon gesagt, daß die *EMK* mit dem Flusse (Felde) zugleich im Maximum ist und mit ihm Null wird. Zum genauen Verständnis späterer Erläuterungen ist aber dazu noch eine Erklärung erforderlich, die von der außerordentlich wichtigen Verknüpfung der zeitlichen Phase mit den räumlichen Lagen des Feldes und dem Wickelsinne des Ankers handelt.

Wir gehen von dem letzten aus und greifen auf die Fig. 44 und die Festlegungen S. 70, 71 und 73 zurück. Zu der unteren Bürste B werde Strom eingeleitet und der Wickelsinn sei so eingerichtet, daß die Ströme positiv, also rechts nach hinten (⊕), links nach vorn (⊙) gehen. Der Anker liege in einem Felde, das positiv, von links nach rechts, gerichtet sei (Fig. 45). In diesem positiven Felde lassen wir den Anker im Uhrzeigersinne, also im positiven Drehsinn umlaufen. Nach bekannten Regeln ist dann die *EMK* der Drehung so gerichtet, daß sie bei der unteren Bürste herauskommt, während der Strom daselbst voraussetzungsgemäß eintrat. Mithin ist die *EMK* in dem Momente negativ gerichtet. Wir müssen also unsere oben gemachte Aussage dahin ergänzen, daß die *EMK* der Drehung zwar ihren größten numerischen Wert zugleich mit dem größten Feldwerte erhält, daß sie aber, wenn das Feld positiv gerichtet ist, selber — unter Berücksichtigung der von uns als positiv gewählten Stromrichtung innerhalb des Ankers — negativ gerichtet ist. Stellt man diese Tatsache in einem Zeitdiagramme Fig. 46 dar, so zeigen die das Feld Φ_p und die *EMK* E_r darstellenden Vektoren nach entgegengesetzten Richtungen. Mit Bezug auf diese Darstellung sagt man auch: „Die *EMK* der Drehung ist um 180 Grad gegen das Feld verschoben".

Das Zeitdiagramm Fig. 46 ist also folgendermaßen zu lesen und mit dem Raumbilde Fig. 45 zu verbinden: Die Lage einer im Uhrzeigersinne umlaufenden Linie, der sogenannten Zeitlinie Z bestimme den Zeitpunkt, für den wir das Diagramm ablesen wollen. Es sei das z. B. die in Fig. 46 gezeichnete Lage. Wir projizieren die Vektoren des Diagramms auf sie. Die Projektion OA des Flußvektors fällt mit der Richtung der Zeitlinie zusammen. Das Feld ist also in diesem Momente positiv, d. h. es zeigt in der Raumfigur 45 von links nach rechts. Die Projektion OB des EMK-Vektors ist der Richtung der Zeitlinie entgegengesetzt, die EMK ist also in demselben Augenblick negativ, d. h. sie verläuft räumlich in der Wicklung so, daß sie bei der unteren Bürste B der Fig. 45 heraustreten würde.

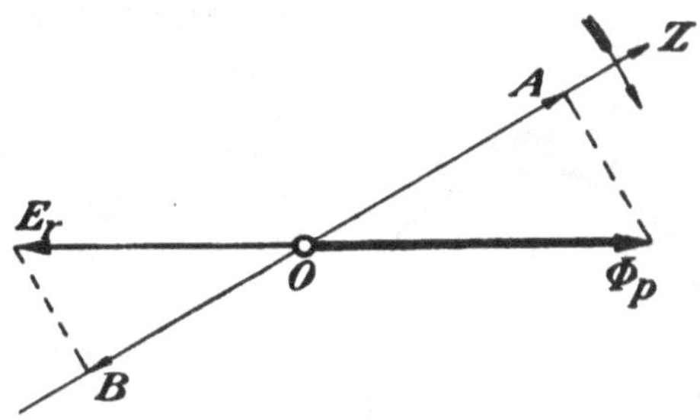

Fig. 46.

Dieses Verfahren ließe sich für alle Lagen der Zeitlinie, d. h. für alle möglichen Augenblicke wiederholen. Man erkennt aber schon aus der bisherigen Erläuterung, mit welcher Genauigkeit und Lückenlosigkeit das Verfahren alle Verhältnisse bestimmt. Wegen seiner Wichtigkeit für das Folgende ist es hier an dem einfachen Beispiel so ausführlich erläutert worden, wir werden später noch oft auf diese Erläuterung zurückzuverweisen haben.

Will man dem Anker die größtmögliche EMK der Drehung entnehmen, so muß man, wie schon gesagt war, die Bürsten auch um eine Polteilung, also 180 elektrische Grade auseinandersetzen. Aus anderen Gründen geschieht dies nicht immer. Stehen die Bürsten um einen kleineren Winkel, z. B. um den Winkel β auseinander, dann muß man wieder wie vorn beim Drehmoment die Integration (16) nur über diesen Winkel ausführen. Sie liefert dann den Teilfluß Φ_β. Die Größe der EMK ist nun nicht mehr von der Verteilung des Flusses unabhängig, vielmehr kommt es darauf an, welchen Teil des Gesamtflusses Φ_p der Winkel β einschließt. Meist rechnet man mit Φ_p und berücksichtigt Φ_β durch Anfügen eines Beiwertes c_e an Formel (17).

Wichtig ist der Fall, daß der Gesamtfluß sinusförmig wie in Fig. 42 verteilt ist. Dann ist nämlich der größte Wert von Φ_p, den man innerhalb eines Winkels β fassen kann:

$$\Phi_\beta = \Phi_p \cdot \sin \beta,$$

so daß

$$c_e = \sin \beta.$$

Dieser Fall liefert die Formel, nach der bei Drehfeldmaschinen die EMK zwischen zwei Bürsten, die um den Winkel β auseinanderstehen, zu berechnen ist.

Wir kommen nun zur Besprechung der Hauptlage II: die Achse des Feldes läuft parallel zur Ankerachse. Diese Lage kommt bei Gleichstrommaschinen nicht vor, sie ist eine den

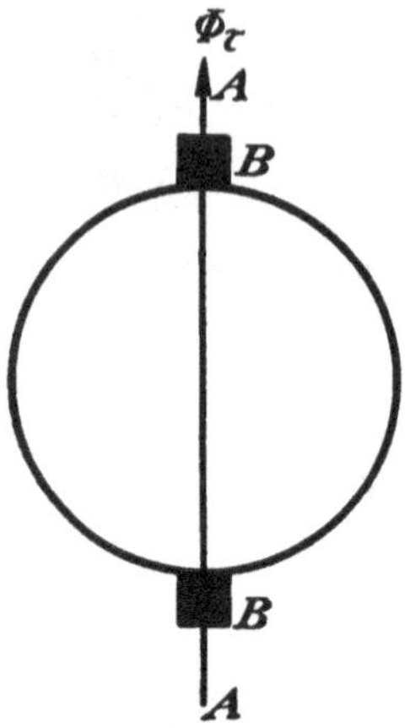

Fig. 47.

Kommutatormaschinen eigentümliche Lage. Fig. 47 stellt sie dar. In der Tat, wenn das Feld für einen Augenblick konstant gedacht wird und man den Anker in ihm drehen würde, so würden sich die durch die Drehung in den einzelnen Leitern hervorgebrachten EMKe auf den von Bürste zu Bürste möglichen Leistungswegen aufheben. Das sieht man leicht, wenn man sich die bei der Besprechung der EMK der Drehung aufgezeichnete EMK-Verteilung um 90 Grad verdreht denkt, während die Bürsten an ihrem Orte stehen bleiben. Es entsteht also im drehenden Anker keine EMK der Drehung. Das Feld wirkt auf den Anker, möge er ruhen oder sich drehen, wie auf eine Spule. Es bringt in ihm, wenn es ein Wechselfeld ist, eine EMK hervor, die man nach ihrer Entstehung als „EMK der Transformation" bezeichnet. Diese EMK ist nach dem vorhin Erläuterten unabhängig von der Umdrehungszahl des Ankers. Wie bei einer Spule hängt sie von der Frequenz und Stärke des Wechselfeldes, von dessen räumlicher Verteilung, von der Ankerwindungszahl und deren Verteilung ab. Als transformatorisch hervorgebrachte EMK eilt sie ihrer Phase nach dem Felde um zeitliche 90 Grad nach.

Die Ableitung der Berechnung dieser EMK werden wir hier nicht geben, weil sie in ihrer Bedeutung gegenüber der EMK der Drehung zurücktritt. Wir verweisen auf Lehrbücher der Elektrotechnik. Zur Berechnung selbst genügen stets folgende Werte. Es bedeuten:

f_0 die Frequenz des Wechselfeldes in der Sekunde,
Z die Stabzahl des Ankers,
$2p$ die Polzahl des Ankers,
$2a$ die Zahl der parallelen Kreise des Ankers,
Φ_τ den zeitlichen Maximalwert des Flusses in cgs-Einheiten,
c_e einen Faktor, durch den die räumliche Verteilung des Feldes und der Winkel β zwischen den Bürsten berücksichtigt wird.

Dann ist die EMK der Transformation, zwischen zwei Bürsten gemessen:

$$(18) \qquad E_\tau = 1{,}11 \cdot \frac{1}{a} \cdot Z \cdot \frac{f_0}{100} \cdot \frac{\Phi_\tau}{10^6} \cdot c_e \text{ in Volt,}$$

worin der Faktor

$$1{,}11 = \frac{4{,}44}{4} = \frac{2\pi}{4 \cdot \sqrt{2}} = \frac{\pi}{2 \cdot \sqrt{2}}$$

ist. Der Faktor c_e ist ein für allemal berechnet worden und es sind einige seiner wichtigsten Werte für die am häufigsten vorkommenden Feldverteilungen und Bürstenwinkel in der folgenden Tabelle zusammengestellt.

Räumliche Feldverteilung	rechteckig	dreieckig	sinusförmig	gemäß Bürstenstellung
Bürstenwinkel				
= 180°	0,500	0,667	0,637	0,667
= 150°	0,486	0,640	0,616	0,636
= 135°	0,468	0,610	0,591	0,600
= 120°	0,445	0,568	0,552	0,555
= 90°	0,375	0,458	0,450	0,443
= 60°	0,278	0,320	0,318	0,311

Wir wollen auch die EMK der Transformation in einem Zeitdiagramm darstellen, Fig. 48, in der der Vektor Φ_τ den Fluß, der Vektor E_τ, der senkrecht zu dem anderen steht, die EMK der Transformation darstellt. Diese Figur ist folgendermaßen zu lesen: Die Lage einer im Uhrzeigersinne umlaufenden Linie, der sogenannten Zeitlinie Z, bestimme den Zeitpunkt, für den wir das Diagramm ablesen wollen. Es sei das z. B. die in Fig. 48 gezeichnete Lage. Wir projizieren die Vektoren des Diagramms auf sie. Die Projektion des Flußvektors OA fällt mit der Richtung der Zeitlinie zusammen. Das Feld ist also

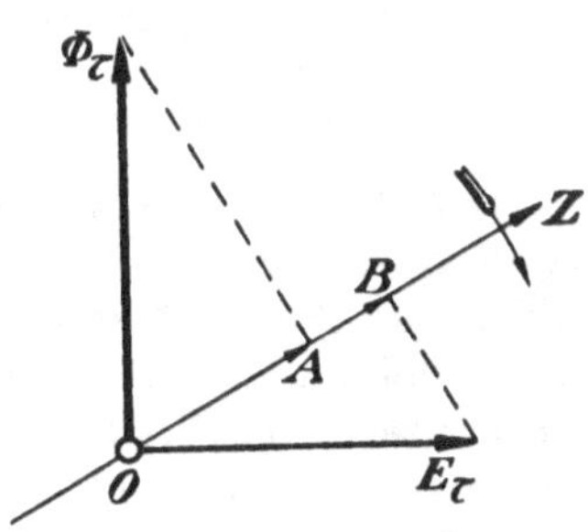

Fig. 48.

in diesem Momente positiv, d. h. es zeigt in der Raumfigur 47 von unten nach oben. Die Projektion OB des EMK-Vektors fällt auch mit der Richtung der Zeitlinie zusammen, die EMK ist also in dem Momente ebenfalls positiv, d. h. sie verläuft räumlich in der Wicklung so, daß sie bei der unteren Bürste B hereintreten würde. Dies stimmt auch: denn in dem gewählten Augenblicke nimmt das Feld ab, die EMK muß daher nach bekannten Regeln so gerichtet sein, als wollte ein ihr entsprechender Strom das Feld aufrechterhalten. Ein derartiger Strom müßte aber nach den Erläuterungen zu Fig. 44 zur unteren Bürste eintreten.

Für manche Kommutatormaschinen ist nun der Fall besonders wichtig, daß sowohl ein Wechselfeld von der Hauptlage I als auch ein solches von der Hauptlage II vorhanden ist und daß diese beiden Felder außerdem noch eine Phasenverschiebung von 90 Grad besitzen.

Wir machen die Annahme, daß das Feld Φ_τ dem Felde Φ_p um 90 Grad voreile. Unsere Figuren 45 und 47 stellen die positiven Raumlagen der Felder, und die Figuren 46 und 48 die zeitlichen Lagen der Felder und der entsprechenden EMKe im Zeitdiagramm dar. Man erkennt, wenn man die Figuren 46 und 48 zusammenlegt, sofort, daß sich die EMK der Transformation von der EMK der Drehung abzieht, derart, daß in dem von den Bürsten *BB* gebildeten Stromkreise nur noch eine kleinere EMK übrig ist.

Dies bringt uns unmittelbar vor die Frage: Wann wird die übrigbleibende EMK $= 0$? Das ist dann der Fall, wenn beide EMKe einander gleich sind. Gleichsetzung der EMKe liefert auf Grund der Formeln (17) und (18):

$$\frac{p \cdot n}{60} \cdot \frac{1}{f_0} = 1{,}11 \cdot \sqrt{2} \cdot \frac{\Phi_\tau}{\Phi_p} \cdot c_e. \tag{19}$$

Dies ist eine Beziehung zwischen der Dreh-, Pol- und Periodenzahl einerseits und zwischen den Maximalwerten der beiden Flüsse Φ_p und Φ_τ andererseits, in der nur noch der Faktor c_e vorkommt, während sich die anderen Ankerdaten, als Leiterzahl und Zahl der parallelen Kreise, herausheben.

Wir erinnern uns nun der über die Flüsse getroffenen Annahmen. Da sie sowohl räumlich als zeitlich um 90 Grad versetzt sind, hat das Feld in der ganzen Maschine den Charakter eines Drehfeldes. Denn auf Grund unserer Voraussetzungen ist der Fluß Φ_τ nach oben gerichtet, wenn der Fluß Φ_p gerade Null ist; darauf, wenn der Fluß Φ_τ Null geworden ist, zeigt Fluß Φ_p nach rechts. Ist dann wieder Fluß Φ_p Null geworden, so zeigt der Fluß Φ_τ nach unten. Darauf wird Fluß Φ_τ Null und es ist nur Fluß Φ_p, nach links zeigend, vorhanden. Dann beginnt der Kreislauf von neuem. Betrachtet man Fluß Φ_p und Fluß Φ_τ als Komponenten eines und desselben Feldes, nämlich des in der Maschine vorhandenen Feldes, so erkennt man anschaulich, daß dieses letzte Feld im Raume, d. h. in der Maschine rotiert. Dabei kann es nebenbei in seiner Größe veränderlich sein. Das ist es dann, wenn die beiden Komponentflüsse Φ_p und Φ_τ verschieden groß sind. Das Maschinenfeld ist ein rotierendes Feld von der Größe nach unveränderlichem Werte, wenn die beiden Komponenten Φ_p und Φ_τ gleich groß sind und zeitlich sich nach dem Sinusgesetz ändern.

Die Umlaufgeschwindigkeit n_0 dieses Drehfeldes ist von der Pol- und Periodenzahl bestimmt. Der Zusammenhang lautet:

$$n_0 = \frac{60 \cdot f_0}{p}.$$

Vergleichen wir diesen Ausdruck mit dem obigen, so erkennen wir, daß die linke Seite der Gleichung (19) = 1 werden kann, wenn die Drehzahl ist:

$$n = \frac{60 \cdot f_0}{p} = n_0.$$

Diese besondere Drehzahl n_0 nennt man „die synchrone Drehzahl". Wenn der Anker sie hat, so sagt man: er läuft „synchron" oder „im Synchronismus". Man sieht nun: unter den über die Felder getroffenen Voraussetzungen werden die EMKe der Transformation und der Drehung dann zusammen gleich Null, wenn der Anker synchron läuft und wenn

$$(20) \qquad \Phi_p = \Phi_\tau \cdot 1{,}11 \cdot \sqrt{2} \cdot c_e$$

ist. Ist Φ_τ z. B. sinusförmig verteilt, so ist $c_e = \frac{1}{\pi} = 0{,}637$ und $c_e \cdot 1{,}11 \cdot \sqrt{2} = 1$, daher

$$(21) \qquad \Phi_p = \Phi_\tau.$$

Da $1{,}11 \cdot \sqrt{2} \cdot c_e$ vom Werte 1 nie allzuverschieden ist, kann man sich die nahezu richtige Merkregel bilden, daß die gesamte im Anker erzeugte Spannung bei Synchronismus Null wird. Bei langsamer (untersynchron) laufendem Anker überwiegt die transformatorische, bei schneller (übersynchron) laufendem die Drehungs-EMK.

Man sieht auch aus der Ableitung, daß die „synchrone Drehzahl" nur bei einer solchen Maschine einen Sinn hat, die überhaupt ein Drehfeld besitzt. Da das nicht bei allen Kommutatormaschinen der Fall ist, besitzt dieser Wert auch nicht für alle eine Bedeutung [1]).

Mit diesen Darlegungen haben wir nun übergeleitet zu der Gruppe derjenigen Anker, die in einem sogenannten „reinen" Drehfelde laufen. Das ist dasjenige Drehfeld, dessen Komponenten Φ_p und Φ_τ von vornherein genau gleich groß sind und sich zeitlich nach dem Sinusgesetz ändern. Wegen dieser Gleichheit zerlegt man es gar nicht erst in die beiden Komponenten. Man denkt es sich mit der Drehzahl n_0 umlaufend, der Größe nach aber zeitlich unveränderlich.

Hier kann man es sich besonders leicht vorstellen, daß bei synchronem Laufe $n = n_0$ die im Anker induzierten EMKe Null sein müssen. Denn der Anker läuft dann genau so schnell um als das Feld, seine Leiter haben gar keine Bewegung gegenüber dem Felde mehr, es ist vielmehr trotz der Rotation so, als ob das Feld vom Anker aus angesehen still stünde.

---

[1]) Für Einphasen-Reihenschlußmotoren wird vielfach fälschlich der Begriff der synchronen Drehzahl verwendet!

Man erhält also den merkwürdigen Fall, daß die Anker-EMK nicht im Stillstande des Ankers, sondern erst bei einer gewissen Drehzahl, der synchronen, Null wird. Da das der Fall ist, geht man bei der Berechnung der EMK solcher Anker häufig von der synchronen Geschwindigkeit n_0 aus. Es ist ohne weiteres klar, daß elektromotorische Kräfte erst bei Abweichungen der Ankerumlaufzahl von der synchronen entstehen können und dem Unterschiede n_r zwischen der synchronen Drehzahl (n_0) und der wirklichen (n) proportional sind (dieser Unterschied kann positiv oder negativ sein), daß aber davon abgesehen für die Berechnung die Formel (17) gelten muß, nur daß man statt n die Größe n_r einzusetzen hat. Man erhält demnach für Anker, die in einem Drehfelde umlaufen, folgenden Ausdruck, der im Aufbau völlig mit der Formel (17) übereinstimmt:

(22)

$$E_r = \frac{p}{a} \cdot \frac{n_r}{60 \cdot \sqrt{2}} \cdot Z \cdot \Phi_p \cdot 10^{-8}$$ Volt eff. zwischen 2 um 180 el. Grade entfernten Bürsten,

$$E_r = \frac{p}{a} \cdot \frac{n_r}{60 \cdot \sqrt{2}} \cdot Z \cdot \Phi_p \cdot 10^{-8} \cdot c_e$$ Volt eff. zwischen 2 beliebig gestellten Bürsten.

Wichtig ist es, sich die Beziehung zu merken, die zwischen den Drehzahlen n, n_r und n_0 besteht. Wenn wir ihre positive Richtung wie folgt festlegen:

Anker gegen Raum im Uhrzeigersinne als $+ n$,
Anker gegen Feld „ „ „ $+ n_r$,
Feld gegen Raum „ „ „ $+ n_0$,

so erkennen wir, daß der Anker, wenn er gegen das Feld die Drehzahl n_r und das Feld außerdem noch gegen den Raum die Drehzahl n_0 besitzt, seinerseits gegen den Raum sich mit einer Drehzahl bewegen muß, die gleich der Summe der beiden Drehzah'en ist und daß daher die Beziehung gelten muß:

$$n = n_0 + n_r.$$

Für Maschinen, die untersynchron laufen, dreht sich der Anker gegenüber dem Felde in einem Sinne entgegengesetzt zum Uhrzeiger, es ist n_r dann negativ zu rechnen, so daß man erhält $n = n_0 - n_r$; positives n_r bedeutet demnach immer Übersynchronismus.

Multipliziert man diese minutlichen Drehzahlen mit dem Werte $\frac{p}{60}$, so erhält man aus:

der Drehzahl n die „Drehungsfrequenz“ f,
der Drehzahl n_r die „Ankerfrequenz“ f_r,
der Drehzahl n_0 die „Ständerfrequenz“ f_0,

für die die entsprechende Beziehung gilt. f_0 heißt auch oft „Kreisfrequenz“.

Besitzen Ständer und Anker dieselbe Windungszahl Z und wendet man die Gleichung (22) auch auf den Ständer an, so findet man, daß für solche Maschinen mit gleicher Windungszahl Z die Summe der Ständer und Ankerspannungen unabhängig von den Frequenzen dieser Teile im einzelnen wird und ausschließlich durch die „Drehungsfrequenz" f oder durch die Drehzahl n des Ankers im Raume gegeben ist, eine Beziehung, deren man sich für manche Überlegungen an Drehfeldmaschinen mit Vorteil bedienen kann. Ihre Anwendung bedingt natürlich, daß die beiden Spannungen des Ständers und Ankers gleichphasig liegen, was nicht immer der Fall ist.

Außer den bis jetzt berechneten Betriebsspannungen kommt beim Kommutatoranker im magnetischen Wechselfelde oder Drehfeld noch eine EMK vor, die sogenannte „Kurzschluß-EMK e_k unter den Bürsten". Bedeckt eine Bürste, wie z. B. in Fig. 4, zwei Kollektorlamellen, so schließt sie eine Windung kurz, die in Fig. 4 durch den Zug $1 - 0 - WK - U - 2$ angegeben ist. Aus Fig. 45 geht hervor, daß eine solche Windung die Hauptlage II gegenüber dem Flusse Φ_p einnimmt, also von ihm transformatorisch beeinflußt wird. Wechselt der Fluß gegenüber dieser Windung mit der Frequenz f_r, so entsteht nach bekannten Ableitungen in ihr die EMK:

$$e_k = \frac{2\pi}{\sqrt{2}} \cdot f_r \cdot \Phi_p \cdot 10^{-8} \text{ Volt,}$$

die, wenn man die Bürsten entfernt, zwischen den Lamellen 1 und 2 der Fig. 4 gemessen werden kann.

Wenn auch meist, so liegt doch nicht immer bloß eine Windung zwischen 2 Lamellen. Ist Z die Ankerleiterzahl und L_k die Zahl der Kollektorlamellen, so liegen im allgemeinen $\frac{Z}{2L_k}$ Windungen zwischen 2 benachbarten Elementen. Hiermit müssen wir obige Formel noch multiplizieren und außerdem noch (wie bei E_r) mit $\frac{p}{a}$, wenn wir eine für jede Ankerwicklung gültige Formel wünschen. Allgemein wird also

$$(23) \qquad e_k = \frac{p}{a} \cdot \frac{Z}{2L_k} \cdot f_r \cdot \Phi_p \cdot \frac{2\pi}{\sqrt{2}} \cdot 10^{-8} \text{ Volt.}$$

Fast immer wird e_k für den Anlauf berechnet, für den $f_r = f_0$ ist. Doch sei erwähnt, daß bei Drehfeldmaschinen e_k im Synchronismus Null wird, weil dann $f_r = 0$ ist.

Durch die EMK e_k werden die Bürsten beansprucht, weshalb diese EMK im Kommutatormaschinenbau eine außerordentliche Bedeutung erlangt hat. Dem werden wir in den Teilen VI und VII begegnen.

3. Die Kompensation.

Wir hatten gesehen, daß Felder im Anker durch Transformation oder Drehung elektromotorische Kräfte hervorbringen. Wir hatten aber weiter gelernt, daß der stromdurchflossene Anker selber Felder erzeugen kann. Daraus haben wir den Schluß zu ziehen, daß die vom Anker selber hervorgebrachten Felder verändernd auf die zuerst betrachteten Felder, die man im Gegensatz zu den Ankerfeldern auch „äußere Felder" nennt, einwirken werden. Dann müssen sich aber auch die im Anker erzeugten EMKe ändern.

Eine derartige Beeinflussung braucht nicht notwendig schädlich zu sein. Wenn man sie aber in einer Maschine nicht gebrauchen kann, so muß man sie verhindern. Zu diesem Zwecke muß man das Feld, das der Anker hervorbringen könnte, möglichst ganz zu vernichten versuchen. Dies geschieht durch die sogenannte „Kompensation" des Ankers.

Auf S. 66ff. hatten wir bereits erkannt, daß das Feld des Ankers von den Strömen seiner einzelnen Leiter herkommt. Nun kann man das von einem einzelnen Leiter verursachte Feld dadurch aufheben, daß man ganz nahe bei ihm einen zweiten Leiter anbringt, durch den man denselben Strom wie durch den ersten leitet, bloß in umgekehrter Richtung. Es ist nämlich, wenn man um eine solche Leitergruppe herumgeht, bis man zum Ausgangspunkte der Wanderung zurückkommt, der Strom, den man innerhalb des umwanderten Gebietes vorfindet, in Summa = Null. Deshalb übt die Leitergruppe trotz des Stromdurchganges keine Wirkung nach außen hin aus. Man kann nun derartige, einen Gegenstrom führende Leiter nicht auf dem Anker selber anbringen, weil man damit nicht bloß die magnetische Wirkung des Ankers auslöschen, sondern zugleich auch sein Drehmoment vernichten würde. Aber man kann die Leiter mit den entgegengesetzten Strömen um den Anker herum, so nahe als es baulich möglich ist, anbringen, wenn man sie auf der Innenfläche des Ständers anordnet. Man muß nur dafür sorgen, daß auf den Ständerumfang genau dieselbe Durchflutung kommt, als der Anker hat. (Über den Begriff der „Durchflutung" siehe Teil IV, Abschnitt 2.) Dazu muß man in den Ständer eine geeignete Wicklung hineinlegen. Man bezeichnet eine solche Wicklung als „Kompensationswicklung", weil sie das Ankerfeld „kompensiert", d. h. aufhebt; für ihre Bemessung bei irgendwelcher Ankerspeisung ist Teil IV, insbesondere Abschnitt 2, maßgebend.

Der Umstand, daß die Leiter der Kompensationswicklung ein wenig räumlich getrennt von den Ankerleitern angeordnet werden müssen, hat zur Folge, daß das Ankerfeld nicht vollständig verschwindet, sondern daß ein Bruchteil von ihm zurückbleibt, mit dem wir uns später weiter zu befassen haben werden. Bis jetzt haben wir angenommen, daß es die Aufgabe der Kompensationswicklung sei, das Ankerfeld möglichst gut zu vernichten. In manchen Maschinen, wie z. B. dem einphasigen Reihenschlußmotor, ist dies in der Tat so. In anderen Maschinen kommt indessen eine Beeinflussung des Feldes der Maschine vor. Meistens liegt der Fall dann so, daß das Maschinenfeld durch gemeinschaftliche Wirkung des Ankers und des Ständers entsteht. Dies ist in der Fig. 49 dargestellt. Es bedeutet OA die Ankerachse, OS die Achse der Ständerwicklung und OM die aus beiden resultierende Achse, in der das Maschinenfeld Φ_p entsteht. Man erkennt aus der Figur sofort, daß die Ankerachse wie auch die Ständerachse mit ihren kleineren Komponenten OA' und OS' das Feld Φ_p erzeugen, während ihre größeren Komponenten $A'A$ und $S'S$ sich gegenseitig aufheben, da sie verschiedene Richtungen besitzen. Diese Anteile verhalten sich mithin so, wie sich der Anker und die Kompensationswicklung des eingangs besprochenen Falles verhielten, d. h. sie heben sich völlig auf. Man spricht daher in solchen Fällen davon, daß sich Anker- und Ständerwicklung „teilweise" kompensieren, d. h. eben mit dem Betrage der Komponenten $A'A$ und $S'S$. Man erkennt ferner, daß die Komponente $A'A$ der Ankerachse senkrecht auf dem Felde Φ_p steht, eine Lage, die wir als die für die Ausübung des größten Drehmomentes erforderliche kennengelernt hatten. Man sieht daraus die **wichtige Tatsache, daß der Anker, wenn er sich überhaupt an der Erzeugung des Feldes mit beteiligen muß, zugleich an Ausnutzbarkeit hinsichtlich des Drehmomentes verliert.**

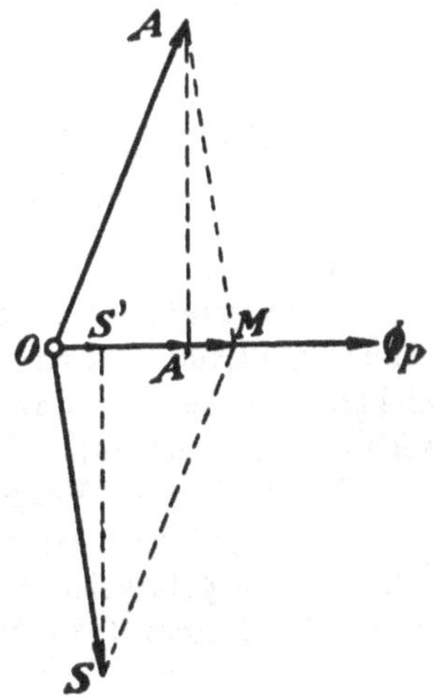

Fig. 49.

Teil VI.

Die Leistung der Kommutatormaschine und die Größe des Kommutators.

Wie wir im Teil II gesehen hatten, unterscheidet sich die Wechselstromkommutatormaschine von den sonstigen Wechselstrommaschinen schon äußerlich durch das Vorhandensein des Kommutators und elektrisch erhält sie durch ihn einen großen Teil ihrer charakteristischen Eigenschaften.

Die wichtigste Frage lautet daher: Wie muß der Kommutator einer Kommutatormaschine gebaut werden? Ihre Beantwortung entscheidet beispielsweise die andere Frage, wieviel teurer die Maschine durch den Kommutator wird, welche Schwierigkeiten werkstattstechnischer Natur ihre Herstellung bietet, welche Grenzen der Herstellung und der Verwendung der Kommutatormaschinen gezogen sind. Im einzelnen läuft diese Frage auf folgende Unterfragen hinaus:

a) Wieviele Bürstenhalter, deren Gesamtzahl $= h$ sei, müssen oder dürfen angebracht werden?

b) Wie groß werden der Durchmesser d_k und die Länge l_k des Kommutators in cm?

Die Frage läßt sich erst dann beantworten, wenn man weiß, welche Größen den Bau von Kommutatoren beeinflussen und welche ihm Grenzen ziehen.

Stets gegeben und bestimmend für die Größe des Kommutators ist die Leistung N der Maschine in KW. An ihrer Stelle wollen wir jedoch die scheinbare Ankerleistung N_k in kVA einführen, so wie man sie aus Strom und Spannung am Kommutator erhält. Dieser Wert ist nur wenig von der Leistung N verschieden, seine Einführung befreit unsere Ergebnisse von unbedeutenden Gliedern und er läßt sich jederzeit leicht durch die Leistung N ersetzen.

Gegeben ist ferner die Drehzahl n des Ankers, gemessen in Umdrehungen in der Minute, die Frequenz f_0 des speisenden Netzes, in Perioden in der Sekunde, die Polzahl $2p$ und die Phasenzahl q.

Außerdem kommen die physikalischen Eigenschaften der verwendeten Materialien und endlich einige werkstattstechnische Gesichtspunkte in Betracht und ziehen dem Bau gewisse Grenzen.

Unter den physikalischen Eigenschaften der Materialien kommen in Frage:

1. Die Stromdichte σ_b in Amp/cm², die man den Kohlenbürsten zumuten darf. Es ist $\sigma_b = \frac{\text{Bürstenstromstärke}}{\text{Bürstenauflagefläche}}$.

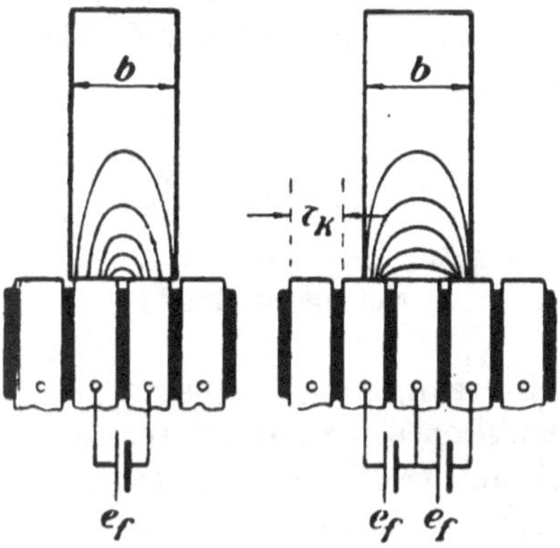

Fig. 50.

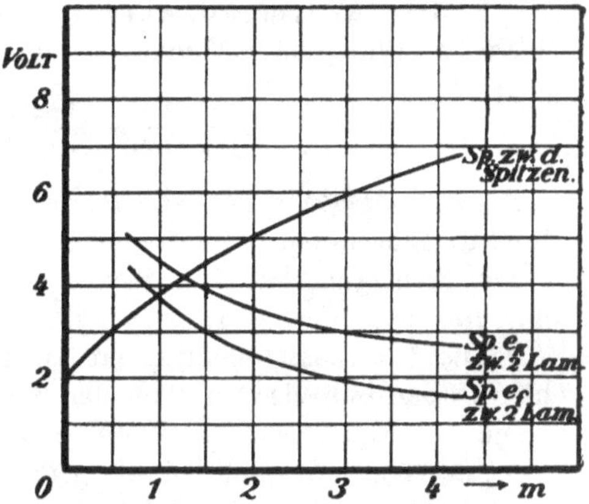

Fig. 51.

2. Die Spannung e_f in Volt, die als Rest der Kommutierungsspannungen übrigbleiben darf. Man bezeichnet sie mit dem Worte „Funkenspannung". Sie darf einen gewissen Wert nicht überschreiten. Dieser richtet sich nach der sog. „Spannung zwischen den Bürstenspitzen". Wenn die Lamellenteilung eines Kommutators $= \tau_k$ ist, zwischen zwei Lamellen die Spannung e_f herrscht und die Bürste eine Breite $b = m \cdot \tau_k$ Lamellenteilungen hat, so bedeckt sie abwechselnd m Lamellen und m Lamellenzwischenräume (Fig. 50). Dann tritt im ungünstigsten Falle (Stellung Fig. 50 rechts) zwischen ihren äußersten Kanten (Spitzen) die Spannung $m \cdot e_f$ Volt auf. Je dicker nun eine Bürste ist, um so größer darf die Spannung $m \cdot e_f$ zwischen ihren Spitzen sein. Jedoch wächst der zulässige Wert nicht proportional mit der Dicke der Bürste, sondern langsamer, da ja der Widerstand der Bürste, zwischen den Spitzen gemessen, auch nicht proportional mit der Dicke wächst. Welche Werte bei $m = 1, 2, 3, 4$ die Spitzenspannung annehmen darf und welche Funkenspannungen e_f zwischen zwei Lamellen sich daraus ergeben, zeigt Fig. 51.

Im Stillstande der Maschinen geht die Funkenspannung e_f in die sog. „EMK der Transformation" e_k über (s. auch Teil V und VII). Da der Stillstand unter Strom immer nur vorübergehend, während des Anlassens, auftritt, läßt man für e_k etwas höhere Werte als für e_f zu, wie sie in Fig. 51 ebenfalls eingezeichnet sind. Ob für die Bemessung des Kommutators e_k oder e_f einzusetzen ist, hängt davon ab, ob die Maschine häufig anfährt oder nicht. Bei Motoren pflegt Anfahren häufig vorzukommen, weshalb fast immer der Wert e_k zur Bestimmung der Kommutatorgröße herangezogen wird. Dies wird im folgenden gleichfalls geschehen.

3. Die Wärmeabgabefähigkeit w_k der Kommutatoroberfläche in Watt/cm². Genau genommen müßte man mit der Größe

$$\frac{\text{Watt}}{\text{cm}^2 \cdot \text{Grad Celsius}}$$

rechnen, indessen sollen alle Kommutatoren dieselbe, z. B. durch die Verbandsnormalien vorgeschriebene Temperatur erreichen, wenn sie gerade richtig gebaut sind, wodurch die an sich richtigere Größe mehr nur ein theoretisches Interesse hat.

Die Wärmeabgabefähigkeit ist noch wenig genau bekannt, sie hängt auch teilweise mit von der Konstruktion des Kommutators ab. Denn die Konstruktionsteile werden sich an der Wärmeableitung beteiligen, ebenso wie sich bei sehr großen Kommutatoren die Wärme nicht bloß durch die äußere, sondern auch durch die innere Fläche der Höhlung entfernen wird. Man findet, daß sehr wenig warm werdende Kommutatoren etwa 1 Watt/cm², richtige dagegen 1,3 bis 1,7 Watt/cm² abgeben; bei sehr gut künstlich gekühlten kommt man sogar bis 2,0 Watt/cm².

4. Die Übergangsspannung von einer Bürste zum Kommutator e_b in Volt. Sie beträgt für die Kohlensorten, wie man sie bei Kommutatormaschinen anwenden muß, 1,0 bis 1,25 Volt pro Kohle und kann als fast konstant angesehen werden, unabhängig vom Strome, den die Bürste führt.

5. Die Reibungsziffer μ. Sie ist in weiteren Grenzen, insbesondere mit der Geschwindigkeit, veränderlich und nimmt mit der Geschwindigkeit ab. Meistens rechnet man, wenn sie nicht besonders bestimmt wird, mit dem Werte 0,25. Bessere Sorten besitzen den Wert 0,20, sehr schlechte kommen bis 0,35.

6. Aus technischen Gründen steht die Wahl nicht sehr frei für den spezifischen Bürstendruck p_b in kg/cm². Man wählt ihn in der Regel zu 0,25 kg/cm², höchstens 0,30 kg/cm², wenn der Motor sehr heftigen Erschütterungen ausgesetzt ist, aber auch oft nur zu 0,20 kg/cm², wenn die Maschine ruhig laufen kann. Unter diesen Wert sollte man nicht herabgehen aus Gründen der Betriebssicherheit, keinesfalls aber $p_b < 0{,}150$ kg/cm² wählen.

7. Die Umfangsgeschwindigkeit des Kommutators v_k in m/sec. Sie ist zunächst in weiten Grenzen wählbar, wird aber durch den Durchmesser des Ankers und die erforderliche Drehzahl n in der Min. schließlich beschränkt. Für die normalen Betriebszustände der Maschinen hält man sie zwischen 15 und 25 m/sec., für die oberen Drehzahlen läßt man etwa 30 m/sec. zu und in äußersten Fällen bis zu 35 m/sec. Jedenfalls ist sie für den Entwurf des ganzen Motors als eine der bestimmenden Größen anzusehen.

8. Die Teilung des Kommutators τ_k in cm. Man versteht darunter die Breite einer Lamelle plus der Breite einer Isolationsschicht (siehe Fig. 50) und erhält sie demgemäß, indem man den Umfang $\pi \cdot d_k$ des Kommutators mit der Zahl L_k der Lamellen dividiert. Sie tritt deswegen in den Kreis der hier zu betrachtenden Größen ein, weil man bei allen Wechselstromkommutatormaschinen so viel als möglich Lamellen anwenden muß — weshalb siehe unten —, andererseits aber die Herstellung der Kommutatoren mit der Feinheit der Unterteilung schwierig und teuer wird, auch die Haltbarkeit leidet. Man trachtet danach, die Lamellen so einzurichten, daß die vorn genannte Zahl m eine ganze Zahl wird, also meist $m = 2$ oder $m = 3$. Man verwendet Lamellenteilungen von 3,5 bis 5,0 mm ($\tau_k = 0{,}35$ bis 0,5 cm). Treffen wir die Festsetzung, daß m stets eine ganze Zahl sein soll, so wird b nicht stets genau gleich $m \cdot \tau_k$ sein können, sondern wegen Ungenauigkeiten bei der Montage der Bürsten besser ein wenig kleiner. Wir setzen deshalb

$$(24) \qquad b = m \cdot \tau_k \cdot c_m,$$

worin c_m nur wenig von 1 verschieden ist; meistens liegt es zwischen 0,8 und 1.

Die genannten Größen bestimmen den Kommutator nach den nun folgenden Überlegungen:

Die Kommutatorbreite l_k wird aus baulichen Gründen stets etwas breiter sein als die Gesamtbreite l_h der nebeneinanderstehenden Bürsten eines vollbesetzten Halters. Da die Berechnung zunächst l_k liefert, führen wir im folgenden l_h an Stelle von l_k ein und messen es in cm.

1. Über die Anzahl der Bürstenhalter läßt sich folgendes aussagen: Jede der q Phasen kann jedem Polpaar der Maschine mit höchstens zwei Bürstenhaltern zugeführt werden, indem nämlich der Strom einer jeden Phase bei dem einen Bürstenhalter ein-, bei dem anderen austritt. Im ganzen sind also höchstens $2q \cdot p$ Bürstenhalter denkbar. Diese müssen jedoch nicht alle vorhanden sein. Einesteils kann man die Phasen verketten, anderenteils kann die Ankerwicklung selber die Stromzuleitung zu anderen Polpaaren übernehmen. Endlich kann man auch zwar alle Halter verwenden, sie jedoch nur teilweise mit Bürsten besetzen. Um dies alles zu berücksichtigen, setzen wir die wirkliche Zahl h der vollbesetzt gedachten Halter:

$$(25) \qquad h = 2 \cdot q \cdot p \cdot c_h,$$

worin c_h angibt, wieviel weniger Halter gegenüber der Höchstzahl vorhanden sind oder um wieviel sie schwächer mit Bürsten besetzt sind. Die Anzahl der Halter pro Phase ist dann $= 2p \cdot c_h$.

Von den L_k Lamellen des Kommutators bedecken die Bürsten den Betrag $2q \cdot p \cdot c_h \cdot m \cdot c_m$, so daß sich verhält:

$$(26) \quad \frac{\text{Bürstengesamtfläche}}{\text{bestrichene Kommutatorfläche}} = \frac{F_b}{\pi \cdot d_k \cdot l_h} = \frac{2q \cdot p \cdot m \cdot c_h \cdot c_m}{L_k}.$$

Zwischen der Kommutatorlamellenzahl L_k und den wichtigen Größen v_k, τ_k und n besteht eine einfache Beziehung, die wir weiter unten verwenden werden. Es ist nämlich:

$$v_k = \frac{\pi \cdot d_k}{100} \cdot \frac{n}{60} \quad \text{in m/sec.}$$

und

$$\tau_k \cdot L_k = \pi \cdot d_k \quad \text{in cm.}$$

Hieraus folgt:

$$(27) \quad \frac{v_k}{\tau_k \cdot L_k} = \frac{n}{6000}.$$

Jedes cm² der Bürstenauflagefläche verursacht Verluste auf der Kommutatoroberfläche, die in Reibung und Stromwärme bestehen und die die Kommutatoroberfläche anwärmen.

Wir bezeichnen den Verlust, der auf 1 cm² Bürstenfläche entfällt, mit w_b und messen ihn in $\frac{\text{Watt}}{\text{cm}^2}$. Wir erhalten für ihn:

$$(28) \quad w_b = p_b \cdot \mu \cdot v_k \cdot 9{,}81 + \sigma_b \cdot e_b \quad \text{in } \frac{\text{Watt}}{\text{cm}^2},$$

wenn man die einzelnen Größen in den vorher genannten Maßen mißt. Das erste Glied bedeutet den Reibungsverlust und das zweite die Stromwärme für 1 cm² Fläche.

Da nun die Abgabe w_k für 1 cm² der bestrichenen Kommutatoroberfläche offenbar

$$(29) \quad w_k = w_b \cdot \frac{F_b}{\pi \cdot d_k \cdot l_h} \quad \text{in } \frac{\text{Watt}}{\text{cm}^2}$$

sein muß, so finden wir unter Benutzung der Formel (25):

$$w_k = \frac{2 \cdot q \cdot p \cdot m \cdot c_h \cdot c_m}{L_k} \cdot w_b \quad \text{in } \frac{\text{Watt}}{\text{cm}^2}$$

oder unter Einsetzung der Formeln (27) und (28):

$$w_k = \frac{1}{3000} \cdot q \cdot p \cdot m \cdot c_m \cdot c_h \cdot \frac{n \cdot \tau_k}{v_k} \cdot w_b \quad \text{in } \frac{\text{Watt}}{\text{cm}^2}.$$

Hieraus ergibt sich für den die zulässige Kommutatorbesetzung bestimmenden Faktor c_h:

$$(30) \quad c_h = \frac{w_k}{\frac{w_b}{v_k}} \cdot \frac{3000}{q \cdot p \cdot n \cdot \tau_k \cdot m \cdot c_m}.$$

Für die häufigen Zahlenwerte $w_k = 1{,}50$ Watt/cm²,

$$\frac{w_b}{v_k} = 1{,}113\,\frac{\text{Watt/cm}^2}{\text{m/sec.}}\ \text{(s. Tabelle S. 100)},$$

$$\tau_k = 0{,}5 \text{ cm},$$

$$m = 2,$$

$$c_m = 0{,}9$$

wird z. B.

$$c_h = \frac{1{,}50}{1{,}113} \cdot \frac{3000}{0{,}5 \cdot 2 \cdot 0{,}9} \cdot \frac{1}{q \cdot p \cdot n} = \frac{4500}{q \cdot p \cdot n}.$$

Für gleichartig gebaute Maschinen muß also $q \cdot p \cdot n$ konstant und für eine Maschinenreihe mit einer bestimmten Phasenzahl q muß auch $p \cdot n$ konstant sein.

Ist die Maschine, deren Kommutator wir zu entwerfen wünschen, für $q = 3$ Phasen, $n = 1000$ Umdrehungen pro Minute und $2p = 6$ Pole zu bauen, so folgt

$$c_h = \frac{4500}{9000} = 0{,}5.$$

Wir müssen also wegen der Wärmeverhältnisse die halbe mögliche Bürstenzahl verwenden, wie dies auch tatsächlich geschieht, indem man nämlich alle Stromeintrittsstellen auf einer Hälfte, alle Stromaustrittsstellen auf der anderen Hälfte des Kommutators ruhen läßt, wie wir im Teil VII sehen werden.

Für $q = 3$, jedoch $n = 750$ Umdrehungen pro Minute und $2p = 8$ Pole ergibt sich ebenfalls $c_h = 0{,}5$.

2. Die Größe des Kommutators nach Durchmesser d_k und Breite l_h hängt eng mit der Maschinen- bzw. Ankerleistung N_k in kVA zusammen. Da diese ihrerseits durch die EMK E_r und die Stromstärke J_a im Anker bestimmt wird, stellen wir Beziehungen zwischen diesen und unseren Größen her.

Es läßt sich eine wichtige Beziehung zwischen der EMK E_r zwischen zwei benachbarten Bürsten und der EMK e_k zwischen zwei Kommutatorlamellen ableiten. Die erste E_r entsteht (s. Teil V) durch die Relativdrehzahl n_r in der Minute zwischen Anker und Feld, die andere durch den Wechsel des Flusses in der von einer Bürste kurzgeschlossenen Spule. Für diese elektromotorischen Kräfte gelten die allgemein gültigen Formeln:

$$\text{(22)} \qquad E_r = \frac{p}{a} \cdot Z \cdot n_r \cdot \frac{\Phi_p}{10^6} \cdot \frac{1}{6000 \cdot \sqrt{2}} \cdot c_e \ \text{Volt},$$

$$\text{(23)} \qquad e_k = \frac{p}{a} \cdot \frac{Z}{2L_k} \cdot \frac{f_0}{100} \cdot \frac{\Phi_p}{10^6} \cdot \frac{2\pi}{\sqrt{2}} \ \text{Volt}.$$

Bedeutung und Maß der angegebenen Werte siehe oben und Teil V. Durch deren Division folgt unmittelbar:

(31) $$E_r = e_k \cdot L_k \cdot \frac{n_r}{f_0} \cdot \frac{1}{60 \cdot \pi} \cdot c_e.$$

Stehen die Bürsten, zwischen denen E_r herrscht, unter 180 el. Graden (sog. Durchmesserstellung), so ist $c_e = 1$, sonst, also bei weniger vollkommener Ausnutzung des Ankers, etwas kleiner als 1, bei Drehstrom häufig $= 0{,}866$, wenn die Bürsten unter 120° stehen.

Hieraus geht hervor, daß man die Spannung E_r zwischen zwei Bürsten der Kommutatormaschine um so größer erhalten wird, je größer die Zahl L_k der Kommutatorlamellen, je geringer die Frequenz f_0 ist und je größer die transformatorische EMK e_k gewählt werden kann. Da man nun in allen diesen Größen, wie wir sahen, beschränkt ist, so erklärt sich damit, weshalb alle Wechselstrom-Kommutatormaschinen mit geringer Kommutatorspannung, also großen Ankerstromstärken, und meistens mit fein unterteilten Kommutatoren ausgeführt werden.

Z. B. ergibt:

$$e_k = 3 \text{ Volt},$$
$$L_k = 1000 \text{ Lamellen},$$
$$n_r = 350 \text{ U. p. M.},$$
$$f_0 = 16^2/_3 \text{ pro Sek.},$$
$$c_e = 1,$$
$$\text{nur } E_r = \frac{3 \cdot 1000 \cdot 350 \cdot 1}{16{,}666 \cdot 60 \cdot \pi}$$
$$= 330 \text{ Volt}.$$

Neben dieser Beziehung, durch die die Ankerspannung mit Größen verknüpft wird, die für den Bau der Maschine wichtig sind, stellen wir eine ähnliche für den Ankerstrom J_a auf.

Da $2p \cdot c_h$ die Anzahl der Bürstenhalter pro Phase ist (siehe vorn Formel (25)), so ist $p \cdot c_h$ die Anzahl der Stromeintrittsstellen pro Phase. Daher gilt für den Strom einer Phase die Beziehung:

$$J_a = l_h \cdot b \cdot \sigma_b \cdot p \cdot c_h$$

oder

(32) $$J_a = l_h \cdot m \cdot \tau_k \cdot c_m \cdot \sigma_b \cdot p \cdot c_h \text{ in Amp.}$$

Es ist nun die Gesamtleistung des Ankers ausgedrückt in kVA am Kommutator:

(33) $$N_k = E_r \cdot J_a \cdot q \cdot 10^{-3} \; kVA.$$

Setzt man hierin die Werte für E und J_a ein und beachtet die Beziehung

$$\tau_k \cdot L_k = \pi \cdot d_k,$$

so erhält man für die Oberfläche des Kommutators, soweit sie von den Bürsten bestrichen wird, die einfache Beziehung:

$$(34)\quad \pi \cdot d_k \cdot l_h = \frac{N_k \cdot 10^3}{e_k \cdot \sigma_b \cdot c_e} \cdot \frac{60 \cdot f_0}{n_r \cdot p} \cdot \frac{\pi}{q \cdot m \cdot c_m \cdot c_h} \text{ in cm}^2.$$

Hieraus erkennt man die außerordentliche Wichtigkeit der Größen e_k und σ_b. Je größer man sie wählen kann, um so kleiner wird der Kommutator. Diese Größen hängen aber nur vom Bürstenmaterial und dessen Beanspruchbarkeit ab. Wir haben damit den Nachweis für die auf S. 2 und 3 aufgestellte Behauptung erbracht, daß letzten Endes der Bau von Wechselstrom-Kommutatormotoren eine Bürstenmaterialfrage ist.

Unter sonst gleichen Umständen wächst die Kommutatoroberfläche mit der Leistung N_k des Ankers, also mit der Leistung der ganzen Maschine.

Der zweite Faktor unserer Gleichung verdient abermals eine besondere Beachtung. Nehmen wir nämlich an, daß unsere Maschine die synchrone Geschwindigkeit n_0 besitzt, so ist diese zugleich die relative Geschwindigkeit n_r des Ankers gegen das Feld beim Anlauf der Maschine. Da nun die synchrone Drehzahl mit der Frequenz f_0 und der Polpaarzahl p durch die bekannte Beziehung

$$f_0 = \frac{n_0}{60} \cdot p$$

verbunden ist, so folgt, daß für synchron laufende Maschinen, und dies ist die Mehrzahl aller Kommutatormaschinen, der Ausdruck $\frac{60 \cdot f_0}{n_r \cdot p} = 1$ wird. Bei synchronen Maschinen erhalten wir also eine ganz besonders einfache Beziehung für die erforderliche Kommutatoroberfläche.

Umgekehrt zeigt uns der Faktor, daß der Kommutator um so kleiner wird, je kleiner die Frequenz gegenüber der relativen Geschwindigkeit n_r ist, je mehr Übersynchronismus also vorhanden ist. Der einzige Kommutatormotor, der stark übersynchron laufen muß, ist der einphasige Reihenschlußmotor. Mithin besitzt dieser Motor gegenüber allen anderen Kommutatormotoren den nicht zu unterschätzenden Vorteil, daß sein Kommutator bezogen auf gleiche Leistung unter sonst gleichen Verhältnissen und niedriger Frequenz am kleinsten wird.

Nachdem wir diese wichtigen Zusammenhänge erkannt haben, gehen wir durch Einführung des vorn (Formel 30) für c_h ermittelten Ausdruckes noch einen Schritt weiter.

Wir sahen, daß man bei Erhöhung der Phasenzahl q, um nicht zu große Kommutatorerwärmung zu bekommen, den Wert c_h, d. h. die Zahl der Halter entsprechend verkleinern muß. Mithin trägt die Vermehrung der Phasenzahl nur insofern zur Verkleinerung der Kommutatoroberfläche bei, als sie gestatten würde, die Geschwindigkeit v_k zu steigern (siehe Abschnitt VII).

Führen wir die gewonnene Beziehung (30) für c_h in den Ausdruck für die Kommutatoroberfläche ein, so erhalten wir endlich

$$\pi \cdot d_k \cdot l_h = N_k \cdot \frac{\pi \cdot n \cdot \tau_k \cdot w_b}{e_k \cdot \sigma_b \cdot c_e \cdot 3 \cdot w_k \cdot v_k} \cdot \frac{60 f_0}{n_r}$$

$$(35) \quad = N_k \cdot \frac{\tau_k \cdot f_0}{e_k \cdot \sigma_b \cdot w_k} \cdot \frac{1}{c_e} \cdot \left[p_b \cdot \mu \cdot 9{,}81 + \frac{\sigma_b \cdot e_b}{v_k} \right] \cdot \frac{n}{n_r} \cdot 20\pi \text{ cm}^2,$$

einen Ausdruck, der n u r noch von den vorn genannten ziemlich fest gegebenen Größen abhängig ist.

Tabelle

Annahmen:	v_k m/sec	$\frac{\sigma_b \cdot e_b}{v_k}$	$p_b \cdot \mu \cdot 9{,}81 \cdot v_k$	$p_b \cdot \mu \cdot 9{,}81 + \frac{\sigma_b \cdot e_b}{v_k}$	w_b
$p_b = 0{,}25$ kg/cm²	5	2,00	3,06	2,613	13,06
$\mu = 0{,}25$	10	1,00	6,13	1,613	16,13
$\sigma_b = 8{,}0$ Amp/cm²	15	0,666	9,20	1,279	19,20
$e_b = 1{,}25$ Volt	20	0,500	12,26	1,113	22,26
$p_b \cdot \mu \cdot 9{,}81 = 0{,}613$	25	0,400	15,31	1,013	25,31
$\sigma_b \cdot e_b = 10{,}00$	30	0,333	18,40	0,946	28,40
	35	0,286	21,45	0,899	31,45

Er bestätigt, was wir bereits vorn festgestellt hatten. Zu den wichtigen Werten e_k und σ_b treten nun noch τ_k und w_k maßgebend hinzu. Wir erkennen ferner allgemein, daß die Kommutatorfläche der Frequenz f_0 proportional wächst. Der Faktor in der Klammer hängt am meisten von v_k ab, jedoch bewegt auch er sich in engen Grenzen, wie obige Tabelle erkennen läßt. $\frac{n}{n_r}$ ist für synchron laufende Maschinen und für den einphasigen Reihenschlußmotor $= 1$.

Nehmen wir an:

$\tau_k = 0{,}5$ cm, $f_0 = 50$ sec.$^{-1}$, $e_k = 3$ Volt, $\sigma_b = 8 \frac{\text{Amp}}{\text{cm}^2}$, $w_k = 1{,}5 \frac{\text{Watt}}{\text{cm}^2}$,
$c_e = 0{,}866$, $p_b = 0{,}25$ kg/cm², $\mu = 0{,}25$, $e_b = 1{,}25$ Volt,
$v_k = 20$ m/sec., $\frac{n}{n_r} = 1$,

so folgt:

$$\frac{\pi \cdot d_k \cdot l_h}{N_k} = \frac{0{,}5 \cdot 50 \cdot 1{,}113 \cdot 20 \cdot \pi}{3 \cdot 8 \cdot 1{,}50, \cdot 0{,}866} = 56 \text{ cm}^2/kVA.$$

Es bietet noch ein gewisses Interesse, die Gesamtverluste W_k und die Gesamtschleiffläche F_b der Bürsten in Abhängigkeit von der Leistung auszudrücken. Man erhält

$$(36)\quad W_k = \pi \cdot d_k \cdot l_h \cdot w_k = N_k \cdot \frac{\tau_k \cdot f_0}{e_k \cdot \sigma_b} \cdot \frac{1}{c_e} \cdot \left[p_b \cdot \mu \cdot 9{,}81 + \frac{\sigma_b \cdot e_b}{v_k}\right] \cdot \frac{n}{n_r} \cdot 20\pi \text{ in Watt.}$$

Für das oben angegebene Zahlenbeispiel erhält man für jedes kVA: $56{,}0 \cdot 1{,}50 = 84$ Watt Verluste. Wir können nun mit W_k einen „Kommutator-Wirkungsgrad" $\eta_k = \frac{N_k}{W_k + N_k}$ bilden, der in unserem Zahlenbeispiel $\frac{1}{0{,}084 + 1} = 92{,}2\ \%$ beträgt.

Man erkennt daraus, daß der Kommutator einer Kommutatormaschine auf deren Wirkungsgrad einen recht erheblichen vermindernden Einfluß ausübt. Soll der Gesamtwirkungsgrad hoch sein, so wird daher die Kommutatormaschine schon deshalb teurer als die kommutatorlose Maschine, denn der Wirkungsgrad ihrer übrigen Teile muß recht gut sein.

Weiter erhält man:

$$(37)\qquad F_b = N_k \cdot \frac{\tau_k \cdot f_0}{e_k \cdot \sigma_b \cdot v_k} \cdot \frac{1}{c_e} \cdot \frac{n}{n_r} \cdot 20 \cdot \pi \text{ cm}^2.$$

Für unser Zahlenbeispiel ergeben sich für jedes kVA:

$$\frac{F_b}{N_k} = \frac{0{,}5 \cdot 50}{3 \cdot 8 \cdot 20} \cdot \frac{1}{0{,}866} \cdot 1 \cdot 20\pi = 3{,}78 \text{ cm}^2/kVA.$$

Alle hier gegebenen Ableitungen tun dar, daß alle für den Kommutator wichtigen Größen, seine Oberfläche, seine Besetzung mit Bürsten, die Fläche dieser Bürsten und die Gesamtverluste, durch wenige aber um so wichtigere Werte fast eindeutig festgelegt sind, wenn einmal die Leistung, die der Kommutator führen muß, und die Drehzahl gegeben sind.

Teil VII.

Die Kommutierung.

1. Die Stromwendespannung.

Im Teil IV hatten wir gesehen, daß der Anker durch die Lage der Bürsten in mehrere Abschnitte geteilt wird. In diesen herrschen gewisse, von Abschnitt zu Abschnitt verschiedene Stromstärken (siehe Fig. 30). In der Fig. 44 hatten z. B. alle Stäbe der einen (linken) Ankerhälfte nach vorn gerichtete Ströme, alle Stäbe der anderen (rechten) nach hinten gerichtete. Wir hatten gesehen, daß es eine Eigentümlichkeit des Ankers mit einem Kommutator ist, daß die einmal durch die Bürstenlage festgelegten Stromverteilungen, soweit man von ihrer zeitlichen Veränderlichkeit absieht, auch bei der Drehung des Ankers räumlich aufrechterhalten bleiben.

Daraus folgt, daß ein Leiter, der auf seinem Wege zur Bürste B_1 den Strom J_1' führte, nach dem Durchgange durch die Bürste einen ganz anderen Strom, J_2', führt (Fig. 30). Der am häufigsten und bei allen Gleichstrommaschinen vorkommende Fall ist der, daß $J_2' = -J_1'$ ist. In diesem Falle wird also der Strom in den entgegengesetzten Wert „umgewendet" (kommutiert) und von ihm hat der ganze Vorgang den Namen „Stromwendung" erhalten. Heute pflegt man jedoch bei diesem Namen nicht bloß an diesen besonderen Fall zu denken, sondern sammelt unter ihm alle Vorgänge im Leiter von dem Momente an, wo er in Berührung mit einer Bürste tritt, bis zu dem, wo diese wieder aufhört. Die Verwandlung des Stromes vom Wert J_1' in den Wert J_2' geschieht in der Zeit T, die man als die „Kommutierungszeit" bezeichnet. T bestimmt sich aus der Bürstenbreite b und der Umfangsgeschwindigkeit v_k des Kommutators zu

$$T = \frac{b}{v_k} \tag{38}$$

und wird in Sekunden erhalten, wenn man b in cm und v_k in cm/sec. einsetzt. Beträgt v_k z. B. 2000 cm/sec. und die Bürstenbreite 1 cm, so ist $T = \frac{1}{2000}$ sec. Die Kommutationszeit ist also außerordentlich kurz.

In der Fig. 52 ist der Stromwendungsvorgang zeichnerisch dargestellt und zwar dreimal: die linke Figur (a) stellt eine langsam, die

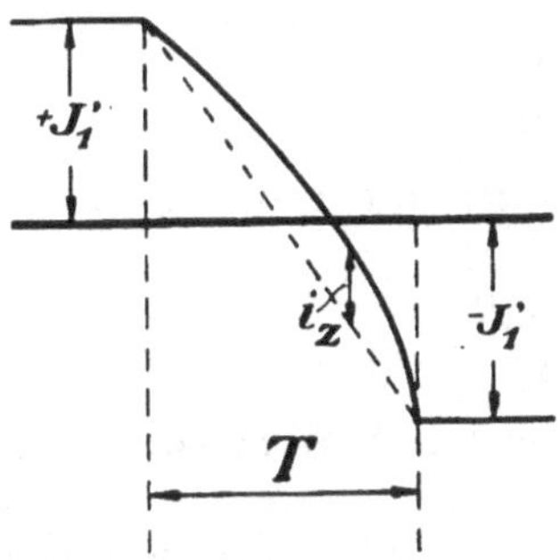

Fig. 52 a.

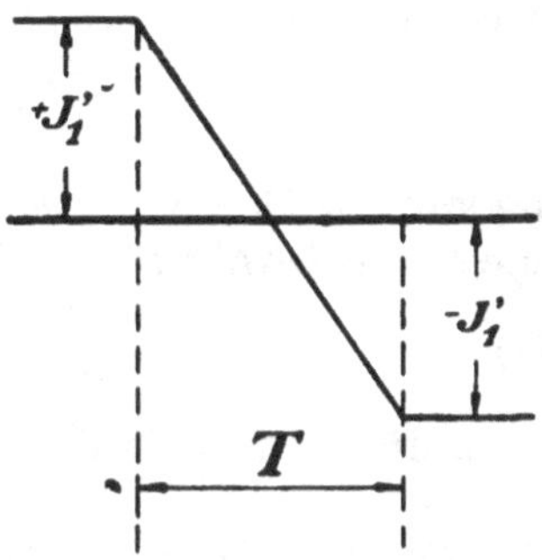

Fig. 52 b.

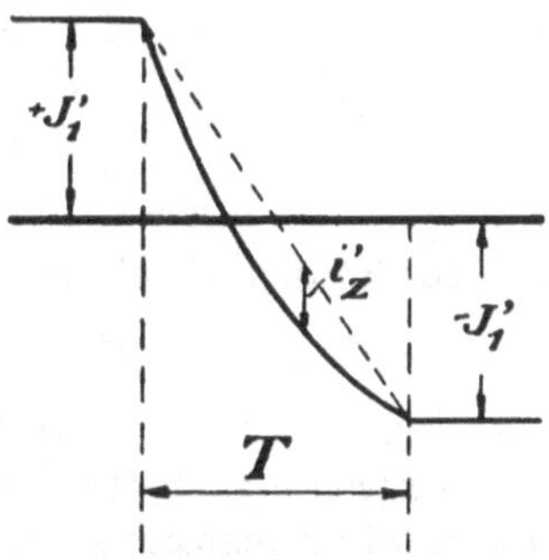

Fig. 52 c.

rechte (c) eine schnell verlaufende Stromwendung vor, während die mittlere Figur (b) eine ebenmäßig vor sich gehende Stromwendung zeigt. Man strebt stets danach, einen der mittleren Figur entsprechenden Zustand zu erreichen, den man als „geradlinige Stromwendung" zu bezeichnen pflegt.

Um uns über die mögliche Größe der dabei auftretenden elektromotorischen Kräfte Rechenschaft zu geben, legen wir die geradlinige Stromwendung zugrunde.

Wir betrachten zwei gleichzeitig kommutierende Leiter, die zusammen eine Windung bilden, z. B. die Leiter O und U der Fig. 4. Im Augenblick der Betrachtung sei der Strom in jedem $= i'$. Da sie in Eisen eingebettet sind, bilden sie um sich herum einen Fluß Φ_k aus, der die Windung durchsetzt und, wenn er sich ändert, in der Windung, also zwischen zwei benachbarten Lamellen des Kommutators, eine elektromotorische Kraft, die sogenannte „Stromwendespannung"[1]) induziert. Man gewinnt einen angenähert richtigen Ansatz, wenn man annimmt, der Fluß sei dem Strome i' proportional. Es ist also

$$\Phi_k = C \cdot i'.$$

Die erzeugte EMK ist nach bekannter Regel

$$e_r = -\frac{d\Phi_k}{dt} \cdot 1 \cdot 10^{-8} \text{ Volt}$$

für die eine betrachtete Windung.

[1]) Erfreulicherweise verdrängt dieser Name allmählich die Bezeichnung „Reaktanzspannung".

Es ist weiter:

$$\frac{d\Phi_k}{dt} = C \cdot \frac{di'}{dt}.$$

Die Änderung di'/dt des Stromes i' ist der mittleren Fig. 52 leicht zu entnehmen und beträgt:

$$(39) \qquad \frac{di'}{dt} = + \frac{J_2' - J_1'}{T}.$$

Setzen wir für T noch den vorhin gefundenen Wert ein, so erhalten wir:

$$(40) \quad e_r = C \cdot \frac{-(J_2' - J_1') \cdot v_k}{b} \cdot 10^{-8} = C \cdot \frac{(J_1' - J_2') \cdot v_k}{b} \cdot 10^{-8} \text{ Volt.}$$

Setzen wir:

$$J_2' = -J_1',$$
$$J_1' = 200 \text{ Amp. effektiv},$$
$$v_k = 2000 \text{ cm/sec.},$$
$$b = 1 \text{ cm}$$

und für C den Erfahrungswert $C = 50$, so erhalten wir:

$$e_r = 4{,}0 \text{ Volt effektiv zwischen zwei Lamellen.}$$

Der Wert C ist im wesentlichen derjenigen Leiterlänge proportional die im Eisen eingebettet ist, und hängt außerdem noch von den Nuten- und Kupferdimensionen sowie der Anordnung der Leiter ab, er kann auch berechnet werden. Die Methoden zur Berechnung können aber im Rahmen dieses Buches nicht erörtert werden [1]).

Wir setzen in diesem Beispiele voraus, daß der Strom von $+J_1'$ auf $-J_1'$ gewendet werde. Dieser Fall ist derjenige, der stets bei Gleichstrommaschinen vorkommt. Bei den Kommutatormaschinen für Wechselstrom kommt er dort vor, wo die Speisung des Ankers dieselbe ist wie bei Gleichstrommaschinen, also wie in Fig. 44, das sind die meisten einphasigen Kommutatormotoren. Darum wird bei diesen die Stromwendung genau so berechnet wie bei den Gleichstrommaschinen.

Im Teil IV sahen wir aber, daß daneben noch andere Arten der Ankerspeisung vorkommen.

Wir erinnern uns, daß die Stellen, wo Bürsten aufliegen, stets Stromverzweigungsstellen sind (vgl. Fig. 30). Innerhalb der Ankerwicklung fließe der vor der Stromwendung im Leiter vorhandene Strom J_1' der Verzweigungsstelle zu; es ist dann innerhalb der Ankerwicklung diese Stromrichtung die positive. Nach der Kommutierung

---

[1]) Man findet sie beispielsweise in den Lehrbüchern von Arnold, Die Gleichstrommaschine, und Pichelmeyer, Der Dynamobau.

sei der Strom im Leiter J_2', dieser ist positiv, wenn er in derselben Richtung fließt, die für J_1' als positiv festgesetzt war. Der Überschuß von J_1' über J_2' ist der Bürstenstrom J_b, so daß die Beziehung gilt:

$$J_1' - J_2' = J_b. \tag{41}$$

Die Stromwendespannung e_r ist nun immer so gerichtet, daß sie den vor der Kommutierung im Leiter vorhandenen Strom aufrechterhalten, den neu entstehenden aber verhindern will. Folglich ist die Stromwendespannung wie

$$(+J_1' - J_2')$$

gerichtet, ist also in Phase mit dem Bürstenstrom J_b und ihm der Größe nach proportional.

Würde der Anker andersherum gedreht werden, also in der Reihenfolge J_2', J_1', so würde die Stromwendespannung ihr Vorzeichen ändern, aber der Größe nach wieder dem Bürstenstrome entsprechen.

Wir haben damit eine allgemeine Regel zur Ermittlung der Stromwendespannung erhalten und brauchen in der Formel (40) auf S. 104 statt des Wertes $(J_1' - J_2')$ nur den Wert J_b einzusetzen, wenn wir die Stromwendespannung berechnen wollen. Es wird also

$$e_r = C \cdot \frac{J_b \cdot v_k}{b} \cdot 10^{-8} \text{ Volt.} \tag{42}$$

Diese Regel gilt auch dann noch, wenn die Ströme J_1' und J_2' gegeneinander irgendwie phasenverschoben sind; dann hat man unter den Plus- oder Minuszeichen z. B. in Formel (41) eine geometrische Addition oder Subtraktion zu verstehen. Jedenfalls ist immer die gewonnene Regel sehr einfach, da man es gar nicht erst nötig hat, die Stromstärken im Leiter selbst vor und nach der Kommutation zu ermitteln — die man übrigens auch nicht unmittelbar messen kann —, sondern einfach den stets außen meßbaren Bürstenstrom.

In unserer Abteilung betrachteten wir die Wendung der Stromstärken an einer Verzweigungsstelle. Wie ein Blick auf die kommutierende Windung *O-U* der Fig. 4 zeigt, gehören zu einer solchen ein Oberstab *O* und ein um eine Polteilung weiter entfernt liegender Unterstab *U*. Neben diesen Stäben liegen aber in denselben Nuten noch andere Stäbe. Es ist nun für die Stromwendung wesentlich, ob diese anderen Stäbe Ströme führen, die für die (sehr kurze) Dauer der Stromwendung praktisch unverändert bleiben, oder ob sie selber ihrerseits ihren Strom wenden.

In dem nach Fig. 34 dreiphasig gespeisten Anker mit Durchmesserwicklung möge eine Windung betrachtet werden, die unter der Bürste

B_1 kommutiert. Die mit dieser Windung in den gleichen Nuten gelegenen anderen Stäbe befinden sich nicht in Stromwendung, weil sich der Bürste B_1 gegenüber keine andere Bürste befindet. Daher ist die Stromwendespannung unter der Bürste B_1 ausschließlich von ihrem Strome J_{b1} abhängig.

Anders liegt der Fall bei der Ankerspeisung nach Fig. 44. Die unter der oberen Bürste B kommutierende Windung liegt in ihren Nuten mit einer Windung zusammen, die unter der gegenüberliegenden unteren Bürste B wendet. Die Flüsse, die jede einzelne dieser Windungen um sich herum bildet, umschließen die andere Windung mit. Infolgedessen ist die unter einer Bürste auftretende EMK der Stromwendung nicht mehr vom Strome derselben Bürste allein abhängig, sondern auch noch von dem Strome der anderen Bürste. Man hat, um in einem solchen Falle die richtige Stromwendespannung zu ermitteln, in die Formel (42) statt des einen Stromes J_b die geometrische Differenz der beiden Bürstenströme $J_{b1} - J_{b2}$ einzusetzen. Sind, wie es häufig und bei Einphasenmaschinen nach Fig. 44 fast stets vorkommt, die beiden Bürstenströme einander gleich, aber um 180 Grad in der Phase verschoben, so geht die geometrische Differenz einfach in den doppelten Wert des Stromes der einzelnen Bürste über: die Stromwendespannung wird also doppelt so groß, als es dem Strome einer einzelnen Bürste entsprechen würde. Dieser Fall kommt übrigens auch bei allen Gleichstrommaschinen vor.

Man hat also in jedem Falle zu untersuchen, ob auf die betrachtete Stromwendestelle noch andere Wendestellen einen Einfluß ausüben können und hat die Berechnung der Stromwendespannung danach einzurichten. Die Verhältnisse liegen also bei den Wechselstromkommutatormaschinen noch viel mannigfaltiger als bei den Gleichstrommaschinen.

Wenn die Wicklung des Ankers keine Durchmesserwicklung ist, sondern mit einem kürzeren Schritt ausgeführt ist, hat man es durch die Wahl des Wicklungsschrittes in der Hand, entweder die gegenseitige Beeinflussung der stromwendenden Windungen zu vermeiden oder auch bestimmte Windungen sich absichtlich beeinflussen zu lassen. Diese Verhältnisse seien hier nur angedeutet, ihre Erörterung im einzelnen würde zu weit führen.

Für die mehrphasigen Anker ergibt unsere Betrachtung ein sehr wertvolles Ergebnis:

Mit je mehr Phasen man einen Anker speist, um so kleiner wird der einzelne Bürstenstrom (vgl. Fig. 35 und 36). Mithin bildet die Erhöhung der Phasenzahl in einem Anker ein Mittel, die Stromwendespannung e_r herabzudrücken, die Stromwendung also zu verbessern. Diesen Vorgang kann man sich auch dadurch anschaulich machen, daß mit der Vergrößerung der Phasenzahl der Betrag, um welchen an jeder Bürste der Leiterstrom verändert wird, herabgeht: die Stromwendung erfolgt nicht mehr zusammengedrängt an wenigen Stellen des Ankers, sondern wird über ihn verteilt. Man hat sich dieses Mittels beim Bau großer Drehstrom-Kollektormotoren mit Erfolg bedient.

Obwohl dies schon aus Formel (42) hervorgeht, wollen wir es wegen der Wichtigkeit der Stromwendung noch anschaulich machen, wieso e_r in Phase mit dem Strome J_b ist. Der einer Bürste zugeführte Strom J_b teilt sich im allgemeinen nach Fig. 30 in die beiden Teile J_1' und J_2' auf. Der eine Teil geht von der Bürste aus in den einen, der andere in den anderen Teil der Ankerwicklung hinein. Wir hatten oben gesehen, daß e_r entsteht, wenn der Augenblickswert von J_1' sich in den Augenblickswert von J_2' umwendet. Der Unterschied dieser beiden Augenblickswerte ist am größten in dem Momente, wenn J_b seinen Höchstwert erreicht hat und in diesem Momente ist also auch e_r im Höchstwerte. Das gilt um so genauer, je größer die Periode des Stromes J_b gegenüber der Kommutierungszeit T ist und das ist bei allen Maschinen mit ganz wenigen Ausnahmen der Fall, denn die Kommutierungszeit ist etwa 40 mal kürzer als eine Periode. Erreicht nun e_r mit J_b zugleich seinen Höchstwert, so geht es auch zugleich mit J_b durch Null; ein derartiges Verhalten kennzeichnet aber phasengleiche Größen.

Wenn die Stromwendespannung nicht beseitigt wird, so verändert sie, wie bereits oben ausgeführt worden ist, den Verlauf der Kommutierung nach Art der linken oder der rechten Zeichnung der Fig. 52. Vergleicht man den Stromverlauf dieser Figuren mit dem der mittleren Figur, so erkennt man, daß der regelmäßige Verlauf dieser durch dem erstrebten Strome überlagerte Ströme, die in den Figuren mit i_z bezeichnet sind, geändert wird. Die überlagerten Ströme sind es, die durch die Einwirkung der Stromwendespannung auf den Kreis der kommutierenden Leiter hervorgebracht werden. Sie geben Anlaß zu örtlichen Erhitzungen der Bürsten und damit zu dem sogenannten Bürstenfeuer. Es ist gelungen nachzuweisen, daß die Kommutierung oft derartig verschoben wird, daß sie noch durchaus nicht zu Ende ist, wenn der kommutierende Leiter beginnt außer Berührung mit der Bürste zu kommen. Dann setzt ein kleiner Lichtbogen die Verbindung des Leiters mit der Bürste fort: die Kommutierung ist sehr schlecht.

2. Die Kurzschlußspannung.

Die Beseitigung der Stromwendespannung bietet bereits bei dem Bau von Gleichstrommaschinen, bei denen sie nach genau denselben Gesetzen auftritt, manche Schwierigkeiten. Bei den Kommutatormaschinen wachsen diese dadurch noch mehr an, daß die Stromwendespannung nicht die einzige ist, die in den kommutierenden Leitern auftreten kann. Denn diese Maschinen haben ja nicht wie die Gleichstrommaschinen ruhende Felder, sondern wechselnde. Da die aus den kommutierenden Leitern gebildeten Spulen nach Fig. 43 erhebliche Teile des Maschinenumfangs umspannen, so ist es gar nicht zu vermeiden, daß sie zu gleicher Zeit auch erhebliche magnetische Flüsse umfassen und elektromotorische Kräfte in ihnen induziert werden, die ihrer Größe nach mitunter an die Größe der Stromwendespannung heranreichen.

Man bezeichnet diese elektromotorischen Kräfte als „elektromotorische Kräfte der Transformation", weil sie in den kurzgeschlossenen Spulen in ähnlicher Weise entstehen wie die elektromotorische Kraft in der Sekundärwicklung eines Transformators. Auch der Name „elektromotorische Kräfte der Ruhe" wird öfters gebraucht, weil diese elektromotorischen Kräfte im Gegensatz zu der Stromwendespannung bei manchen Maschinen auch dann entstehen, wenn die Maschine sich gar nicht dreht.[1])

Die Berechnung dieser Spannungen ist einfach, wir haben sie schon im Teil V, Abschnitt 2 am Schlusse in Formel (23) kennengelernt. Liegen zwischen zwei Kollektorlamellen $\frac{Z}{2L_k}$ Windungen, die vom Flusse Φ_p durchdrungen werden und ist die Frequenz des Flusses f_r in der Sekunde, so folgt:

$$(23) \qquad e_k = 4{,}44 \cdot \frac{p}{a} \cdot \frac{Z}{2L_k} \cdot f_r \cdot \Phi_p \cdot 10^{-8} \text{ Volt effektiv.}$$

Ist z. B.

$\frac{p}{a} = 1$,

$f_r = 50$ Perioden in der Sekunde,

$\frac{Z}{2L_k} = 1$ Windung zwischen zwei Lamellen,

$\Phi_p = 1{,}5 \cdot 10^6$ cgs-Einheiten,

so ergibt sich eine EMK der Transformation von

$$e_k = 3{,}33 \text{ Volt effektiv zwischen zwei Lamellen.}$$

Der in die Berechnung einzusetzende Wert für Φ_p ist meistens gleich dem Flusse Φ_p einer ganzen Polteilung, manchmal auch etwas kleiner. Um wieviel er kleiner ist, hängt ähnlich wie es im Teil V,

[1]) Diese Bezeichnung ist seit Einführung der Drehstromkommutatormaschinen nicht mehr immer treffend. Beim läufergespeisten Drehstrom-Nebenschlußmotor entsteht die „elektromotorische Kraft der Transformation" bei jeder Drehzahl dieser Maschine.

S. 83 erläutert wurde, von seiner Verteilung und von der Bürstenstellung ab. Die Spannung e_k eilt dem erzeugenden Flusse um 90 el. Grade nach.

3. Die Funkenspannung.

Die oben berechnete Stromwendespannung e_r und die soeben berechnete EMK der Transformation e_k setzen sich zu einer Summenspannung e_f zusammen, diese Summation ist aber wie stets bei Wechselstromgrößen nicht algebraisch, sondern geometrisch vorzunehmen, d. h. es ist allgemein

$$e_f \mathrel{\widehat{=}} e_r \mathbin{\widehat{+}} e_k, \tag{43}$$

ein Summationsverfahren, das in Fig. 53 bildlich dargestellt ist.

Um die Summation ausführen zu können, muß man die Phasen beider Spannungen kennen. Dazu wieder ist es erforderlich, die Phasenlage des Flusses Φ_p und die des Stromes J_b zu ermitteln, der der betrachteten Bürste zugeführt wird. Wenn sich auch hierfür allgemeingültige Regeln natürlich nicht angeben lassen, so zeigt doch die folgende Überlegung, daß sich die beiden Teilspannungen in gut ausgenutzten Maschinen nahezu rechtwinklich zusammensetzen, so daß man in dem Werte

$$e_f = \sqrt{e_r^2 + e_k^2} \tag{44}$$

einen recht zutreffenden Wert der Summenspannung erhält.

Wir hatten im Teil V gesehen, daß bei vollkommener Ausnutzung einer Maschine das Feld Φ_p und die Ankerachse räumlich senkrecht zueinander stehen müssen. Dann bekommt man nämlich das größte Drehmoment aus der Maschine heraus. Andererseits hatten wir dort im Abschnitt 1 gesehen, daß bei Maschinen beliebiger Ankerspeisung die Ankerachse immer durch diejenige Bürste hindurchgeht, die gerade den größten Strom führt. Soeben aber haben wir gefunden, daß die Stromwendespannung in Phase mit dem Bürstenstrome ist, e_r hat also gerade dann den Höchstwert, wenn der Polfluß Φ_p die wendende Windung in voller Stärke durchdringt. In diesem Augenblicke ist aber die elektromotorische Kraft der Transformation e_k gleich Null. e_k ist also um 90 Grad in der Phase gegen e_r versetzt. Daher muß man, um e_f zu finden, seine beiden Teilspannungen e_r und e_k rechtwinklig zusammensetzen.

Wie man sich leicht überzeugen kann, gilt diese einfache Regel für alle Kommutatormaschinen. Nur muß man nicht vergessen, daß die Voraussetzung ihrer Anwendbarkeit die ist, daß man die Bedingung des größten Drehmoments erfüllt. Wir hatten schon früher gesagt, daß das eine Bedingung ist, der man sich selbstverständlich möglichst nähern wird. Daher gilt die gefundene Regel meistens und ist angenähert richtig.

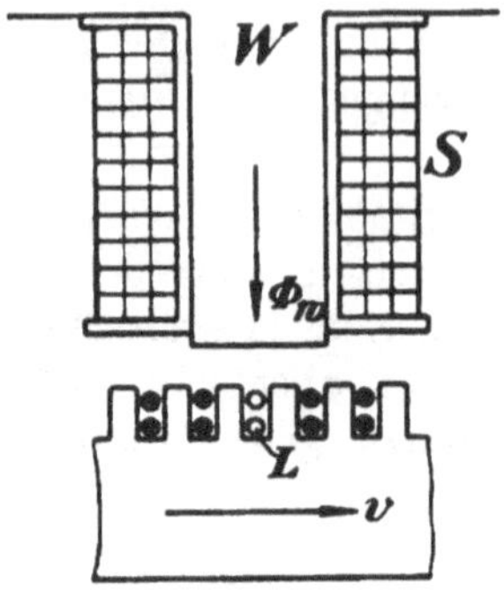

Fig. 54.

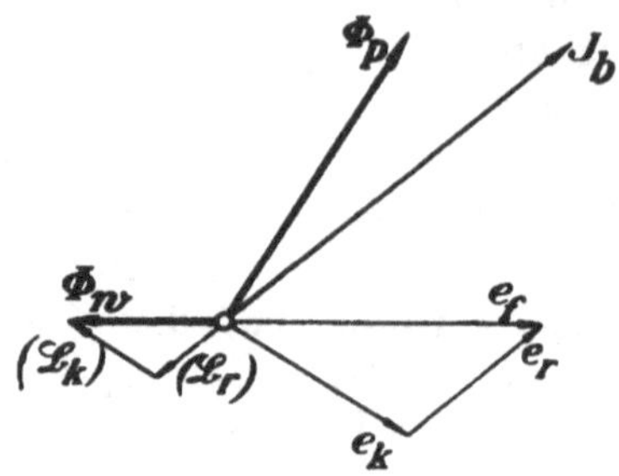

Fig. 53.

4. Die Wendepole.

Nachdem wir gesehen haben, daß erhebliche elektromotorische Kräfte erzeugt werden können, so tritt die Frage auf, wie man sie verhindern kann und bis zu welchem Grade man sie bestehen lassen darf. Es bietet sich da zuerst in der Herabsetzung der Frequenz f_r ein Mittel, die in der Formel (23) für e_k steht. Dieses Mittels bedient man sich bei den Einphasenbahnmotoren, indem man allgemein die Frequenz $16^2/_3$ anstatt 50 wählt. Man zieht auch Nutzen aus ihm bei den Maschinen mit Drehfeld. Je mehr der Anker synchron mit dem Drehfelde umläuft, um so kleiner ist f_r. Natürlich wird damit nur die Komponente e_k der Funkenspannung e_f kleiner.

Zur vollkommenen Verhinderung aller elektromotorischen Kräfte bedient man sich der sogenannten Wendepole. Man versteht darunter Pole, die sich im Ständer der Maschine befinden und sich bloß so weit über ihren Umfang erstrecken, als nötig ist, daß ihre Einwirkung die kommutierenden Leiter einer Bürste trifft. In der Fig. 54 bedeutet W einen Wendepol mit einer Wicklung S, die ihn umgibt, Φ_w den von ihm ausgehenden Fluß und L die kommutierenden Leiter, die in dem Sinne des Pfeiles v sich bewegen. Die Wirkung des Wendepoles beruht nun darauf, daß in den Leitern infolge der Bewegung im Flusse Φ_w elektromotorische Kräfte hervorgebracht werden und daß diese bei richtig gewählten Verhältnissen den eingangs behandelten elektromotorischen Kräften entgegengesetzt gerichtet sein, diese also aufheben können.

Die vom Wendepol in einer Windung also zwischen 2 Lamellen erzeugte elektromotorische Kraft läßt sich nach der Formel

$$(45) \qquad e = - \mathfrak{B}_w \cdot 2l' \cdot v \cdot 10^{-8} \cdot \frac{1}{\sqrt{2}} \text{ Volt effektiv}$$

bestimmen, wenn $\mathfrak{B}_w$ die Induktion unterhalb des Wendepols im Luftspalt und zwar das zeitliche Maximum, $2l'$ die Länge zweier kommutierender Leiter, also einer Windung, soweit sie innerhalb des Ankereisens liegen, in cm und v die Ankerumfangsgeschwindigkeit in cm/sec. ist. Da die einzige Größe in der Formel, die im Takte der Frequenz wechselt, die Induktion $\mathfrak{B}_w$ ist und $\mathfrak{B}_w$ wiederum durch den Wendepolfluß Φ_w bestimmt ist, so ist die erzeugte EMK e in Phase mit dem Flusse Φ_w.

Es hatte nun gemäß Fig. 53 die Summe e_f der Transformations- und der Stromwendespannung eine bestimmte Phase. Um e_f zu unterdrücken, muß man $e = -e_f$ machen und demnach Phase und Größe des Wendepolflusses so bestimmen, wie es Fig. 53 angibt.

Wir wollen die Annahme machen:

$$e_f = \sqrt{4^2 + 3{,}33^2} = 5{,}21 \text{ Volt}$$

(diese Zahlen entsprechen den vorn beispielsweise berechneten Werten), $l' = 30$ cm und $v = 2000$ cm/sec., so ergibt sich $\mathfrak{B}_w = 6150$ cgs/cm². Der Wendepol hat ebenfalls die Länge 30 cm und sei unten am Luftspalte 3 cm breit (einschließlich eines Zuschlags, den man zu seiner geometrischen Breite wegen der Ausbreitung des Flusses Φ_w aus seinen Seitenflanken machen muß). Dann ist

$$\Phi_w = 6150 \cdot 30 \cdot 3 = 0{,}554 \cdot 10^6 \text{ cgs.}$$

Wenn man also die richtige Phase der in den kommutierenden Leitern erzeugbaren Spannung e_f und ihre Größe ermittelt hat, so ist es ein leichtes, den erforderlichen Fluß im Wendepol und dessen Phase zu bestimmen.

Weniger leicht läßt sich die Aufgabe lösen, diesen Fluß in allen Fällen und unter allen Umständen auch wirklich herzustellen. Das liegt daran, daß dieser Fluß gemäß Fig. 53 eine ganz bestimmte Phase haben muß und daß Ströme oder Spannungen passender Phase, aus denen man den Fluß Φ_w erzeugen könnte, in der Maschine oft gar nicht vorhanden sind. Wie man bei den einzelnen Maschinen dieser Aufgabe gerecht wird, wird bei ihnen zu besprechen sein. Jetzt führt uns dieser Gedanke zur Erörterung der weiteren Frage, wieviel man von dem Idealzustande $e_f = 0$ abweichen darf, ohne daß die Maschine schlecht kommutiert.

Ist e_f nicht restlos aufgehoben, so wird, wie wir vorn erörtert haben, die Stromwendung nicht mehr linear vor sich gehen. Der Strom verteilt sich ungleichmäßig unter der Bürste, die auf die Berührungsstelle zwischen Bürste und Kommutator entfallenden Spannungen werden gleichfalls geändert.

Um zu beurteilen, was dann eintritt, müssen wir auf die Eigenart der Stromleitung durch die Bürsten etwas näher eingehen. Wir beschränken uns dabei auf Kohlenbürsten. Wenn man einen Strom von einer Kohlenbürste auf eine Kupferlamelle des Kommutators überführt oder umgekehrt, mißt man zwischen der untersten Kohlenschicht und dem Kupfer einen erheblichen Spannungsunterschied (im Teil VI mit e_b bezeichnet) von etwa 0,8 bis 1,25 Volt. Dieser Wert ist zwar von der Umfangsgeschwindigkeit des Kollektors, dem Aufpressungsdrucke der Kohle und der Stromstärke etwas abhängig, aber nicht sehr stark. Am meisten ändert er sich noch nach dem Material der Kohle. Für die Zwecke der Maschinenberechnung betrachtet man ihn, wenn es nicht gerade auf sehr große Genauigkeit ankommt, als konstant. Somit besteht, sobald die Bürste Strom führt, im Kreise einer kurzgeschlossenen Windung ein Spannungsgefälle von 1,6 bis 2,4 Volt. Beträgt nun der Wert der übrigbleibenden Spannung nicht mehr, als diese Ziffer angibt, so ist ersichtlich, daß dann wesentliche Änderungen gegenüber dem erwünschten Verlauf der Kommutierung noch nicht eintreten werden. Anders ist es, sobald der Rest von e_f größer ist. Denn da wir die Übergangsspannung als konstant vorausgesetzt haben und der Ohmsche Widerstand der kurzgeschlossenen Spule nur in seltenen Fällen groß, fast immer aber sehr klein ist, muß jeder Überschuß über die Übergangsspannung gleich erhebliche Stromveränderungen hervorrufen. In der Tat zeigt die Erfahrung, daß ein Rest von 3 Volt die praktische Grenze des Zulässigen bildet. Vgl. hierzu Fig. 51 und die zugehörigen Erklärungen.

Damit sind also die Gesichtspunkte für die Genauigkeit bestimmt, mit der man auf die Beseitigung der die Stromwendung störenden Spannungen bedacht sein muß. Günstig ist dabei der Umstand, daß die Stromwendespannung und die Transformatorspannung meist nicht gleichzeitig vollwertig auftreten, sondern sich nach (43) geometrisch addieren.

Bei kleinen Maschinen und bei denen, die ein Drehfeld besitzen, bei denen also die in Betracht kommende Frequenz f_r gering ist, fällt e_f oft ohne besondere Hilfsmittel klein genug aus, um der Wendepole entraten zu können. Größere und sehr ausgenutzte Maschinen können jedoch ohne Wendepole nicht ausgeführt werden. Andererseits können Wendepole nur da verwendet werden, wo die Anzahl der Stromwendestellen nicht zu groß ist; daher haben sie sich viel nur bei Einphasenmaschinen eingeführt, weniger schon bei Dreiphasenmaschinen, in denen sie zuviel Platz brauchen und dadurch volle Ausnutzung hindern.

5. Nebeneinflüsse und Störungen; Dämpfung.

Zu den Spannungen e_r und e_k, die einer einfachen Berechnung zugänglich sind, treten in der Regel noch weitere Spannungen hinzu, die ihre Ursache darin haben, daß Anker und Ständer nicht glatte und gleichförmig bewickelte Körper sind, sondern Nuten und Zähne besitzen und Wicklungen mit entsprechender Verteilung. Dadurch entstehen weitere örtliche Felder und Feldschwankungen von einer meist sehr hohen, der Nuten- oder Leiterzahl proportionalen Frequenz. Sie erzeugen in den kommutierenden Leitern zusätzliche Spannungen, die trotz verhältnismäßig kleiner Werte der Flußschwankungen doch groß sein können wegen der hohen Frequenz (1500—2500 in der Sekunde). Diese Spannungen lassen sich durch Wendepole nicht beseitigen, sondern nur durch Wahl großer Luftspalte, großer Nutenzahlen, nicht zu grober Nuten, nicht zu vieler, aber auch nicht zu weniger Leiter pro Nut, und durch geeignete Ankerwicklungen, unter denen die sog. „Treppenwicklung" und die „Sehnenwicklung" die wichtigsten sind. Flußschwankungen, die auch mit diesen Mitteln noch nicht beseitigt werden, können durch Dämpfungsmittel, z. B. durch Anordnung massiver Leiter, durch Schrägung der Nuten in Ständer oder Anker oder beiden oder durch Widerstandsverbindungen zwischen Wicklung und Kollektor in ihrer Auswirkung gehindert werden. Die obengenannte Grenze $e_f = 3$ Volt kann nur dann gewählt werden, wenn keine solchen zusätzlichen Spannungen zu erwarten sind.

Im allgemeinen bietet die Stromwendespannung einschließlich und wegen der zusätzlichen Spannungen mehr Schwierigkeiten als die Kurzschlußspannung e_k und die Beherrschung der Kommutierung hängt wesentlich mit den Erfahrungen zusammen, die man über die Beseitigung der zusätzlichen, schwer berechenbaren Spannungen besitzt.

Teil VIII.

Der Einphasen-Reihenschlußmotor und der doppelt gespeiste Motor.

1. Die Wirkungsweise des Wechselstrom-Reihenschlußmotors.

Im Teil II hatten wir bereits in Fig. 7 den Reihenschlußmotor im Bilde und in Fig. 8 sein Schaltungsschema mit Beschreibung, endlich im Teil III seine Verwendung in großen Zügen kennengelernt. Wir wollen nun seine Arbeitsweise näher studieren, wobei wir die früheren Erklärungen als bekannt voraussetzen.

Im ganzen Motor, d. h. in allen seinen Wicklungen herrscht zufolge seiner Schaltung (alle Wicklungen „in Reihe") überall ein Strom vom Betrage J. Der Phase (Richtung) nach herrscht in der Kompensationswicklung $G_2 - H_2$ der Strom $J_k = -J$, ebenso in der Wendepolwicklung $G_1 - H_1$, wenn in Anker $A - B$ und Erregung $E - F$ der Strom $+J$ fließt, weil die Kompensationswicklung umgekehrt wie der Anker in den Stromkreis eingeschaltet ist. Man beachte diese Bemerkung, weil sie das Verständnis der späteren Erklärungen erleichtert. Dieser Strom erzeugt in der Achse $F - F$ des Motors (vgl. Fig. 45) mittels der Erregerwicklung $E - F$ das Hauptfeld Φ_p des Motors, das mit ihm in Phase ist. Dieses Hauptfeld Φ_p wird durch die übrigen Wicklungen des Motors nicht beeinflußt, weil die Achsen aller anderen Wicklungen senkrecht zu der der Erregerwicklung stehen (s. Teil V). In der Erregerwicklung $E - F$ bringt es eine EMK E_F hervor, die sich nach der Formel

$$(46) \qquad E_F = 4{,}44 \cdot f_0 \cdot w \cdot \Phi_p \cdot 10^{-8} \text{ Volt effektiv}$$

berechnen läßt und die dem Flusse Φ_p um 90 Grad zeitlich nacheilt. Hierin ist w die Windungszahl der Erregerwicklung; die anderen Bezeichnungen sind von früher bekannt. Wir wollen unter Φ_p denjenigen Fluß verstehen, der vom Ständer aus in den Anker übertritt und diesen durchsetzt, wir rechnen also nicht diejenigen gegen Φ_p kleinen Flüsse mit hinzu, mit denen sich jede Erregerspule ausschließlich selbst umgibt und die man unter der Bezeichnung „Streufluß der Erregerwicklung" zusammenfaßt.

In dem mit n Umdrehungen in der Minute umlaufenden Anker wird gemäß Formel (17) die EMK E_r:

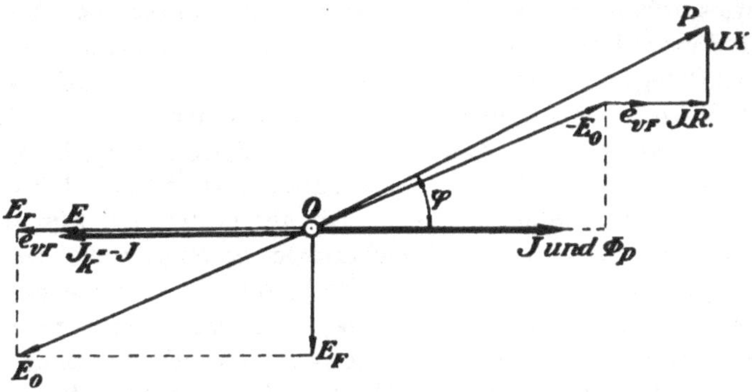

Fig. 55.

$$(17) \qquad E_r = \frac{p}{a} \cdot Z \cdot \frac{\Phi_p}{10^6} \cdot n \cdot \frac{1}{8490} \text{ Volt effektiv}$$

hervorgebracht. Sie ist gegenüber Φ_p um 180 Grad verschoben (s. Teil V). $E_r \cdot J$ bedeutet die gesamte im Anker in mechanische umgesetzte Leistung.

Diese beiden EMKe F_F und E_r sind die wichtigsten im Motor. In dem Zeitdiagramm Fig. 55 sind sie durch die Vektoren OE_r und OE_F dargestellt. Dem Motor muß ein Spannungsanteil zugeführt werden, der ihrer geometrischen Summe entgegengesetzt gleich ist, OE_0. Die Klemmenspannung des Motors muß indessen noch um soviel größer sein, als die Hindurchführung des Stromes durch die Maschine und die Deckung der Verluste erfordert.

Die Deckung der Verluste geschieht auf zwei Wegen. Von der Erregerwicklung aus wird das Feld Φ_p erzeugt, was ohne Verlust nicht möglich ist. Der Erregerwicklung muß deshalb eine Spannungskomponente zugeführt werden, die mit dem Strome zusammen, der in ihr fließt, die Verluste ergibt. Die Verluste werden also auf elektrischem Wege gedeckt. Diese Spannungskomponente ist in Phase mit dem Strome, sie ist in dem Diagramm durch den Vektor e_{vF} angegeben.

Wird nun der Motor in Drehung versetzt, so beobachtet man in der Regel eine schwache Abnahme derjenigen Leistung, die der Erregerwicklung zur Deckung der Eisenverluste zugeführt werden muß. Die Abnahme ist aber so gering, daß man von ihrer Berücksichtigung absehen kann. Es ist noch nicht genau bekannt, wie sie zu erklären ist.

Ferner ist zu beobachten, daß — nach richtiger Berücksichtigung der Lager- und Luftreibung des Ankers — an der Ankerwelle eine mit der Drehzahl stark zunehmende Leistung zur Deckung von Eisenverlusten im Anker aufzuwenden ist, die in ähnlicher Weise wie die

Hysteresisverluste einer Gleichstrommaschine entstehen. Diese Verluste sind einer Potenz der Umdrehungszahl proportional, die zwischen 1,5 und 2,0 liegt. Bemerkenswert ist, daß diese Verluste auf mechanischem Wege gedeckt werden, also mit aus dem Betrage $E_r \cdot J$ bestritten werden müssen. Wir können sie deshalb mit der Lagerreibung und der Luftreibung des Motors zusammenfassen, die gleichfalls aus $E_r \cdot J$ bestritten werden müssen. Dividieren wir die Summe dieser mechanisch zu deckenden Verluste mit der Stromstärke J, so erhalten wir die Spannung e_{vr}, die wir von der Spannung E_r abziehen müssen. Der Rest E ergibt mit dem Strome J zusammen erst die wirkliche Nutzleistung N des Motors, die man an seiner Welle erhält.

Ferner muß noch bei der Hindurchführung des Stromes durch den Motor der Ohmsche Widerstand jeder Wicklung und der Übergangswiderstand zwischen den Bürsten und dem Kollektor überwunden werden. Die dazu erforderliche Spannungskomponente $J \cdot R$ ist mit dem Strom in Phase.

Damit kennen wir alle mit Verlusten im Zusammenhang stehenden Spannungsteile.

Endlich ist zur Überwindung der induktiven Widerstände aller Wicklungen ein Spannungsanteil $J \cdot X$ erforderlich, der dem Strome um 90 Grad voraneilt.

Hiermit ist uns das vollständige und genaue Diagramm des Motors bekannt.

Es muß erwähnt werden, daß auch die Kommutierung Verluste hervorbringen kann. Wir nehmen indessen an, es sei gelungen, die Kommutierung vollkommen zu machen. Dann sind die mit ihr verbundenen Verluste natürlich auch gering. Wir werden sie nicht weiter in Rücksicht ziehen. Praktisch kann man sie durch einen Zuschlag zu den obengenannten Verlusten berücksichtigen.

Einem solchen Diagramm entspricht ein ganz bestimmter Betriebszustand des Motors. Um zu sehen, wie er sich bei anderen Betriebszuständen verhält, muß das Diagramm für diese neu aufgestellt werden. Um die damit verbundene Arbeit zu vereinfachen, hat man versucht, alle Einzeldiagramme aus einem einzigen Diagramm zu finden, in ähnlicher Weise, wie man alle Betriebszustände eines Drehstrom-Induktionsmotors aus dem sogenannten Heylandschen Diagramm ablesen kann. Indessen ist dies nicht der empfehlenswerte Weg. Man kann dabei die Eisensättigung nicht berücksichtigen und daher sind die so erhaltenen Ergebnisse ungenau. Denn gerade der Reihenschlußmotor wird gern mit erheblicher Eisensättigung gebaut. Für den Zusammenhang der Eisensättigung mit dem Erregerstrome ist indessen bekanntlich kein durch eine Formel darstellbarer Zusammenhang bekannt, sondern nur ein durch Messungen ermittelbarer.

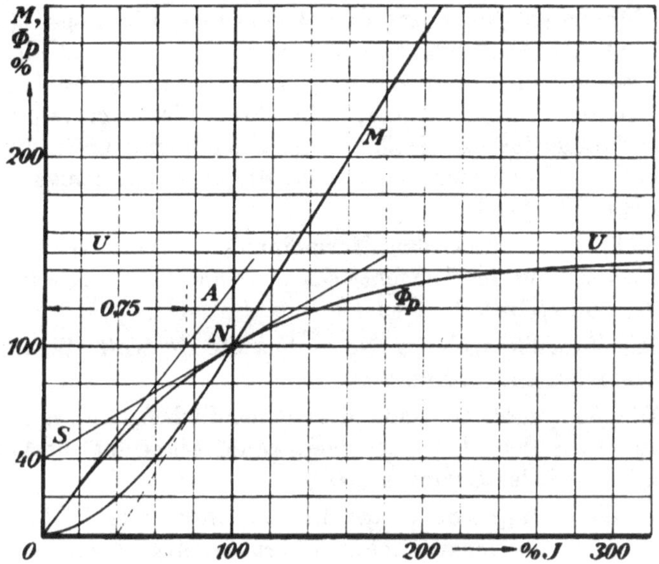

Fig. 56.

Besitzt man die „Magnetisierungskurve" der verwendeten Eisensorte, so kann man auf bekannte Weisen, die hier nicht erörtert werden sollen, den Zusammenhang zwischen dem nützlichen Flusse Φ_p und den Erreger-Amperewindungen der Wicklung $E - F$ auffinden. Da man die Erregerwindungszahl w kennt, so ist damit zugleich die Darstellung des Flusses Φ_p in Abhängigkeit vom Motorstrom J gegeben (Fig. 56). In dieser Figur sind alle Größen in Prozenten des „Normalpunktes N" (s. unten) angegeben, nicht in cgs-Einheiten, Amp., usw. Die so erhaltene Kurve ist außerordentlich wichtig. Sie heißt „die magnetische Charakteristik des Motors".

Mit Hilfe der Formel (11) gewinnt man aus ihr unmittelbar die vom Strom J und Fluß Φ_p im Anker hervorgebrachten Drehmomente M. Auch diese sind in der Fig. 56 prozentisch eingezeichnet.

Da in diesem Buche die ausführliche Berechnung der magnetischen Charakteristik nicht gelehrt werden kann, wird es nicht unangebracht sein, einiges über die durchschnittliche Form der in der Fig. 56 eingezeichneten Kurven zu sagen. Es sei N derjenige Punkt der magnetischen Charakteristik, bei dem der Motor den „normalen" Fluß und den „normalen" Strom führt, bei dem er also auch sein „normales" Drehmoment ausübt. Man versteht darunter in der Regel das Moment, bei dem der Motor gut ausgenutzt ist und die zulässigen Erwärmungsgrenzen im Dauerbetrieb erreicht.

Die für diesen Punkt erforderlichen Amperewindungen (bzw. den Strom) und den Fluß Φ_p daselbst bezeichnen wir mit dem Werte 100 %. Wir umhüllen nun die Charakteristik durch drei Tangenten: eine durch den Nullpunkt, *OA*, eine durch den Normalpunkt, *SN*, und eine, die die Charakteristik erst im Unendlichen trifft, *UU*. Dann findet man im Durchschnitt folgende Angaben mit einiger Genauigkeit (10 %) zutreffend:

1. Zieht man durch den Normalpunkt *N* eine Horizontale, so wird sie von der Tangente *OA* aus dem Nullpunkte in die Teile $^3/_4$ und $^1/_4$ zerschnitten.
2. Die Tangente *SN* im Normalpunkte *N* trifft die Ordinatenachse bei der Ordinate 40 %.
3. Die Tangente *UU* aus dem Unendlichen, die man parallel zur Abszissenachse annehmen kann, schneidet die Ordinatenachse bei der Ordinate 150 %.

Alle diese Tangenten sind in der Fig. 56 eingetragen. Man erkennt, daß die Form der magnetischen Charakteristik schon recht genau festgelegt ist, sobald man die Lage der Tangenten einigermaßen kennt. Bei etwas Übung in der Berechnung solcher Motoren ist das nicht schwer.

Diese Tangenten hängen eng zusammen mit Größen, die beim Entwurf der Maschine ausschlaggebend sind. Die Tangente *OA* aus dem Nullpunkte stellt den Zusammenhang zwischen dem Flusse Φ_p und denjenigen Amperewindungen dar, die man braucht, um den Fluß Φ_p durch den Luftspalt der Maschine zu führen. Die Tangente *UU* aus dem Unendlichen gibt durch ihren Schnitt mit der Ordinatenachse denjenigen Fluß an, den man mit unendlich viel Amperewindungen, also mit unendlich viel Strom erreichen könnte, sie stellt also die vollständige Sättigung des Eisenkörpers dar. Je nach den Verhältnissen ist die Lage dieser zwei Tangenten im voraus gut schätzbar, auch ohne daß eine genaue Berechnung des magnetischen Kreises vorgenommen wird. Das Verhältnis der Strecke *OS* zur Ordinate des Normalpunktes *N* endlich gibt den Grad der Sättigung am Nullpunkte *N* an, in unserem Beispiel 40 %.

Trägt man nun auch die Drehmomente (Formel (11)) so auf, daß das zum Punkte *N* gehörige Drehmoment durch den Punkt *N* selbst dargestellt, also auch mit 100 % bezeichnet wird, so erhält man auch die Momentenkurve *M* in Prozenten. Dies ist in der Fig. 56 geschehen. Sie gibt gemäß Formel (11) die sogenannten „elektrischen Drehmomente“ an; die „nutzbaren“ sind um wenige Prozente, nämlich zufolge der Reibung und Ummagnetisierung des Ankers, geringer. Man erkennt für die mittleren hier zugrunde gelegten Verhältnisse:

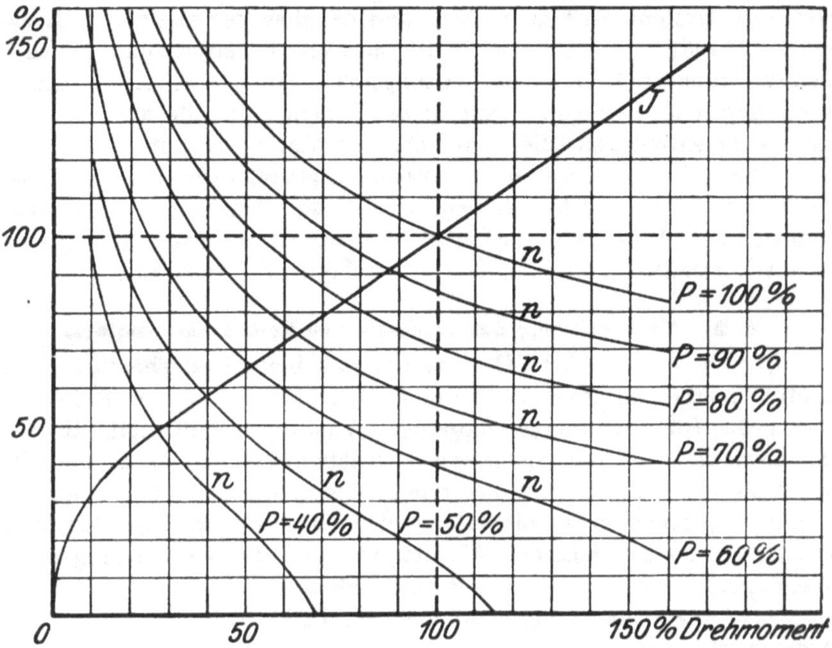

Fig. 57.

das Drehmoment ist	100 % bei 100 % Strom,
	268 % bei 200 % Strom,
	350 % bei 250 % Strom.

Außerdem sieht man, daß die Abhängigkeit: Moment über Strom schon von 70 % Strom an mit großer Genauigkeit durch eine Gerade dargestellt wird. Diese Erkenntnis ist für praktische Zwecke nicht unwichtig.

Außer dem Zusammenhang zwischen Fluß, Strom und Drehmoment müssen noch folgende Abhängigkeiten berechnet werden:

1. die Lager- und Luftreibungsverluste abhängig von der Geschwindigkeit des Motors;
2. die Eisenverluste abhängig von der Drehzahl n und dem Flusse Φ_p;
3. die Spannung der Erregerwicklung abhängig vom Flusse Φ_p;
4. die Ohmschen und induktiven Spannungsverluste abhängig vom Strome J.

Für die Ausführung dieser Berechnungen muß auf die Spezialwerke der Elektrotechnik verwiesen werden. Ist man in ihrem Besitze, so kann man das Diagramm des Motors für alle Betriebsfälle berechnen. Man erhält daraus die sogenannten „Schaulinien“ des Motors, von denen ein Beispiel in Fig. 57 dargestellt ist. Man pflegt als Abszissen das nutzbare Drehmoment zu wählen und darüber vor allem die Stromstärke J, sodann die Drehzahl n für mehrere Klemmenspannungen P, den Wirkungsgrad und den Leistungsfaktor für dieselben Klemmenspannungen aufzutragen. Aus diesen Linien sind alle anderen Auskünfte zu entnehmen, die man über den Motor braucht.

Über seine wichtigsten praktischen Eigenschaften, die aus diesen Schaulinien folgen, nämlich den Anlauf, die Regelung der Drehzahl und das zum Betrieb nötige Zubehör, sowie über Verwendungsgebiete und Wirtschaftlichkeit gibt Teil II erschöpfende Auskunft.

2. Die Kommutierung des Wechselstrom-Reihenschlußmotors.

Wir haben im Teil VII erfahren, daß beim Betriebe von Kommutatormaschinen zwei elektromotorische Kräfte e_k und e_r in den durch die Bürsten kurzgeschlossenen Windungen auftreten, die sich geometrisch zu einer Spannung e_f zusammensetzen lassen und die, wenn sie nicht durch eine dieser letzten entgegengesetzten Spannung wenigstens teilweise vernichtet werden, den Betrieb der Maschine unmöglich machen können. Wir fanden, daß die Vernichtung durch Wendepole bewirkt werden kann und daß es gut ist, die Vernichtung so vollkommen als möglich zu machen, daß aber, wenn dies nicht ganz möglich ist, Reste von gewisser Größe übrigbleiben dürfen.

Der Reihenschlußmotor kann in kleineren Typen so gebaut werden, daß die geometrische Summe e_f der beiden oben genannten Spannungen nicht größer wird als der zulässige Rest. Dann braucht er nicht mit Wendepolen ausgerüstet zu werden. Dadurch wird er in Konstruktion und Schaltung einfach und billig, und das ist gerade bei hleinen Motoren wünschenswert.

Wird aber die Aufgabe gestellt, größere Motoren und solche mit hoher Ausnutzun der Baustoffe zu bauen, dann werden die Spannungen so groß ,daß der Einbau von Wendepolen notwendig wird und sich auch bezahlt macht.

Die Aufgabe, die der Wendepol dabei erfüllen muß, ist durch die Betriebsverhältnisse, unter denen ein Reihenschlußmotor meistens zu arbeiten hat, bestimmt. Man kann sagen, daß immer dann ein Reihenschlußmotor verwendet wird, wenn einerseits ein großes Anfahrdrehmoment und andererseits viele verschiedene, besonders auch hohe Drehzahlen verlangt werden. Großes Anfahrdrehmoment ist, wie wir aus Formel (11) und Fig. 56 sehen, mit großem magnetischen Felde Φ_p eng verbunden. Infolgedessen wird die Kurzschlußspannung e_k im Anlauf ihren höchsten Wert annehmen. Beim Anlaufe dreht sich der Motor aber noch nicht oder doch nur sehr langsam. Seine Wendepole sind daher noch gar nicht wirksam, weil die in Formel (45) stehende Ankerumfangsgeschwindigkeit noch Null ist. Aus diesem

Grunde muß der Motor so bemessen werden, daß die Kurzschlußspannung e_k von vornherein nicht größer ist, als dies die Bürsten aushalten können, d. h., sie muß ziemlich klein sein. Man wählt sie meistens um 3 Volt herum (vgl. Fig. 45).

Da also diese Spannung von den Bürsten allein ertragen werden muß, so folgt hieraus, daß dem Wendepole in allererster Linie die Aufgabe zufällt, die bei den hohen Drehzahlen beträchtliche Stromwendespannung e_r zu beseitigen. Er hat also hier dieselbe Aufgabe zu erfüllen wie in Gleichstrommaschinen mit Wendepolen.

Es ist selbstverständlich, daß man auch die Kurzschlußspannung e_k so gut beseitigen wird, als dies sich machen läßt, um eine möglichst vollkommene Kommutierung zu erzielen. Aber es läßt sich erkennen, daß deren Beseitigung mehr eine Nebenaufgabe des Wendepoles bildet. Wir werden im Verlauf der Darlegungen sehen, daß der Wendepol günstigerweise seine Hauptaufgabe besser lösen kann, als seine Nebenaufgabe.

Die Beseitigung der Stromwendespannungen.

Wir nehmen zuerst einmal an, die Kurzschlußspannung sei so gering, daß es tatsächlich genüge, den Wendepol für die Beseitigung der Stromwendespannung e_r einzurichten und untersuchen, wie das zu geschehen hat.

Zu diesem Zwecke vergleichen wir die Stromwendespannung e_r nach Formel (42) mit der durch den Wendepol induzierten Spannung e nach Formel (45).

Die Stromwendespannung war für eine Windung laut Formel:

$$(42) \qquad e_r = C \cdot \frac{J \cdot v_k}{b} \cdot 10^{-8} \text{ Volt,}$$

denn beim Reihenschlußmotor, dessen Anker an zwei Punkten gespeist wird, ist $J_b = J$, dem Gesamtstrome. Die vom Wendepole erzeugte EMK war:

$$(45) \qquad e = -\mathfrak{B}_r \cdot 2l' \cdot v \cdot 10^{-8} \cdot \frac{1}{\sqrt{2}} \text{ Volt,}$$

berechnet für eine Windung nach Formel (45), in der wir statt $\mathfrak{B}_w$ den Wert $\mathfrak{B}_r$ setzen, aus später (S. 123) ersichtlichen Gründen. Soll e_r durch die Spannung e vernichtet werden, so muß sein: $e_r = e$. Aus dieser Gleichsetzung ergibt sich die Induktion unter dem Wendepol:

$$(47) \qquad \mathfrak{B}_r = -J \cdot \frac{v_k}{v} \cdot \frac{1}{b \cdot 2l' \cdot \sqrt{2}} \cdot C. \text{ cgs/cm}^2;$$

diese Formel enthält lauter festgegebene Werte bis auf J, den Strom im Anker. Man erkennt also:

„Der Wendepol muß zur Vernichtung der Stromwendespannung mit dem negativen Ankerstrome erregt werden.“

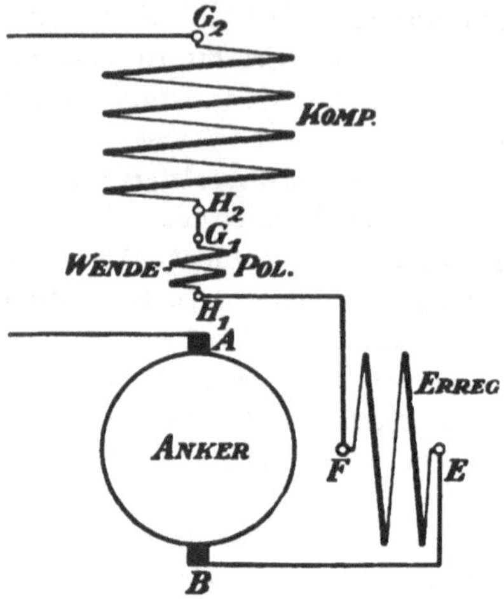

Fig. 58.

Man führt dies am einfachsten dadurch aus, daß man den Hauptstrom J der Maschine in einer geeignet dimensionierten Wicklung G_1-H_1 (Fig. 8) um die Wendepole herumführt, und zwar in dem Sinne, wie er die Kompensationswicklung durchfließt ($-J$). Wie die Achse dieser Wicklung im Verhältnis zur Anker- und Erregerwicklung liegt, zeigt Fig. 58, die sachlich mit dem Schaltbilde der Fig. 8 gleich ist.

Man beachte, daß die Wendepolwicklung G_1-H_1 umgekehrt, also so wie die Kompensationswicklung G_2-H_2 in den Stromkreis eingeschaltet ist. Das gewonnene Resultat stimmt mit der im Teil VII gefundenen Tatsache überein, daß die Stromwendespannung e_r mit dem Strome J in Phase ist. Denn nach der obigen Formel ist die Induktion B_r unter dem Wendepole, weil vom Strome ($-J$) unmittelbar erzeugt, gegen J 180° verschoben, und weil die EMK e mit der Induktion $\mathfrak{B}_w$ in Phase ist, ist sie ebenfalls gegen J und damit gegen e_r um 180° verschoben. Also ist e und der mit dem Strome ($-J$) erregte Wendepol auch der Phase nach imstande, die Stromwendespannung e_r zu vernichten.

Es muß besonders hervorgehoben werden, daß in der Formel für $\mathfrak{B}_r$ die Geschwindigkeit der Maschine gar nicht vorkommt. Es steht zwar das Verhältnis v_k/v darin, indessen ist dies nur eine Zahl, die sich aus den konstruktiven Abmessungen der Maschine ergibt, denn v_k/v ist dem Verhältnis gleichwertig:

$$\frac{\text{Kommutator-Durchmesser}}{\text{Anker-Durchmesser}},$$

welches mit der Geschwindigkeit nichts zu tun hat. Hieraus folgt, daß die Erregung des Wendepoles mit dem Strome ($-J$) für alle Geschwindigkeiten richtig ist. Aus diesem Grunde wurde bereits oben gesagt, daß der Wendepol gerade zur Beseitigung der Stromwendespannung besonders geeignet ist: er beseitigt sie bei Erregung durch den Ankerstrom des Motors automatisch richtig für jede Drehzahl und Stromstärke.

Damit die Formel für $\mathfrak{B}_r$ immer gilt, darf der Wendepol nicht stark gesättigt werden, weil sonst $\mathfrak{B}_r$ nicht mehr proportional J ist.

Die Beseitigung der Kurzschlußspannung e_k.

Wir lassen jetzt die Voraussetzung fallen, daß die Kurzschlußspannung so klein sei, daß es genügt, den Wendepol für die Beseitigung der Stromwendespannung allein einzurichten. Es soll vielmehr der Wendepol so eingerichtet werden, daß er auch die Kurzschlußspannung mit beseitigt.

Wir haben uns dazu zu erinnern, daß gemäß Teil VII, Abschnitt 2 die Kurzschlußspannung dem Flusse Φ_p des Motors um 90 elektrische Grade nacheilt und daß beim Reihenschlußmotor Fluß und Strom in Phase sind. Also eilt die Kurzschlußspannung e_k auch gegen den Motorstrom J und damit auch gegen die Stromwendespannung e_r um 90 Grade nach.

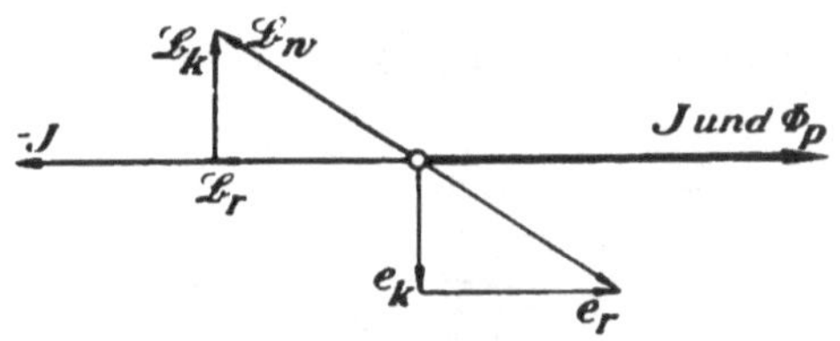

Fig. 59.

Mithin muß die Induktion unter dem Wendepole eine weitere Komponente $\mathfrak{B}_k$ zu der oben berechneten unverändert beizubehaltenden Induktion $\mathfrak{B}_r$ hinzugefügt bekommen, die zeitlich um 90 Grad nacheilend gegen $\mathfrak{B}_r$ versetzt ist.

Es ist dies in der Fig. 59 dargestellt, aus der hervorgeht, daß alsdann die gesamte Induktion unter dem Wendepole gleich der Resultanten $\mathfrak{B}_w$ aus $\mathfrak{B}_r$ und $\mathfrak{B}_k$ sein muß. Da diese Induktion $\mathfrak{B}_w$ nicht mehr in Phase ist mit dem Strome $-J$, dessen Phase in der Fig. 59 mit eingezeichnet ist, so kann nunmehr der Wendepol auch nicht mehr mit dem Strome $(-J)$ erregt werden. Gleichzeitig tritt eine etwas höhere Beanspruchung des Wendepoles im Maße der Vergrößerung von $\mathfrak{B}_r$ zu $\mathfrak{B}_w$ ein, es erhöhen sich die für den Wendepol erforderlichen Eisenquerschnitte und erregenden Amperewindungen im gleichen Maße.

Um unter diesen Umständen die richtige Erregung des Wendepoles zustande zu bringen, kann man zwei Wege einschlagen: entweder bringt man jede der erforderlichen Induktionskomponenten durch eine besondere Erregung hervor oder man bringt die Resultante $\mathfrak{B}_w$ der Induktion durch eine einzige Erregung hervor.

Wir beschäftigen uns zuerst mit der unmittelbaren Erzeugung der resultierenden Induktion $\mathfrak{B}_w$. Der zur Erregung notwendige Strom muß dieselbe Phase wie diese haben. Dies kann man erreichen, indem man der Wicklung des Wendepoles einen Widerstand parallel schaltet. In Fig. 60 sei Φ_w der der Induktion $\mathfrak{B}_w$ entsprechende Fluß im Wendepole, den man braucht (vgl. dessen Berechnung im

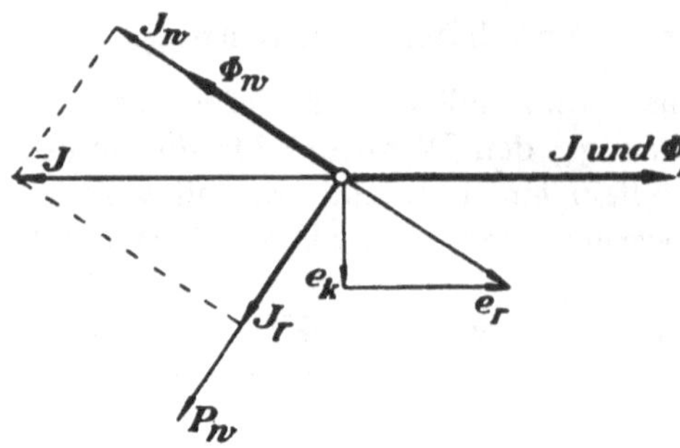

Fig. 60.

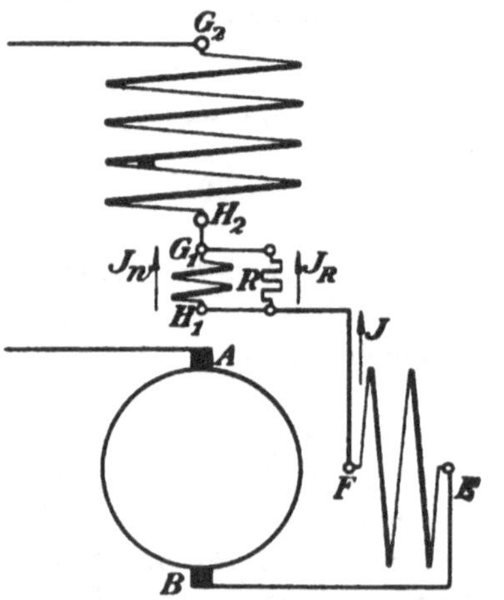

Fig. 61.

Teil VII), P_w die ihm entsprechende Klemmenspannung an den Klemmen der Wendepolwicklung (deren Widerstand und Streuung vernachlässigbar gering sein mögen) und J_w der zur Erregung erforderliche Strom. Schaltet man nun zur Wendepolwicklung einen Widerstand R parallel nach Schaltbild Fig. 61, so wird dieser ebenfalls von der Spannung P_w gespeist, P_w läßt jedoch in ihm einen Strom J_R fließen, der mit ihr in Phase ist. Der gesamten Gruppe: Wendepolwicklung mit Parallelwiderstand, muß daher der Strom $-J$ zugeführt werden und man kann jederzeit den Widerstand R so einrichten, daß aus dem Strom $-J$ ein Erregungsstrom J_w von der richtigen Phase für den Wendepol abgezweigt wird.

Ändert sich die Stromaufnahme des Motors, so steigen die durch die Wendepolwicklung und die durch den Widerstand fließenden Ströme in demselben Maße wie der Motorstrom J. Das in Fig. 60 aufgezeichnete Dreieck aus $-J$, J_R und J_w bleibt sich daher stets ähnlich. Es wird deshalb auch unter den neuen Verhältnissen die Stromwendespannung immer richtig beseitigt. Die Kurzschlußspannung e_k wird aber nur für die Punkte vollkommen unterdrückt, für die der Widerstand paßt. Die Formel (23) für die Kurzschlußspannung lautete:

$$e_k = 4{,}44 \cdot \frac{p}{a} \cdot \frac{Z}{2L_k} \cdot f_r \cdot \Phi_p \cdot 10^{-8} \text{ Volt.}$$

Sie ist also dem Hauptflusse Φ_p des Motors und der Frequenz f_r, die hier $= f_0$ ist, proportional. Der Hauptfluß Φ_p ist dem Strome J nicht genau, sondern nur bei kleinen Stromstärken proportional, bei größeren wächst er viel langsamer, wie wir in Fig. 56 gesehen haben.

Infolgedessen wird die zur Beseitigung der Kurzschlußspannung erzeugte Induktionskomponente $\mathfrak{B}_k$ für die kleineren Stromstärken zu klein, für die größeren zu groß werden. Mit der Drehzahl verändert sie sich überhaupt nicht, solange bei Drehzahländerung der Strom derselbe bleibt. Es werden deshalb von der Kurzschlußspannung e_k immer Reste übrigbleiben, sobald sich die Belastung der Maschine von den Punkten entfernt, für die man den Wendepol mit dem Widerstande R eingerichtet hatte.

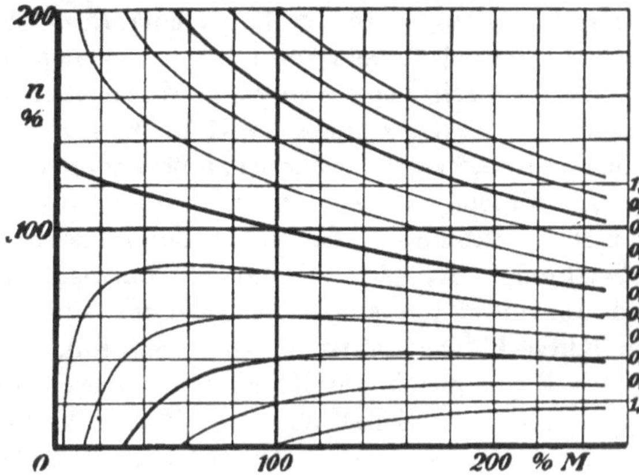

Fig. 62.

In der Fig. 62 ist dargestellt, welche Reste von der Kurzschlußspannung unter verschiedenen Betriebszuständen übrigbleiben, wenn für $M = 100\%$ und $n = 100\%$ („Normalpunkt") e_r und e_k vollkommen beseitigt sind. Für jede ihrer Kurven (Drehzahl n über Drehmoment M) ist die Restspannung konstant, z. B. $= 0{,}6$ des Wertes e_k am Normalpunkte ($n = 100\%$, $M = 100\%$). Ein Vergleich dieser Kurven mit den Betriebs-Schaulinien von Fig. 57 lehrt, daß beide Arten von Kurven sich ähneln. Diese Methode zur Verkleinerung der Restspannung paßt sich daher dem Betriebe des Motors gut an. Außerdem sind die Drehzahlen und Momente, die innerhalb eines zulässigen Restgebietes — als solches ist $0{,}6 \cdot e_k$ normal angenommen — zur Verfügung stehen, recht mannigfaltig.

Um sie auch für beliebige andere Zustände zu beseitigen, liegt es nahe, den Widerstand veränderlich zu machen. Weil aber, wie schon vorn erläutert wurde, die Kurzschlußspannung an sich wegen des Anlaufs klein gehalten werden muß, die Restspannung also meistens von der Bürste ertragen wird, hat man bisher auf dieses Mittel verzichtet, das die Behandlung des Motors im Betriebe zweifellos erschwert.

Die beschriebene Schaltung gestattet die Erzielung der geringsten Restspannungen auf die betriebstechnisch einfachste Weise; man wendet sie indessen nicht immer an, weil der Widerstand R Energie verbraucht. Wo dieser Verlust jedoch nicht ins Gewicht fällt, ist sie zu empfehlen. Über die Größe des Energieverbrauches lassen sich allgemeine Angaben nicht machen, da er von den Abmessungen der

Maschine abhängt. In der Regel beläuft er sich auf ½ bis 3 % der Motorleistung, ½% bei großen, 3% bei kleinen Motoren.

Der Wunsch, keine Energie in Widerständen zu vernichten, hat zu dem oben zuerst genannten Verfahren geführt, jede der erforderlichen Induktionskomponenten durch eine besondere Erregung hervorzubringen. Zu diesem Zwecke gibt man dem Wendepole wie vorher eine vom Hauptstrome — J des Motors durchflossene Wicklung, die „Wendepolwicklung" $G_1—H_1$, die die Stromwendespannung e_r vernichtet, und umwindet ihn außerdem noch mit einer zweiten Wicklung, die die Kurzschlußspannung e_k beseitigen soll. Hierzu verwendet man in der Regel gleich die Kompensationswicklung $G_2—H_2$ des Motors. Es entsteht eine Schaltung, wie sie in Fig. 63 dargestellt ist.

Zum Verständnis dieser nicht ganz einfach zu überblickenden Schaltung erinnern wir uns zunächst, daß die Kompensationswicklung von Haus aus dazu bestimmt war, die Ausbildung eines Feldes durch den Anker in der Richtung der Ankerachse zu verhindern. Damit ist sie selbst zugleich feldfrei. Aus diesem Grunde herrscht an ihren Klemmen $G_2—H_2$ auch nicht mehr Spannung, als gerade zum Durchtritt des Stromes J_k durch ihre Ohmschen und induktiven Widerstände gebraucht wird. Diese geringe Spannung p_k bezeichnen wir als den „Spannungsverlust der Kompensationswicklung". Legt man nun eine größere Spannung P_k als zum Stromdurchtritt erforderlich ist, an sie an, dann entsteht ein Feld Φ_r innerhalb der Kompensationswicklung, dessen Größe und Phase sich nach dem Überschuß der angelegten Spannung über den Spannungsverlust richtet. Ein solches Feld ist es, das bei der Schaltung nach Fig. 63 zur Beseitigung von Spannungen in den stromwendenden Spulen benutzt wird, und zwar vornehmlich zur Beseitigung der Kurzschlußspannung e_k. Hiermit ist ein Überblick über den Grundgedanken der Schaltung gegeben, nach welchem also die Wendepolwicklung im wesentlichen die Beseitigung der Stromwendespannung e_r, die Kompensationswicklung im wesentichen die Beseitigung der Kurzschlußspannung e_k übernimmt.

Die genaue Wirkungsweise der Schaltung wollen wir nun schrittweise ableiten. Wir gehen dazu von der Maschine nach Fig. 58 aus, deren Kompensationswicklung $G_2—H_2$ noch nicht an Spannung angelegt ist. Wir setzen voraus, daß die Kompensationswicklung $G_2—H_2$ derart bemessen sei, daß sie den Anker genau kompensiere, wenn ein Strom von der Stärke des Ankerstromes J in ihr fließt. In der Mitte der Kompensationswicklung ist die Wendepolspule $G_1—H_1$ angebracht, die auch vom Ankerstrome J durchflossen wird. Wir sahen, daß das einzige Feld, das unter diesen Voraussetzungen in der Richtung der Ankerachse hervorgebracht wird, das aus dem Wendepol austretende Feld ist. Dieses Feld durchdringt den größten Teil, meist sämtliche Windungen der Kompensationswicklung, so daß an den Klemmen der Kompensationswicklung neben dem Spannungsverlust noch eine diesem Felde entsprechende Spannung entsteht.

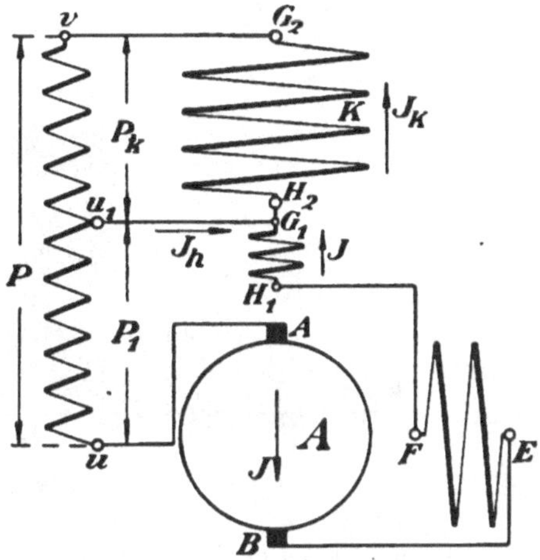

Fig. 63.

Ehe wir nun die Kompensationswicklung wie in Fig. 63 an eine Spannung anlegen, denken wir uns, sie werde an eine Spannungsquelle angelegt, die ihr nur eine Spannung von der Größe und Phase ihres Spannungsverlustes p^k liefert. Durch eine derartige Stromquelle schließen wir die Spannung kurz, die durch den Wendepolfluß Φ_r, der der Induktion $\mathfrak{B}_r$ entspricht, in ihr erzeugt wurde. Der Wendepolfluß, der vor diesem Kurzschlusse der Kompensationswicklung von einem Wendepol durch den Anker hindurch einfach nach den beiden Nachbarwendepolen ging, muß nun anders verlaufen, und zwar derart, daß in der Kompensationswicklung keine Spannung mehr von ihm hervorgebracht wird.

Dazu ist es notwendig, daß er noch innerhalb der Kompensationswicklung umkehrt und auf diese Weise möglichst gar keine Windungen von dieser umschlingt. Beispielsweise kann dieser Forderung dadurch genügt werden, daß, wie in Fig. 64, zwischen der Wendepolwicklung W und der Kompensationswicklung K Zähne Z_1 Z_1 des Ständereisens liegen, durch die der Wendepolfluß zurückkehren kann und man würde eine derartige Anordnung erhalten, wenn man bei der in der Fig. 64 aufgezeichneten Kompensationswicklung K deren innerste Windungen K_i wegließe. Eine solche Kompensationswicklung würde aber den Anker nicht mehr genau kompensieren. Mitunter kann man die Forderung, daß der Wendepolfluß gar keine Windungen der Kompensationswicklung umschlingen soll, nicht genau erfüllen. Ein Beispiel dafür ist gerade die von uns angenommene, den Anker vollständig kompensierende Wicklung, wie sie z. B. in der Fig. 64 dargestellt ist. Hier liegt in den gleichen Nuten mit der Wendepolwicklung W eine Spule K_i der Kompensationswicklung, die der Wendepolfluß notwendigerweise durchdringen muß.

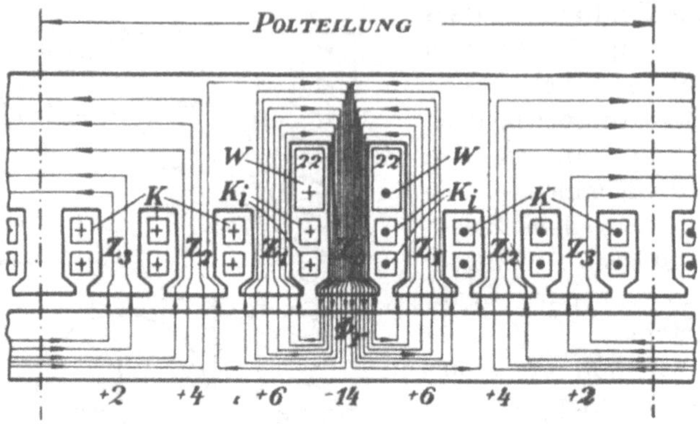

Fig. 64.

In einem solchen Falle muß nun der aus dem Wendepol kommende Fluß so wenig als möglich Windungen der Kompensationswicklung umschlingen, und damit die gesamte in dieser erzeugte Spannung trotzdem Null wird, muß ein Hilfsfluß entstehen, der den unvermeidlichen, von dem Wendepolfluß Φ_r herrührenden Spannungsrest noch vertilgt. Dieser Hilfsfluß muß seiner Richtung nach dem Wendepolflusse, der aus dem Wendepol herauskommt, entgegengerichtet sein, also in derselben Richtung verlaufen wie der Wendepolfluß nach seiner Umkehrung. Er muß also so verlaufen, als ob er vom Anker erzeugt würde. Damit das möglich ist, muß der Strom in der Kompensationswicklung etwas schwächer werden, so daß der Anker nicht mehr vollständig kompensiert wird. Denjenigen Betrag, um den der Strom in der Kompensationswicklung kleiner ist als der Ankerstrom J, bezeichnen wir als „Ausgleichsstrom J_a".

Diese etwas schwer zu übersehenden Verhältnisse erläutert am besten die Fig. 64. Hier liegt in acht Nuten pro Pol eine gleichmäßig verteilte Kompensationswicklung K von acht Windungen. Der mittelste Zahn Z_0 ist Wendepol und ist von einer besonderen Wendepolwicklung W umgeben. Der Wendepolfluß Φ_r ist durch 14 Induktionslinien [1]) dargestellt. Von diesen kehren 12 (= 6 + 6) bereits durch die beiden Nachbarzähne Z_1, Z_1 und 2 (= 1 + 1) durch die dann folgenden Zähne Z_2, Z_2 zurück. Der Wendepolfluß erzeugt daher in der Kompensationswicklung die Spannung:

$$-14.8 + 12.6 + 2.4 = -32.$$

[1]) Die hier genannten Zahlen sind so gewählt, daß man ganzzahlige, zur Rechnung und Aufzeichnung bequeme und zugleich solche Werte erhält, deren Verhältnis zueinander richtig ist. In Wirklichkeit liegt die Zahl der Induktionslinien eines Wendepols zwischen 0,1 und 1,0 × 10[6] cgs-Linien.

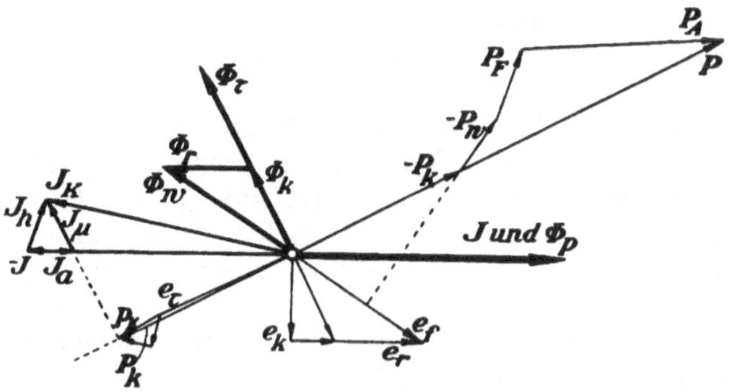

Fig. 65.

Um diesen Rest noch zu beseitigen, entstehen mit Hilfe der verminderten Stromaufnahme der Kompensationswicklung durch die zweiten Zähne Z_2, Z_2 und dritten Zähne Z_3, Z_3 Hilfsflüsse vom Werte 6 (= 3 + 3) und 4 (= 2 + 2) Induktionslinien. Sie entwickeln die Spannung:

$$+ 6.4 + 4.2 = + 32.$$

Also ist die gesamte in der Kompensationswicklung K von den Flüssen der Fig. 64 erzeugte Spannung wirklich gleich Null. Man sieht in der Figur den genauen Verlauf der Induktionslinien und erkennt auch, daß sie mit Ausnahme der Stelle unter dem Wendepol, wo sie nach dem Anker hin verlaufen, so gerichtet sind, als ob sie aus dem Anker herauskämen. Damit das möglich ist, muß also der Strom der Kompensationswicklung um den Betrag (J_a) schwächer sein als der Ankerstrom J.

Nachdem wir nun gesehen haben, wie sich das für die Vernichtung der Stromwendespannung e_r bestimmte Wendepolfeld Φ_r ausbilden und verteilen muß, damit es in der Kompensationswicklung keine Spannung hervorbringt, können wir der Kompensationswicklung außer dem Spannungsverluste p_k noch die weitere Spannung P_k zuführen. Auch in diesem Falle muß die erörterte Stromverteilung bestehen bleiben, nur daß nunmehr durch die Überlagerung des der angelegten Spannung P_k entsprechenden neuen Feldes Φ_τ über das Feld nach Fig. 64 noch ein Magnetisierungsstrom J_μ in die Kompensationswicklung hineinfließen muß. Dieser Magnetisierungsstrom steht senkrecht auf der angelegten, dem Felde entsprechenden Spannung e_τ, also nahezu senkrecht auf P_k.

In der Zuleitung zur Kompensation mißt man die Summe J_h des Ausgleichsstromes J_a und des Magnetisierungsstromes J_μ und nicht etwa den letzten allein. So entsteht das Strombild der Fig. 65. Bei dessen Benutzung ist die umgekehrte Lage der Wicklungen K und H

im Stromkreis zu beachten. Aus diesem Grunde erscheint z. B. P_k als ein nach links gerichteter Vektor, obwohl P_k ein Teil der nach rechts gerichteten Spannung P ist.

Unter dem Wendepol Z_0 setzt sich das in Fig. 64 dargestellte Wendefeld Φ_r, das dem Ankerstrome J proportional ist, mit dem durch die angelegte Spannung P_k erzeugten Felde Φ_k, einem Teil des Feldes Φ_t, zum gesamten Wendefelde Φ_w zusammen, das die zur Aufhebung der elektromotorischen Kräfte e_r und e_k geeignete Richtung hat.

Für die Figuren 59, 60, 62, 65 und 66 ist angenommen, daß e_r 1,5 mal so groß ist wie e_k.

Wenn man durch die an die Kompensationswicklung angelegte Spannung nur die Kurzschlußspannung e_k vernichten wollte, dann müßte man eine Spannung zur Verfügung haben, die mit dem Ankerstrom gleichphasig wäre. Denn eine solche würde ein Feld erzeugen, das zu dem Ankerstrome senkrecht steht, mithin e_k richtig beseitigen könnte. Eine solche Spannung besitzt man in der Regel nicht. Da aber die Klemmenspannung des Motors keine große Phasenverschiebung gegen den Motorstrom hat, wählt man sie zur Speisung der Kompensationswicklung, bzw. einen Teil von ihr, P_k. Wird der Motor aus einem Transformator gespeist, so ist dies einfach dadurch zu machen, daß man die Kompensationswicklung aus einem Teil $v - u_1$ desselben speist (siehe das Schaltungsbild Fig. 63).

Wie im vorigen Falle kann man auch diese Spannung regelbar machen, um die Restspannung für noch andere Belastungen des Motors möglichst klein zu halten, auch kann man die für die Kompensationswicklung erforderliche Spannung $\dot{P}_k$ aus der Klemmenspannung mittelst eines gesonderten Transformators herstellen, Verfahren, die jedoch wegen ihres geringen Nutzens bei größerer Umständlichkeit selten angewendet werden.

Da die Klemmenspannung P_k dem Strome J etwas voreilt, so wird eine kleine Komponente des durch die Kompensationswicklung erzeugten Feldes Φ_T bzw. Φ_k die Wirkung der um den Wendepol selbst gewickelten Spule G_1—H_1 unterstützen, d. h. im Sinne der Aufbebung der Stromwendespannung e_r mitwirken. Diese Nebenwirkung, die in Fig. 65 deutlich zum Ausdruck kommt, ist bei der Bemessung der Wendepolwicklung und der Berechnung der Funkenspannung e_f zu berücksichtigen.

Fig. 65 zeigt auch noch, wie das Diagramm des Motors bei der Schaltung im übrigen aussieht; die darin angeschriebenen Stromstärken entsprechen den gleichen neben den Leitungen des Schaltbildes Fig. 63 eingezeichneten.

Im Hinblick auf Erläuterungen am Schlusse dieses Abschnittes muß noch besonders auf zwei Eigenschaften der Schaltung nach Fig. 63 und Diagramm Fig. 65 hingewiesen werden.

Der der Kompensationswicklung zufließende Strom J_k besitzt keine sehr große Phasenverschiebung gegenüber der Spannung P_k an derselben Wicklung. Dies rührt von seiner Komponente J_a her. Daraus folgt, daß die Kompensationswicklung Leistung an die Stromquelle abgibt, an die sie angeschlossen ist, wenn, wie wir bisher angenommen haben, der Strom in ihr kleiner werden muß als der Ankerstrom.

Bemerkenswert ist ferner, daß der Gruppe: Anker $A-B$, Erregung $E-E$, Wendepolwicklung G_1-H_1 ein kleinerer Teil P_1 der gesamten Spannung zugeführt wird als früher, wie aus dem Vergleich der Schaltbilder 58 und 63 unmittelbar hervorgeht. Am Anker mißt man nur noch den Wert P_A. Der Rest wird dem Anker auf induktivem Wege zugeführt, indem die Kompensationswicklung mittelst des in ihr hervorgebrachten Feldes Φ_r eine nahezu ebenso große Spannung, wie ihr zugeführt wurde, also nahezu den Betrag P_k, in den Anker hineintransformiert. Beide Wirkungen sind, solange man mit der Schaltung nichts anderes beabsichtigt als die Verbesserung der Kommutierung, bedeutungslose Nebenwirkungen. Wir werden jedoch im folgenden erkennen, daß sie bei anderen Motoren als Hauptwirkungen zur Erscheinung kommen.

Statt die ganze Kompensationswicklung zu speisen, kann man sich auch damit begnügen, nur einzelne Teile von ihr an eine geeignete Spannung zu legen. Nur die Wendepolwicklung selbst oder eine um den Wendepol unmittelbar herumgewickelte Spule, z. B. die Windungen K_i der Fig. 64, darf man nicht an eine Spannung anschließen. Denn dadurch würde sich das Feld im Wendepole ausschließlich nach dieser Spannung richten, während doch gefordert ist, daß es sich sowohl nach der Spannung wie auch nach dem Strome richten soll. Die Spannung P_w an der Wendepolwicklung entspricht dem Flusse Φ_w.

Ändert sich die Belastung des Motors, so wird in derselben Weise, wie früher erläutert, der von der Wendepolwicklung übernommene Anteil der Stromwendespannung e_r immer richtig beseitigt, die von der Kompensationswicklung übernommenen Anteile, nämlich der andere Anteil der Stromwendespannung und die Kurzschlußspannung e_k, jedoch nur für einen einzigen Betriebspunkt. Denn das durch den Nebenanschluß der Kompensationswicklung erzeugte Feld Φ_r ist, solange sich die Spannung an ihr nicht ändert, gleichfalls unveränderlich. Hierin ist diese Schaltung der vorhin besprochenen mit Widerstand parallel zur Wendepolwicklung unterlegen. Bei dieser fand wenigstens eine gewisse Änderung von $\mathfrak{B}_k$, also auch von Φ_k mit der Belastung des Motors statt.

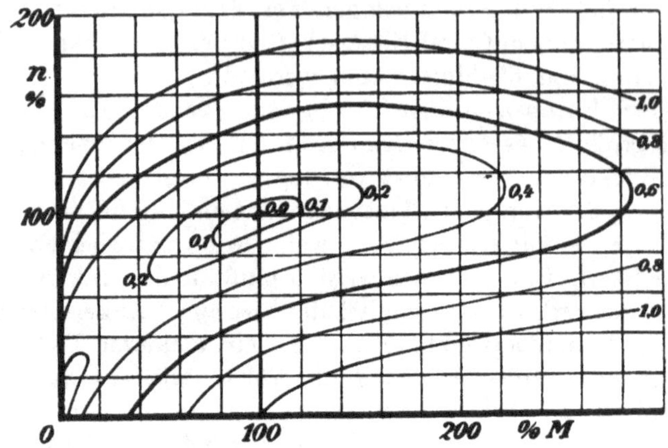

Fig. 66.

Die Restspannungen der Schaltung nach Fig. 63 sind in der Fig. 66 dargestellt, für die $e_r = 1{,}5\, e_k$ und $\cos \varphi = 0{,}9$ am Normalpunkt angenommen sind. Sie können zwar auch innerhalb eines genügend großen Bereiches ohne weiteres von der Bürste ertragen werden. Vergleicht man aber Fig. 66 mit Fig. 62, so wird jetzt die Restspannung 0 nur für einen einzigen Punkt, früher für eine ganze Linie (die Linie 0 in Fig. 62) erreicht und das Gebiet innerhalb eines zulässigen Restwertes (= 0,6) ist kleiner als zuvor. Deshalb ist die angegebene Schaltung für die Stromwendung zwar weniger günstig, jedoch wird sie noch immer wegen der Vermeidung von Energieverlusten gern gewählt, da sie auch nicht gerade als ungenügend bezeichnet werden kann.

Wir haben damit die Haupteinrichtungen zur Erzielung guter Kommutierung beim Wechselstrom-Reihenschlußmotor kennengelernt. Es gibt außerdem noch andere, die wir nicht besprechen werden. Wenn diese auch in der Schaltung äußerlich von den beschriebenen Einrichtungen abweichen, so sind doch die Grundsätze, nach denen sie arbeiten, die gleichen. Besondere Bedeutung hat keine davon erlangt.

Erwähnt sei noch, daß es keine Schaltung gibt, bei der die Spannungen in der stromwendenden Spule für sämtliche Betriebszustände vernichtet werden können. Die Kurzschlußspannungen e_k lassen sich im Stillstand grundsätzlich überhaupt nicht beseitigen. Doch sei darauf hingewiesen, daß es Ankerwicklungen mit voneinander unabhängigen Kreisen gibt, die so angeordnet werden können, daß die Kurzschlußspannung außer durch die Bürsten auch noch durch eine große Anzahl von Ankerleitern aufgenommen werden kann. Bei einer solchen Wicklung ist im Gegensatz zu den gewöhnlichen Wicklungen mindestens ein Kreis immer stromlos. Welcher Kreis das ist, hängt von der augenblicklichen Stellung des Ankers ab. Beim Lauf des Ankers werden also ständig Ankerkreise völlig ein- und ausgeschaltet. Bisher ist es noch nicht gelungen, größeres Schaltfeuer dabei zu vermeiden, doch enthält die Literatur bereits Hinweise, daß diese Aufgabe durch geeignete Wicklungsanordnungen lösbar ist. Ihre Anwendung würde einen Fortschritt bedeuten, weil man dann die Größe der Kurzschlußspannung e_k höher wählen kann, also bessere Maschinen erhält, wie im Teile VII auseinandergesetzt worden ist.

3. Der doppelt gespeiste Motor.

Im Schaltbilde der Fig. 63 haben wir einen Motor kennengelernt, dem zwei Spannungen zugeführt werden. Die ganze P diente dort dem eigentlichen Betriebe des Motors, die andere, P_k, zur Herstellung einer einwandfreien Kommutierung. Wir haben auch schon dort erwähnt, daß infolge dieser Einrichtung ein Teil der Spannung P, nämlich P_A, dem Anker direkt zugeht, während der Rest der für den Anker erforderlichen EMK durch Transformation aus P_k im Anker erzeugt wird. Diese Erscheinung war dort, wo es sich nur um die Kommutierung eines Reihenschlußmotors handelte, nebensächlich.

Man kann aber die Erscheinung auch noch in einer anderen Weise verwerten, wenn man zunächst einmal von den im Hinblick auf die Kommutierung zu stellenden Anforderungen absieht. Dann kann man sie dazu benutzen, um im Anker grundsätzlich nur einen Teil der für den Betrieb erforderlichen EMK E_r durch unmittelbare Spannungszufuhr, den anderen aber durch mittelbare, nämlich transformatorische Spannungszufuhr zu balancieren. Es bleibt natürlich dabei, daß sich die Gegen-EMK E_r des Ankers nach wie vor nach der Grundformel (17) bestimmt.

Dieses Verfahren, dem Anker die erforderliche EMK auf zweierlei Weise zuzuführen, bietet hinsichtlich der Leistung oder Ausnutzbarkeit des Motors danach offenbar nichts Neues, ist aber in seinen Nebenerscheinungen nicht uninteressant. Sofort ersichtlich ist es z. B., daß die zwischen den Ankerbürsten stehende Spannung P_A kleiner ist als im Falle der Schaltung nach Fig. 58 oder 61. Rundfeuer um den Kollektor ist also nicht so leicht denkbar wie dort.

Wichtig ist die Erkenntnis, daß ein derartiger Motor räumlich gesehen in zwei aufeinander senkrechten Richtungen magnetisiert wird, nämlich in der Achse der Erregerwicklung $E-F$ und in der dazu senkrechten Achse der Kompensationswicklung G_2-H_2, und ferner die Erkenntnis, daß die Magnetisierungen in diesen Richtungen nicht zu gleicher Zeit eintreten. In der Tat, wenn wir auf das Diagramm Fig. 65 zurückgreifen, so erkennen wir, daß zeitlich zuerst das Feld Φ_r innerhalb der Kompensationswicklung sein Maximum erreicht und erst später, etwa mit einer zeitlichen Nacheilung von 120 Grad, das Erregerfeld Φ_p in der Achse der Erregerwicklung.

Das Feld im Motor zeigt also erst räumlich nach oben, dann von links nach rechts usw., d. h. es rotiert im Raume herum im Sinne des Uhrzeigers, dabei seine Größe taktmäßig ändernd. Wir erkennen somit: der nach Fig. 63 geschaltete Motor besitzt ein Drehfeld, wenn auch ein unregelmäßiges.

Dies erläutert nun auch in übersichtlicher Weise, weshalb die Spannung an den Bürsten des Ankers nicht mehr so groß ist wie beim reinen Reihenschlußmotor. Rotiert nämlich das Feld und der Anker in demselben Sinne, so schneiden die Leiter des Ankers das Feld langsamer und die Spannung muß kleiner werden.

Aus demselben Grunde wird ersichtlich, wieso die Schaltung zur Beseitigung der Kurzschluß-EMK e_k beiträgt.

Gleichzeitig ergibt sich aber auch die Erkenntnis, daß mit der immer weitergehenden Benutzung dieses Verfahrens die Drehzahl n des Motors immer mehr an die Drehzahl n_0 des Drehfeldes gebunden wird. n_0 ist bekanntlich der Frequenz f_0 des zugeführten Wechselstromes und der Polzahl $2p$ der Maschine proportional.

Durch diese Bindung an die Drehzahl n_0 des Drehfeldes wird das Regulierbereich der Drehzahl n des Motors und damit dessen Verwendbarkeit eingeschränkt.

Man nennt diesen Motor einen „doppeltgespeisten Motor". Wir haben diesem Motor, trotzdem seine Eigenschaften weniger umfassend sind als die des Reihenschlußmotors, der diese Einrichtung entweder gar nicht oder nur zum Zwecke der Verbesserung der Kommutierung besitzt, eine längere Besprechung gewidmet, weil er in der Praxis viel verwendet worden ist und auch weil er vom Reihenschlußmotor eine Brücke baut zum Repulsionsmotor, zum kompensierten Repulsionsmotor, ja selbst zu den mehrphasigen Drehstromkollektormotoren mit reinem Drehfeld.

Da sein Unterschied gegenüber dem Reihenschlußmotor nur in der Art besteht, wie dem Anker Spannung zugeführt wird, bleibt sein Verhalten bei verschiedenen Belastungen bis auf sehr geringfügige Unterschiede dasselbe wie bei diesem. Man kann deshalb die Schaulinien von Fig. 57 für ihn gelten lassen.

Teil IX.

Der Repulsionsmotor.

1. Der Zusammenhang des Repulsionsmotors mit dem Reihenschlußmotor und seine Eigenschaften.

Nach den Erläuterungen des Teils VIII konnte die Spannung des Ankers eines Reihenschlußmotors durch Speisung des Stators, bzw. der Kompensationswicklung verringert werden. Es war möglich, einen Teil der zum Betriebe erforderlichen Spannung dem Anker durch Transformation zuzuführen und nur den Rest unmittelbar durch Leitung (Fig. 63).

Die Verfolgung dieses Gedankens führt schließlich dahin, die Spannung der Gruppe: Anker $A-B$ plus Erregung $E-F$, gleich Null zu machen. Man erhält dann einen nach der Fig. 67 geschalteten Motor und erkennt aus dem Bilde, daß die Punkte u_1 und u des Bildes Fig. 63 zusammenfallen, die ganze Spannung P also nur dem Stator übertragen und die Gruppe: Anker plus Erregung, in sich kurzgeschlossen wird. Die Statorhauptwicklung wird auf diese Weise unabhängig von dem Kreise, der den Kommutator enthält, sie kann demgemäß ohne Rücksicht auf diesen vollkommen beliebig und für jede Spannung gewickelt werden. Dies ist eine **außerordentlich** wichtige Eigenschaft des so geschalteten Motors. Um sie auch bildlich auszudrücken, ist dasselbe Schaltbild wie Fig. 67 in der Fig. 68 in etwas umgestellter Form aufgezeichnet, die die Trennung der beiden Gruppen: Stator $U-V$ und Anker $A-B$ + Erregung $E-F$, recht deutlich zeigt. Die Klemmenbezeichnung des Ständers ist von G_2-H_2 (als Kompensationswicklung) in $U-V$ (einphasige Wechselstromwicklung) übergegangen.

Betrachten wir den Ankerkreis eines derartigen Motors, so sehen wir, daß der Anker nichts weiter zu speisen hat als die Erregerwicklung, mit der das Feld Φ_p, das Hauptfeld des ehemaligen Reihenschlußmotors, hervorgebracht wird.

Nun hatten wir im Teil V gesehen, daß man auch durch den stromdurchflossenen Anker magnetomotorische Kräfte hervorbringen kann. Diese sind so im Raume gerichtet, wie die Verbindungslinie $A-B$ der Bürsten liegt. In der Fig. 68 liegt diese Verbindungslinie senkrecht zu der Richtung $E-F$, in der die Erregerwicklung magnetisiert (Hauptlage I im Teil V), sie kann also in dieser Lage keinen Einfluß auf den

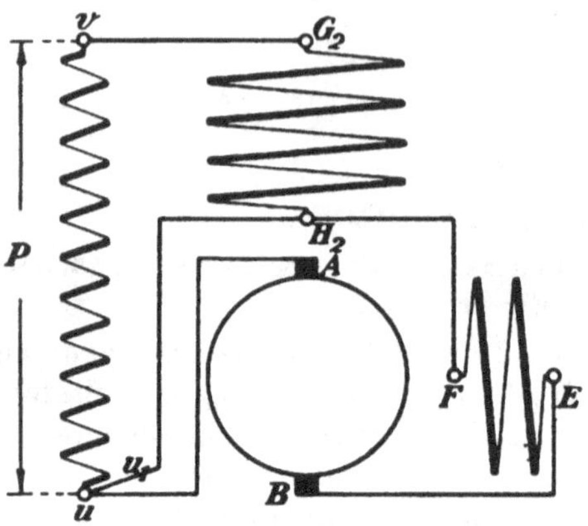

Fig. 67.

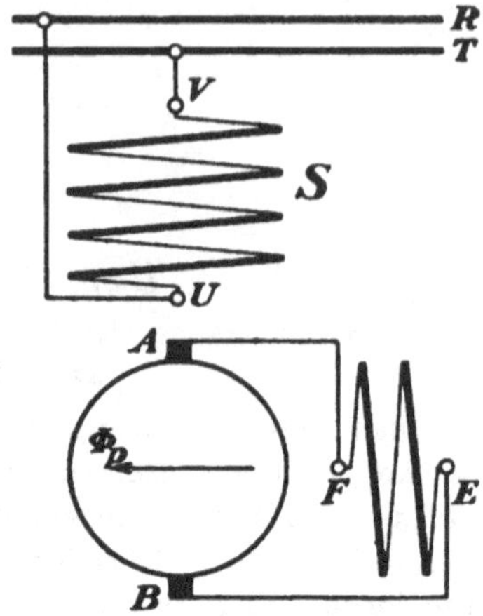

Fig. 68.

von der Erregerwicklung erzeugten Fluß Φ_p nehmen. Verschiebt man jedoch die Bürsten etwas aus dieser Lage, so ist das möglich und bei einer gewissen Verschiebung wird die magnetisierende Wirkung des Ankers in der Richtung der Erregerwicklung der Zahl nach gerade so groß sein können wie deren eigene. Dann ist es aber möglich, die Wirkung des Ankers ganz an Stelle der Erregerwicklung treten zu lassen, diese ganz fortzulassen und den Anker völlig kurzzuschließen. Man erhält dann den äußerst einfachen Motor nach dem Schaltbilde der Fig. 12 im Teil II. Die Klemmenbezeichnung des Ankers ist hier ebenfalls aus $A-B$ in $U-V$ übergegangen.

Dieser Motor ist der Repulsionsmotor. Der eigentümliche Name dieses Motors stammt aus einer Zeit, in der die Wirkung derartiger Schaltungen noch nicht so genau übersehen werden konnte wie heutzutage, und trägt die Erklärung in sich, die man sich damals von der Arbeitsweise einer solchen Maschine machte.

Ehe wir auf die genauere Erörterung der elektrischen Wirkungsweise dieses Motors eingehen, wollen wir seine praktischen Eigenschaften betrachten.

Wie schon in Teil III, Abschnitt 3 erläutert, wird die Regulierung der Drehzahl nur mit Bürstenverschiebung einerseits über den Synchronismus, d. h. über die der Pol- und Periodenzahl der Maschine entsprechende Drehzahl, um meistens 10 % gesteigert und andererseits bis zum Stillstande ausgedehnt. Die Bürstenverschiebung kann demnach auch zum Anlassen des Motors dienen, eine sehr wichtige Eigenschaft dieser Einrichtung. Beim Beginne des Anlassens liegen die Bürsten in der Lage, die wir im Teil V als „Hauptlage II" bezeichnet haben, d. h. um 90° versetzt gegenüber der in den Fig. 67 und 68 gezeichneten Lage (in Fig. 69 rechts bei F punktiert gezeichnet). Von ihr aus pflegt man die Bürstenverschiebung α zu zählen, so daß sie also mit $\alpha = 0$ Grad zu bezeichnen wäre. Bei dieser Bürstenlage ist das Drehmoment M des Motors $= 0$, denn laut Teil V kann die Ständerwicklung $U-V$ den Ankerkreis nicht transformatorisch beeinflussen, es fließt kein Strom im Anker, daher entsteht auchkein Feld Φ_d.

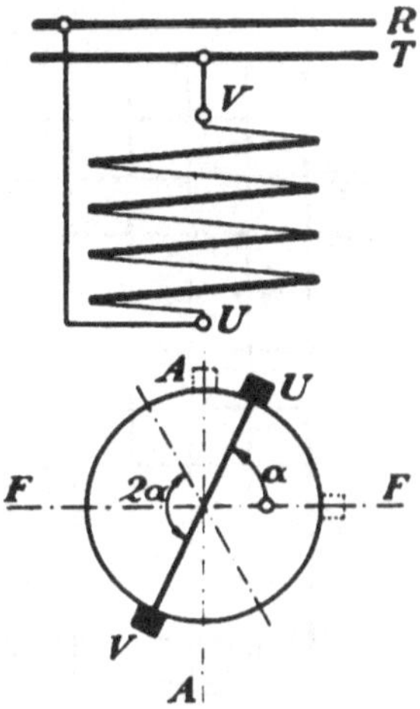

Fig. 69.

Ist angelassen worden, so können die Bürsten an sich bis in die „Hauptlage I“ verschoben werden, das ist die Lage, die sie in Fig. 67 und 68 besitzen (in Fig. 69 oben bei A punktiert gezeichnet). Für sie wäre $\alpha = 90°$. In dieser Lage wird Strom im Ankerkreise induziert, aber kein Feld Φ_p in Richtung senkrecht zur Ankerachse erzeugt. Daher ist das Moment $M = 0$ und deshalb ist diese Bürstenlage praktisch unbrauchbar. Durch Anschläge pflegt man die Bürstenverschiebung etwa bei $\alpha = 85°$ zu begrenzen.

Da das Moment in beiden Hauptlagen Null ist, muß es dazwischen über ein Maximum weggehen. Dieses Maximum pflegt bei Bürstenverschiebungen von $\alpha = 80$ bis $85°$ zu liegen.

Arbeitet der Motor „normal“, so pflegen die Bürsten zwischen $\alpha = 77{,}5°$ und $\alpha = 67{,}5°$ zu stehen, je nach Bauart, eine Stellung, die in Fig. 69 dargestellt ist.

In der Fig. 70 sind die Schaulinien (n, J, η, $\cos\varphi$) eines Repulsionsmotors nach Fig. 69 bei dem normalen Drehmomente M über den verschiedenen Bürstenstellungen dargestellt. Würde man n über M für mehrere, jeweils aber feste Bürstenstellungen α auftragen, so erhielte man Kurven ähnlich Fig. 57, an denen statt des jeweiligen P das jeweilige α anzuschreiben wäre. Nur in dem Gebiete der großen Momente und der kleinen Drehzahlen macht sich ein Unterschied bemerkbar, der von der Regulierung durch Feldänderung im Gegensatz zu der durch Spannungsänderung herrührt: es treten bei hohen Momenten M rasche Änderungen der Drehzahl ein, wenn sich das Moment nur wenig ändert. Praktisch läuft dies darauf hinaus, daß der Motor bei gewissen hohen Belastungen stehenbleibt. Man sagt, er wird unstabil. Diese Eigenheit ist ein gewisser Nachteil, da sie bei mancher Betriebsart (Fördermaschinen) stören würde, kann aber durch den sogenannten „doppelten Bürstensatz“ beseitigt werden, der weiter unten beschrieben wird.

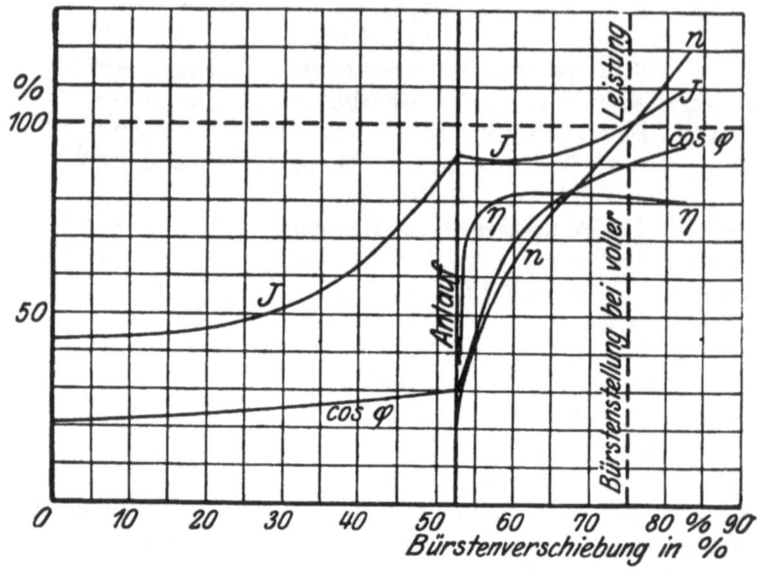
%
100
50
0
10
20
30
40
50
60
70
80 % 90
Bürstenverschiebung in %
J
cos φ
η
n
Anlauf
Bürstenstellung bei voller Leistung

Fig. 70.

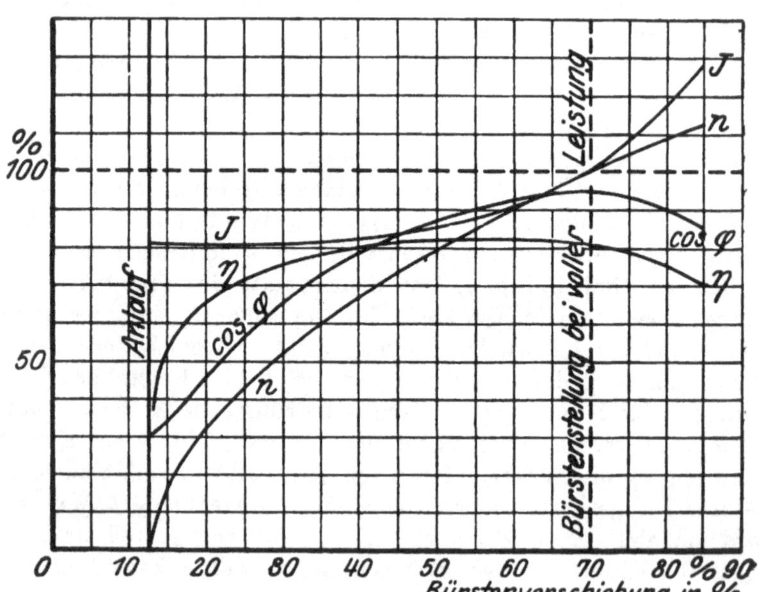
%
100
50
0
10
20
80
40
50
60
70
80 % 90
Bürstenverschiebung in %
J
n
cos φ
η
Anlauf
Bürstenstellung bei voller Leistung

Fig. 71.

Wie die ganze Regulierung, so kann auch die Umkehr der Drehrichtung des Motors allein durch die Bürstenverschiebung besorgt werden. Dabei ist — und dies ist ein wichtiges Moment — ein Wechsel der Anschlüsse $U-V$ des Ständers nicht erforderlich, ja in vielen Fällen, besonders beim Motor mit „doppeltem Bürstensatz", ist beim ununterbrochenen Wechsel der Drehrichtung nicht einmal ein Ausschalten des Ständers im Augenblick des Durchganges durch Null erforderlich. Damit wird die Schaltung auch für solche Fälle sehr einfach.

Die Bürsten müssen aus einer Lage, bei der der Motor stillsteht, für die beiden Drehrichtungen nach verschiedenen Seiten hin verschoben werden. Beim Anlauf kommt der Motor den Bürsten stets entgegen. Die Bürstenverschiebung beträgt für den zweipoligen Motor bis zum Anlauf mit dem normalen Drehmoment etwa 52% oder 47,0 Grade und bis zur Erreichung der vollen Drehzahl bei demselben Momente etwa 75% oder 67,5 Grade. Dies ist in der Fig. 70 dargestellt.

Für Motoren mit mehr als zwei Polen ist die Bürstenverschiebung gerechnet in elektrischen Graden genau so groß, räumlich aber kleiner. Man findet sie, indem man die Anzahl der elektrischen Grade a mit der Polpaarzahl $2p$ dividiert. Bei vielpoligen Motoren wird die Bürstenverschiebung dadurch klein. Wir werden weiterhin Mittel kennenlernen, durch die sich dem etwas abhelfen läßt.

Die günstigste Drehzahl, für die der Repulsionsmotor ausgeführt werden kann, liegt ungefähr 20 % unter der synchronen, weil dabei die Kommutierung am besten ist. Indessen ist der Unterschied in der Kommutierung bei dieser Drehzahl gegenüber der bei der synchronen Drehzahl nicht sehr erheblich. Man baut die Repulsionsmotoren daher, um nicht zu viel Leistung einzubüßen, meistens für die synchrone Drehzahl und pflegt diese als ihre normale zu bezeichnen.

Im übrigen ist der Motor aus den auf S. 134 u. 144ff. erläuterten Gründen stark von der synchronen Drehzahl abhängig, sein Regelbereich also gegenüber dem des Reihenschlußmotors beschränkt und hohe Drehzahlen nicht erreichbar bei großen Leistungen. Wie dies seine Verwendbarkeit beeinflußt, ist im Teil III, Abschnitt 3 eingehend erläutert, auf den wir als wichtige praktische Ergänzung der hier gegebenen Erläuterungen hinweisen wollen.

2. Wichtige Abarten des einfachen Repulsionsmotors.

Der Repulsionsmotor hat sich durch einige Abänderungen den besonderen Anforderungen in manchen Betrieben in glücklicher Weise angepaßt, wodurch sich seine Anwendbarkeit ohne Zweifel gehoben hat.

a) Der Repulsionsmotor mit doppeltem Bürstensatz.

Diese Abart des Motors entsteht dadurch, daß man sich die beiden Bürsten U und V des Motors in je zwei Bürsten zerschnitten denkt derart, daß aus der Bürste U die beiden Bürsten U und Y und aus V die beiden Bürsten V und X entstehen, und daß man nun U mit X sowie V mit Y kurz verbindet. Es bleiben nun die beiden Bürsten U und V fest stehen, während X und Y verschoben werden. In der Regel stellt man die festen Bürsten, die zusammen den sogenannten „festen Bürstensatz" bilden, in die Hauptlage II, also so, wie sie in Fig. 67 und 68 stehen. Man erhält dann das Schaltbild Fig. 72. Die Ankerspeisung hatten wir schon in Fig. 32 kennengelernt.

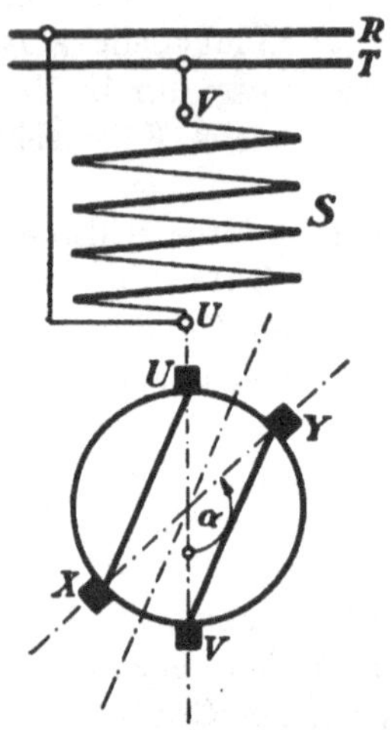

Fig. 72.

Beim Anlauf fällt die Bürste X mit U, die Bürste Y mit V zusammen, dann bewegt sich X nach V, Y nach U hin. Arbeitet der Motor „normal", dann stehen die „beweglichen Bürsten" um den Winkel $\alpha = 135$ Grad aus der Anfangslage verschoben.

Es fällt beim Vergleich der Fig. 69 und 72, die beide die Bürstenlage bei „normalem" Betriebe darstellen sollen, sofort auf, daß der Verschiebungswinkel α beim Motor mit doppeltem Bürstensatz doppelt so groß ist wie beim Motor mit einfachem. Praktisch bedeutet dies eine größere Genauigkeit, die man beim Einstellen der Bürsten haben kann, also eine Erleichterung in der Handhabung des Motors. Dies zeigen auch die Schaulinien Fig. 71 dieses Motors.

Ein weiterer Vorteil ergibt sich durch die Anlaufstellung der Bürsten. Die in dieser Stellung durch die Bürsten kurzgeschlossenen Windungen des Ankers werden nämlich nicht von dem einzigen vorhandenen Flusse Φ_T, dem aus der Ständerwicklung $U-V$ kommenden, durchdrungen. Daher wird auch keine Kurzschluß-EMK e_k hervorgebracht. Man hat also nicht nötig, zur Schonung der Bürsten den Ständer beim Stillstand des Motors auszuschalten, wiederum ein Vorteil in der Handhabung des Motors. Wird der Motor durch Verschiebung der Bürsten angelassen, dann tritt zwar zugleich mit dem Flusse Φ_p auch die EMK e_k wieder auf, aber da der Motor alsdann bald in Bewegung kommt, wird er immerhin geschont. Sein Kollektor kann freilich deshalb nicht kleiner bemessen werden, da er ja in jedem Falle auch die EMK e_k aushalten muß.

Eine letzte wichtige Eigenschaft des Motors mit doppeltem Bürstensatze besteht in der Beseitigung der vorn genannten „Unstabilität“. Auch große Drehmomente kann man ihm aufbürden, ohne daß er plötzlich zum Stillstand kommt, oder auch, was dasselbe ist, man kann ihn mit Hilfe der Bürstenverschiebung bei jeder Belastung auch auf sehr kleine Drehzahlen herab regeln. Diese Eigenschaft macht den Motor mit doppeltem Bürstensatz gerade für Hebebetriebe wichtig. Daher hat er sich in der Fördermaschinentechnik einen Platz zu sichern gewußt, d. h. als Großmotor. Bei kleinen Hebebetrieben, z. B. dem Kranbetriebe, ist die Eigenschaft nicht unerwünscht, wird aber nicht so notwendig gebraucht wie beim Förderbetriebe, bei dem geringe Geschwindigkeiten behördlich vorgeschrieben sind.

b) Der Doppel-Repulsionsmotor.

Nachdem der Repulsionsmotor durch den doppelten Bürstensatz für den Betrieb schwerer Maschinen geeignet geworden war, stellte sich das Bedürfnis heraus, ihn in Drehstromanlagen zu verwenden, ohne diese ungleichmäßig zu belasten. Es wurde durch die Anwendung der vom Transformatorenbau her bekannten „Scottschen Schaltung“ befriedigt. Wir haben die in dieser Weise geschalteten Repulsionsmotoren schon im Teil II kennengelernt, Fig. 16 zeigt die Art, wie die Scottsche Schaltung ausgeführt wird, und Fig. 15 zeigt den konstruktiven Zusammenbau zum sogenannten „Doppel-Repulsionsmotor“. Als solcher hat sich dieser Motor eine Zeitlang für Förderbetriebe eingeführt.

c) Repulsionsmotoren mit umschaltbarer Ständerwicklung.

Wir hatten es vorn als einen besonderen Vorzug des Repulsionsmotors geschildert, daß er sich nur durch Bürstenverschiebung regeln und steuern ließ. Mitunter gestattet aber die Aufstellung des Motors keinen bequemen Zutritt zu den Bürsten, z. B. wenn mit dem Repulsionsmotor ein Aufzug von der Aufzugskabine aus gesteuert werden soll. Man steuert ihn dann — bei feststehenden Bürsten — durch Verlegen der Ständerwicklung um. In Fig. 69 sehen wir, wie während des Betriebes die Achsen der Ständer- und Ankerwicklung gegeneinander um den Winkel 90 — α Grad verlegt sind. Es ist nun natürlich einerlei, ob diese Verlegung durch Verschieben der Bürsten oder durch Verlegen der Ständerwicklung hervorgebracht wird. Praktisch wird die Verlegung der Ständerwicklung in folgender Weise hervorgebracht:

An eine Hauptwicklung O—U, deren Achse mit der des Ankers gleichgerichtet ist, sind zwei kleinere Nebenwicklungen V—O und

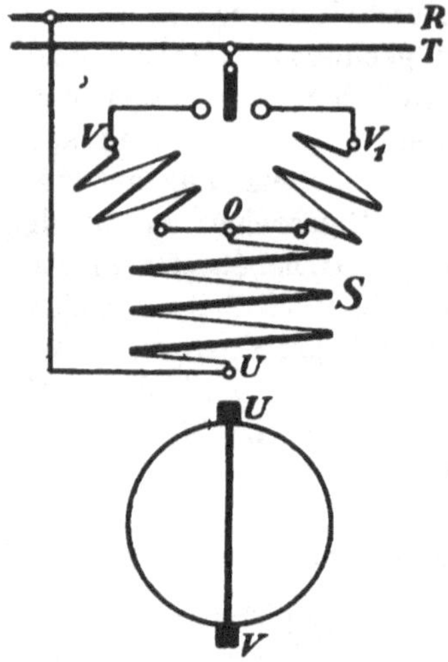

Fig. 73.

$V_1 - O$ angeschlossen, Fig. 73, deren Achsen gegen die der Hauptwicklung verlegt sind. Während die Netzleitung *R* wie früher an *U* angeschlossen ist, kann *T* mittelst eines Umschalters an *V* oder V_1 gelegt werden, je nachdem ob der Motor rechts oder links laufen soll. Wie ersichtlich, fließt der Strom aus dem Netz dann stets durch die Hauptwicklung und abwechselnd durch eine der Nebenwicklungen, und durch die zusätzliche Wirkung der letzten wird die magnetische Achse der Ständerwicklung etwas aus der Richtung verschoben, die sie durch die Hauptwicklung $O - U$ allein erhalten haben würde. Die magnetische Achse der gesamten Ständerwicklung wird also dem Anker gegenüber verstellt, und zwar bei Benutzung der einen Nebenwicklung nach links, bei der anderen nach rechts. Mithin wird der Motor durch dieses Verfahren umgesteuert, ohne daß die räumliche Stellung der Bürsten an sich geändert zu werden braucht.

Motoren dieser Bauart haben als Aufzugsmotoren eine sehr große Verbreitung gefunden, weil die Umlegung des in der Fig. 73 angegebenen Umschalters von der Kabine aus in einfacher Weise durch Vermittlung elektrischer Leitungen und Magnete erfolgen kann. Man benutzt bei solchen Betrieben nur die Anlaufseigenschaft des Repulsionsmotors; nach beendetem Anlaufe wird der Anker durch einen Zentrifugalschalter kurzgeschlossen, worauf der Motor als asynchroner Einphasenmotor weiterläuft („Repulsions-Induktionsmotor").

3. Die Wirkungsweise des Repulsionsmotors.

Wir gehen nun dazu über, die elektrischen Vorgänge im Repulsionsmotor eingehender zu verfolgen. Wir stellen uns dazu einen zweipoligen Motor vor, dessen Bürsten in derjenigen Stellung stehen mögen, die sie bei voller Last und voller Drehzahl haben müssen. Sie sind zu diesem Zwecke um α Grade aus der Anfangsstellung verschoben (s. Fig. 69).

Da die Magnetisierung des ganzen Motors von seiner Ständerwicklung ausgeht, ist es zweckmäßig, als eine der räumlichen Hauptachsen die der Ständerwicklung $U - V$ festzulegen. Diese Bezugsachse hat außerdem den Vorteil, von der veränderlichen Bürstenstellung α unabhängig zu sein. Da ferner die Ständerwicklung von

Vorgängen nicht beeinflußt wird, die in einer zu ihrer Achse senkrechten Richtung vor sich gehen, so ist es weiter zweckmäßig, die dazu senkrechte Richtung als eine weitere Hauptachse zu wählen. Die beiden so ausgewählten Richtungen sind in der Fig. 69 eingetragen und mit $A-A$ und $F-F$ bezeichnet. Es sei erwähnt, daß man auch andere Achsen wählen kann.

Der Anker wird durch Vorgänge in beiden Achsen beeinflußt, ausgenommen dann, wenn die Bürstenverbindungslinie $U-V$ mit einer der beiden zusammenfällt. Fällt sie mit der Achse $F-F$ zusammen, so stehen die Bürsten in der „Anfangsstellung", $\alpha = 0^0$. Fällt sie mit der Ständerachse $A-A$ zusammen, so stehen die Bürsten in der sogenannten „Kurzschlußstellung", $\alpha = 90^0$. Der Name kommt davon her, daß in dieser Lage der Bürsten der Anker eine dem Ständer gegenübergestellte kurzgeschlossene Wicklung vorstellt, mithin auch das Netz, an dem der Ständer liegt, kurzgeschlossen wird. Diese Stellung ist, weil der Motor dabei gar kein Drehmoment entwickelt, sondern nur einen sehr großen, für seinen Bestand gefährlichen Strom aus dem Netz aufnimmt, nicht brauchbar. Durch die mechanische Einrichtung der Steuerung der Bürsten muß verhindert werden, daß die Bürsten jemals versehentlich in diese Stellung gelangen können.

Durch einen kleinen Kunstgriff teilt man nun den Anker in zwei Gebiete ein, deren Wicklungsachsen mit je einer der Hauptachsen zusammenfallen. Das eine Gebiet erstreckt sich ober- und unterhalb der Achse $F-F$ und umfaßt den Winkel 2α, das andere bedeckt den Rest des Ankers, erstreckt sich also gleichmäßig links und rechts von der Achse $A-A$. Die beiden Teile sind ungleich groß, wenn die Bürsten ihre normale Stellung inne haben. Meistens ist der Winkel $2\alpha = 140$ Grad. Da der Anker eine fortlaufende Wicklung trägt, so gehören zu den beiden Gebieten Wicklungsabschnitte von ungleicher Windungs- (oder Stab-) zahl. Diese Wicklungsabschnitte werden wir im folgenden wie getrennte, einzelne Wicklungen behandeln. Es ist zu beachten, daß sie elektrisch in Reihe geschaltet sind. Es fließt in ihnen der gleiche Strom, und die in ihnen hervorgebrachten EMKe addieren sich (geometrisch). Zu beachten ist ferner, daß die Wicklungsabteilung im Gebiete 2α so liegt, daß sie transformatorisch nur durch die Statorwicklung beeinflußt werden kann, dagegen nicht durch die andere Wicklungsabteilung. Diese wieder kann nicht durch die Statorwicklung transformatorisch beeinflußt werden. Über derartige Verhältnisse wurde schon im Teil V gesprochen.

Bei der Betrachtung des Verhaltens des Motors gehen wir von seinem Hauptdrehmoment M aus. Wir sprechen hier von einem „Haupt"-Drehmoment, da der Anker außerdem noch ein allerdings sehr viel kleineres, ihm entgegengesetztes Drehmoment entwickelt.

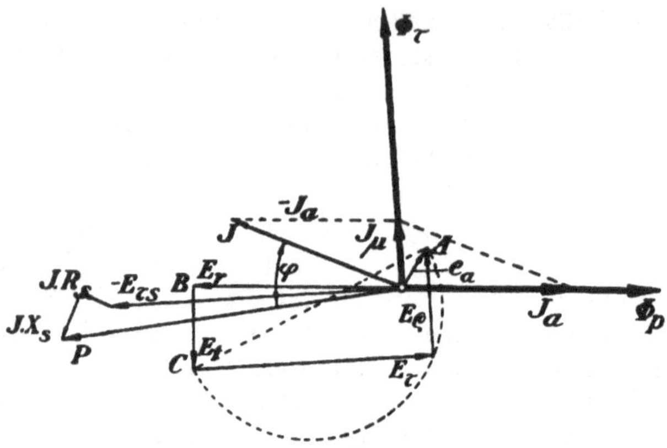

Fig. 74.

Wir bezeichnen es als „Neben"-Drehmoment. Seine Entstehung ist auf S. 145 erklärt. M wird durch den Fluß in der Achse $F-F$ gebildet, den wir mit Φ_p bezeichnen wollen, und durch den mit ihm gleichphasigen Ankerstrom J_a. Beteiligt sind dabei jedoch nur die im Winkel $2a$ gelegenen Ankerleiter. Es wirkt daher auch nur ein Teil des Flusses Φ_p, den wir mit $(\Phi_p)_{2a}$ bezeichnen wollen. Wie aus der Fig. 69 ersichtlich ist, liegen in den übrigen Teilen des Flusses Φ_p Leiter mit Strömen verschiedener Richtung, deren Wirkung sich also für das Drehmoment aufhebt. Berechnet wird das Drehmoment nach der Formel (12), in die statt Φ_β nur $(\Phi_p)_{2a}$ einzusetzen ist, nachdem aus J_a der Leiterstrom J' berechnet ist. In dem Zeitdiagramm Fig. 74 ist der Fluß Φ_p von links nach rechts, desgleichen der Ankerstrom J_a eingetragen, die beide für die Bildung des Drehmomentes erforderlich sind. Der Fluß Φ_p wird nun die beiden Abteilungen des Ankers beeinflussen. In dem Teile innerhalb des Winkels $2a$, den wir als die „Arbeitswicklung" des Rotors bezeichnen wollen, bringt er durch Drehung eine dem Strome entgegengesetzte EMK E_r nach Formel (17) hervor und in dem übrigen Teile, den wir als die „Erregerwicklung" des Rotors bezeichnen wollen, durch Transformation eine gegen den Strom um 90 Grad nacheilende EMK E_t nach Formel (18). Der Strom J_a selbst findet bei seinem Laufe durch den kurzgeschlossenen Anker Ohmsche und induktive Widerstände vor, zu deren Überwindung die Spannung e_a erforderlich ist, die dem Strome um einen gewissen Betrag voreilt. Die oben betrachteten EMKe E_r und E_t und die noch zu betrachtenden EMKe, die durch den Ständer im Anker hervorgebracht werden, müssen zusammenaddiert (geometrisch) jene kleine EMK e_a ergeben, die zur Erzeugung des Stromes im Anker erforderlich ist. Der Ständer muß also eine EMK von der Größe $C-A$ hervorbringen. Der Ständerfluß Φ_t wirkt nun genau so auf die beiden Wicklungsabteilungen des Ankers wie das Feld Φ_p, nur so, daß er in der Arbeitswicklung eine EMK durch Transformation E_t und in der Erregerwicklung eine durch

Drehung E_ϱ erzeugt. Diese beiden müssen aufeinander senkrecht stehen, und zwar muß die durch Transformation dem Ständerflusse Φ_r wieder um 90 Grad nacheilen, die durch Drehung erzeugte wieder in Phase mit dem Flusse Φ_r sein. Diese Forderungen ergeben eine Lage der Spannungen, wie sie in dem Diagramm Fig. 74 dargestellt ist. Es ergibt sich daraus, daß das Feld Φ_r in dem Ständer etwas mehr als 90 Grad vor dem Felde Φ_p vorauseilen muß. Man vergleiche nun die Zeitfolge der Felder im Zeitdiagramm und die Raumfolge im Raumdiagramm und man wird mit Hilfe der an Fig. 48 angeknüpften Darlegungen erkennen, daß der Motor ein Drehfeld entwickelt, dessen Bewegungsrichtung mit dem Drehsinne des Ankers übereinstimmt.

Wir sind jetzt in der Lage, die Entstehung des vorn erwähnten „Neben"-Drehmomentes zu erkennen. Hervorgebracht wird es von den Leitern rechts und links von der Achse $A-A$, die im Winkel $180-2a$ liegen, den Ankerstrom J_a führen und dem Felde Φ_r ausgesetzt sind. Da jedoch J_a nahezu senkrecht auf Φ_r steht, bleibt das Nebendrehmoment immer sehr klein gegenüber dem Hauptdrehmoment. Da Φ_r mehr als 90 Grad vor Φ_p voreilt, wirkt das Nebenmoment dem Hauptmoment entgegen.

Hiermit sind die Betrachtungen über die Vorgänge im Anker abgeschlossen und wir wenden uns denen im Ständer zu. Die Ständerwicklung muß zur Erzeugung des Feldes Φ_r einen Magnetisierungsstrom J_μ in Phase mit dem Felde Φ_r aufnehmen und außerdem die Amperewindungen des Ankers innerhalb ihres Einflußgebietes, und das ist die Arbeitswicklung im Winkel $2a$, durch Aufnahme eines Arbeitsstromes $-J_a$ aufheben, damit das Feld Φ_r auch wirklich entstehen kann. Somit nimmt die Ständerwicklung im ganzen den Strom $J = J_\mu \doteq J_a$ auf.

Zur Durchführung dieses Stromes durch die Ständerwicklung muß eine Ohmsche Spannungskomponente $J \cdot R_s$ zur Überwindung der Widerstände und eine induktive $J \cdot x_s$ zur Überwindung der Streuung der Ständerwicklung aufgebracht werden, die in Phase mit dem Strome bzw. 90 Grad vor ihm liegen. Endlich erzeugt das Feld Φ_r auch in der Ständerwicklung eine EMK von derselben Richtung wie die EMK E_t, die durch eine Gegenkomponente E_{rs} aufgehoben werden muß. Diese drei Werte ergeben zusammen nach Größe und Phase die Klemmenspannung P des ganzen Motors.

Hiermit ist das Betriebsdiagramm des Motors völlig erledigt.

Man kann nun dem Diagramm eine wichtige Bemerkung entnehmen. Die durch das Feld Φ_p in der Erregerwicklung des Ankers hervorgebrachte, um 90 Grad nacheilende EMK E_t wird durch die vom Ständerfeld Φ_r mittelst Drehung in derselben Wicklungsabteilung erzeugte EMK E_ϱ fast völlig aufgehoben. Während wir also beim Reihenschlußmotor für die Erzeugung des Feldes Φ_p eine besondere EMK E_p (Fig. 55) gebrauchten, sehen wir hier den Anker dasselbe Feld unter Aufwand einer viel geringeren EMK erzeugen, weil jene EMK durch eine durch Drehung erzeugte andere aufgehoben wird.

Der physikalische Grund für diese Erscheinung liegt darin, daß in der Nähe des synchronen Laufes im Anker der Maschine ein sehr langsam wechselnder Wechselstrom fließt. Diese Eigenschaft der vom Anker ausgehenden Erregung ist deshalb sehr wichtig. Mit ihrer Hilfe gelingt es, die Leistungsfaktoren derartig erregter Maschinen wesentlich zu verbessern.

Weiter erkennen wir, daß die durch den Ständer in der Arbeitswicklung des Ankers erzeugte EMK E_τ die in derselben Wicklung durch Rotation im Felde Φ_p erzeugte EMK E_r nicht nur aufhebt, sondern sie ungefähr noch um so viel überwiegt, als der Ohmsche Widerstand ausmacht. Daraus ergibt sich, daß die Leistung durch die Ständerwicklung transformatorisch übertragen und durch die „Arbeitswicklung" des Ankers in mechanische Leistung umgewandelt wird. Der dieser Wicklungsabteilung gegebene Name rechtfertigt sich also damit.

Jede der beiden Wicklungsabteilungen arbeitet also in einer besonderen ihr eigentümlichen Weise.

Der Leistungsfaktor cos φ der Maschine wird hauptsächlich durch den Magnetisierungsstrom J_μ der Ständerwicklung bestimmt. In geringerem Maße tragen die Anker- und Ständerstreuung zu seiner Verminderung bei.

Bei der Berechnung der einzelnen Größen dieses Diagrammes sind die Wicklungsfaktoren der einzelnen Wicklungen bzw. Wicklungsabschnitte richtig in Rechnung zu ziehen. Wie das geschieht, wurde grundsätzlich bei Besprechung der Formel 17 und 18 im Teil V besprochen und ist in den einschlägigen Werken über Elektrotechnik zu finden. Wir wollen der Vollständigkeit halber die Formeln angeben, nach denen die vier EKMe im Anker zu berechnen sind. Der Aufbau dieser Formeln und die Größenordnung der einzusetzenden Werte sind dieselben, wie im Teil V angegeben. In allen Formeln tritt jedoch außerdem noch der Einfluß des Bürstenverschiebungswinkels hervor.

$$(\Phi_p)_{2a} = \Phi_p \cdot \frac{2a}{\frac{\pi}{2} + a}. \tag{48}$$

$$E_r = \frac{p}{a} \cdot Z \cdot \frac{(\Phi_p)_{2a}}{10^6} \cdot n \cdot \frac{1}{8490} \text{ Volt effektiv.} \tag{49}$$

$$(50)\quad E_\tau = \frac{1}{a} \cdot Z \cdot \frac{\Phi_\tau}{10^6} \cdot \frac{f_0}{100} \cdot \frac{1}{\sqrt{2}} \cdot \sin a \quad \text{Volt effektiv.}$$

$$(51)\quad E_\varrho = \frac{p}{a} \cdot Z \cdot \frac{\Phi_\tau}{10^6} \cdot n \cdot \frac{1}{8490} \cdot \cos a \quad \text{Volt effektiv.}$$

$$(52)\quad E_t = \frac{1}{a} \cdot Z \cdot \frac{(\Phi_p)_{2a}}{10^6} \cdot \frac{f_0}{100} \cdot \frac{1}{\sqrt{2}} \cdot \frac{1}{3} \cdot \frac{(\pi - 2a)(\pi + 4a)}{4a} \quad \text{Volt effektiv.}$$

Hierin bedeuten Φ_τ und Φ_p den Gesamtfluß pro Pol in Richtung der Ständerachse bzw. senkrecht dazu. a ist im Bogenmaß (Vielfaches von π) einzusetzen.

4. Die Kommutierung des Repulsionsmotors.

Es ist zu beachten, daß die kommutierende Spule infolge der Schräglage der Bürsten sich sowohl im Felde Φ_p als auch im Felde Φ_τ befindet. Beide bringen daher durch Transformation sowie durch Drehung EMKe in ihr hervor, so daß in der kommutierenden Spule ebenso wie in der ganzen Ankerwicklung vier EMKe zusammenzusetzen sind. Die Lage der kommutierenden Spule in den Feldern ist aus der Fig. 75 ersichtlich. Das Diagramm der vier induzierten EMKe zeigt Fig. 76. Die Lage dieser Spannungen ist genau dieselbe wie die der EMKe in den Abteilungen des Ankers. Ihre Größen sind nach folgenden Formeln zu berechnen, die für die in zwei Leitern induzierten Spannungen gelten:

$$(53)\quad e_{rp} = 4{,}44 \cdot \frac{n}{60} \cdot \mathfrak{B}_{0p} 2l'r \cdot 10^{-8} \quad \text{Volt effektiv.}$$

$$(54)\quad e_\tau = 4{,}44 \cdot \frac{f_0}{p} \cdot \mathfrak{B}_{0\tau} \cdot 2l' \cdot r \cdot \cos a \cdot 10^{-8} \text{ Volt effektiv.}$$

$$(55)\quad e_\varrho = 4{,}44 \cdot \frac{n}{60} \cdot \mathfrak{B}_{0\tau} \cdot 2l' \cdot r \cdot \sin a \cdot 10^{-8} \text{ Volt effektiv.}$$

$$(56)\quad e_t = 4{,}44 \cdot \frac{f_0}{p} \cdot \mathfrak{B}_{0p} \cdot 2l' \cdot r \cdot a \cdot 10^{-8} \text{ Volt effektiv.}$$

Hierin sind $\mathfrak{B}_{0\tau}$ und $\mathfrak{B}_{0p}$ die Höchstinduktionen (cgs/cm²) der Flüsse Φ_τ und Φ_p (vgl. Fig. 75), l' die Leiterlänge in cm, r der Ankerradius in cm, a ist im Bogenmaß einzusetzen. Wegen der Ähnlichkeit der EMKe sind die entsprechenden Werte mit kleinen Buchstaben bezeichnet und die Fig. 74 mit großen. Um aus den so berechneten EMKen die auf zwei Lamellen bezogenen EMKe e_{rp}, e_τ, e_ϱ und e_t zu finden, ist festzustellen, wieviel Windungen zwischen zwei Lamellen liegen.

Die vier EMKe ergeben zusammen eine Spannung e_k, zu der sich noch die Stromwendespannung e_r hinzusetzt; das Ganze ergibt die unter den Bürsten wirkende Restspannung e_f. Wie man aus dem Diagramm, das einem Lauf des Motors in der Nähe des Synchronismus entspricht, sehen kann, handelt es sich bei der synchronen Kom-

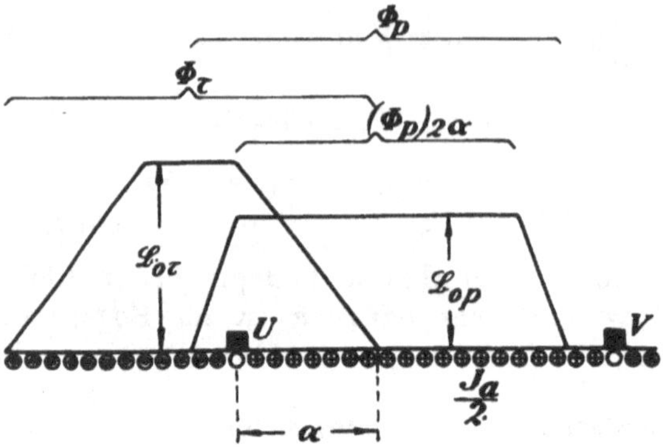

Fig. 75.

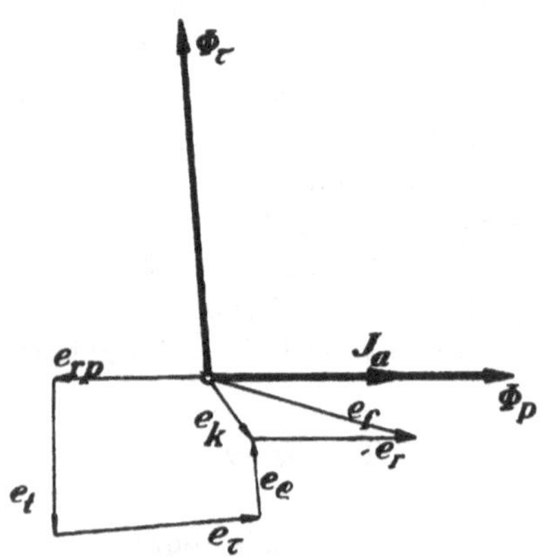

Fig. 76.

mutierung des Repulsionsmotors im wesentlichen um die Stromwendespannung e_r, alle anderen EMKe heben sich nahezu auf. Dieser letzte Umstand ist wieder mit dem synchronen Gang des Motors in Verbindung zu bringen.

Mittel zur Unterdrückung der Stromwendespannung besitzt der Repulsionsmotor also nicht, sofern nicht die aus den vier EMKen gebildete Restspannung e_k ihr teilweise entgegenwirkt. Es ist dies bei Umdrehungszahlen unterhalb des Synchronismus der Fall, derart, daß hinsichtlich der Kommutierung eine Drehzahl von 80—90 % der synchronen am günstigsten ist.

Umgekehrt setzt sich der Rest e_k mit der Stromwendespannung e_r merklich zu einer größeren Funkenspannung zusammen, wenn der Repulsionsmotor beginnt, mit höherer als der synchronen Drehzahl zu arbeiten. Dies ist einer der Hauptgründe, weshalb eine Regulierung der Umdrehungszahl des Motors nach oben nur bis etwa 10% über den Synchronismus ausführbar ist.

Grundsätzlich kann man die Stromwendespannung auch bei diesem Motor durch Wendepole beseitigen. Das verlangt dann aber einen unveränderlichen Standort der Bürsten. Hiermit würde man einen der größten praktischen Vorzüge des Motors, die Steuerung durch Bürstenverschiebung, aufgeben. Aus diesem Grunde ist es nicht üblich geworden, bei Repulsionsmotoren Wendepole zu verwenden. Auch noch aus einem anderen Grunde hat diese Frage beim Repulsionsmotor nicht die Bedeutung wie beim Reihenschlußmotor. Da er nicht wesentlich über den Synchronismus hinaus betrieben werden kann, kommen große Ankerumfangsgeschwindigkeiten nicht vor und es hält sich die Stromwendespannung meistens in mäßigen Grenzen. Die Bürsten genügen zu ihrer Bewältigung.

Teil X.

Der kompensierte Repulsionsmotor.

1. Die Wirkungsweise des kompensierten Repulsionsmotors.

Eine Weiterbildung des Repulsionsmotors stellt der sogenannte kompensierte Repulsionsmotor dar. Er wurde zuerst unter dem Namen seiner Erfinder als „Winter-Eichberg-Motor" bekannt und zeichnet sich vor dem Repulsionsmotor dadurch aus, daß in der Nähe des Synchronismus sein Leistungsfaktor gleich Eins ist oder, wie man auch sagt, seine Phasenverschiebung kompensiert ist. Von dieser Eigenschaft hat er den im Titel genannten Namen bekommen.

Obwohl er gegenwärtig nicht mehr so häufig verwendet wird wie früher und sich in unserer Darstellung auch nur als eine Abart des Repulsions- und daher auch des Reihenschlußmotors zeigt, besitzt er eine besondere historische Bedeutung dadurch, daß seine Erfindung im Verein mit dem Reihenschlußmotor die Entwicklung des Wechselstrom-Bahn-Betriebes einleitete und förderte. Die erste Wechselstrombahn in Deutschland bei Spindlersfelde (nach 1900) lief mit kompensierten Repulsionsmotoren. Hierzu hat damals seine Eigenschaft, im vollen Betriebe einen sehr guten Leistungsfaktor zu haben, nicht wenig beigetragen. Erst viel später erkannte man, daß er, wie alle Motoren mit Drehfeldern an den Synchronismus gebunden, ebensowenig wie der gewöhnliche Repulsionsmotor in der Lage war, alle Anforderungen des elektrischen Bahnbetriebes zu erfüllen. Infolgedessen ging später seine Bedeutung gegenüber dem Reihenschluß- und dem doppelt gespeisten Motor erheblich zurück.

Wir hatten beim Repulsionsmotor (Fig. 69 und 74) gesehen, daß die Erregung des das Drehmoment erzeugenden Flusses Φ_p von dem Anker aus geschah und bei angenähert synchronem Laufe wenig Spannung erforderte. Die Erregung des Feldes Φ_t erfolgte dagegen noch vom Ständer aus, weshalb der Leistungsfaktor zwar gut, etwa 0,80 bis 0,90, jedoch niemals gleich Eins werden konnte.

Beim kompensierten Repulsionsmotor erfolgt nun auch die Erregung des Feldes Φ_t vom Anker aus.

Dies ist sein physikalisches Unterscheidungsmerkmal gegenüber dem Repulsionsmotor und verleiht ihm den guten Leistungsfaktor.

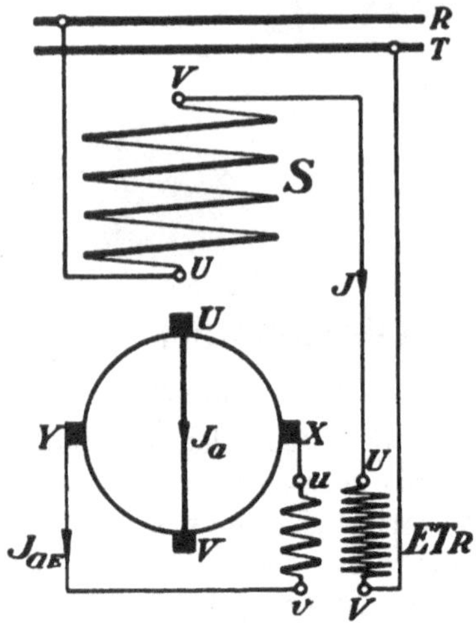

Fig. 77.

Wie aus dem Diagramm des gewöhnlichen Repulsionsmotors Fig. 74 ersichtlich war, ist dort der Ankerstrom J_a in Phase mit dem Felde Φ_p. Andererseits bildet er zusammen mit dem Ständerstrome J vermittelst der Resultierenden J_μ das Feld Φ_τ des Ständers. Dadurch kommt es also, daß der Ständerstrom die magnetisierende Komponente J_μ enthält. Man kann nun die beiden Ströme in dieser Beziehung ihre Rollen vertauschen lassen. Dann erhält der Ankerstrom J_a die magnetisierende Komponente J_μ und der Ständerstrom J kommt mehr in Phase mit dem Felde Φ_p. Wie aus der Fig. 74 ersichtlich, würde dies die Phasenverschiebung des Motors verbessern. Indessen ist nunmehr der Ankerstrom J_a nicht mehr in Phase mit dem Felde Φ_p, weshalb dieses Feld auch nicht mehr mit Hilfe dieses Stromes, sondern mit Hilfe des Ständerstromes gebildet werden muß. Damit dies unter Aufwand von möglichst wenig Spannung geschieht, wird dabei die Erregung vom Anker aus vorgenommen. Man leitet (Fig. 77) den Ständerstrom J durch einen Transformator ETR, dessen Sekundärwicklung $u-v$ mit besonderen Hilfsbürsten, den sogenannten Erregerbürsten $X-Y$, den Anker mit einem Strome J_{ae} in derjenigen räumlichen Richtung speist, die zur Erzeugung des Feldes Φ_p die richtige ist, also in Hauptlage II. Damit der Ankerhauptstrom J_a die so neugeschaffene Erregung nicht beeinflußt, werden die Bürsten $U-V$ in die Achse der Ständerwicklung (Hauptlage I) gestellt. Es entsteht auf diese Weise ein Motor mit der in der Fig. 14 bzw. 77 angegebenen Schaltung.

Die Arbeitsweise dieses Motors ist durch das Diagramm Fig. 78 eingehender erläutert.

Wir betrachten zuerst den Kurzschlußkreis $U-V$ des Ankers, der hier zugleich sein Arbeitskreis ist. In ihm wird durch Rotation im Felde Φ_p die Gegen-EMK E_r und durch Transformation im Felde Φ_τ der Ständerwicklung die EMK E_τ erzeugt, deren Summe $O-A = e_a$ den Ankerhauptstrom J_a ergibt. J_a eilt dieser Spannung um den Betrag, der sich aus Widerstand und Streuung des Ankers ergibt, nach. Das Hauptdrehmoment wird durch Φ_p und die von J_a durchflossenen Ankerleiter gebildet. Es ist nach der Formel (11) zu berechnen, wobei die zwischen Φ_p und J_a bestehende Phasenverschiebung

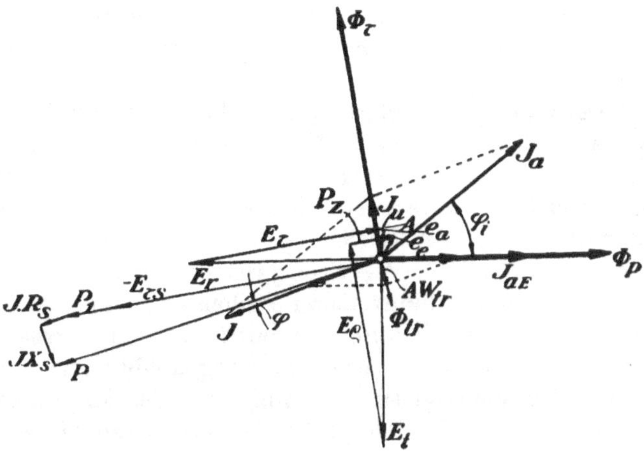

Fig. 78.

(mit dem Betrage cos φ_i) zu berücksichtigen ist. Φ_p ist in Phase mit J_{aE}, einem Strome, der aus dem Transformator ETR bezogen wird und der dem Anker durch die Bürsten $X-Y$ zufließt. Da der Strom J_{aE} sämtliche Ankerleiter durchfließt, zur Erzeugung des Feldes Φ_p jedoch nicht allzuviele Amperewindungen gehören, so ist J_{aE} ein kleiner Strom gegenüber J_a. J_{aE} findet eine durch Transformation seitens des Feldes Φ_p und eine durch Rotation im Ständerfelde Φ_τ erzeugte Spannung vor, deren Summe $E_t \dotplus E_\varrho$ samt der zum Durchtritt des Stromes erforderlichen Spannung zur Überwindung der Ohmschen und induktiven Widerstände unmittelbar aus dem Transformator ETR und durch dessen Vermittlung aus dem Netze gedeckt wird. Das Netz liefert nämlich dem Transformator ETR die kleine Teilspannung P_1, die der Transformator in den Erregerkreis mit dem Werte P_z überträgt. P_1 und P_z stehen senkrecht auf dem Transformatorfluß Φ_{tr}, der durch die aus J und J_{aE} gebildeten resultierenden Amperewindungen AW_{tr} hervorgebracht wird.

Damit sind die Ankerkreise erledigt. In der Ständerwicklung erzeugt das Ständerfeld Φ_τ eine EMK $E_{\tau s}$, die durch einen Anteil der Netzspannung P aufgehoben wird. Es ist ferner auch hier zum Durchtritt des Ständerstromes J je eine kleine EMK $J \cdot R_s$ und $J \cdot X_s$ zur Überwindung des Ohmschen und des induktiven Spannungsabfalles erforderlich. Diese drei Spannungen ergeben zusammen mit der kleinen Primärspannung P_1 des Transformators ETR die Lage der Klemmenspannung P des Netzes. J und J_a liefern zusammen die für Φ_τ erforderlichen Amperewindungen (J_μ). Es sei noch darauf aufmerksam gemacht, daß ein schwaches Nebendrehmoment durch das Zusammenwirken des Stromes J_{aE} mit dem Felde Φ_t auftritt. Dieses kann, wie z. B. bei den für Fig. 78 angenommenen Größenverhältnissen, negativ, d. h. dem Hauptdrehmoment entgegen gerichtet sein.

Die Verbesserung der Phasenverschiebung ist durch einen Vergleich dieses Motors mit dem in Fig. 74 dargestellten sofort erkennbar, da J und P fast zusammenfallen. Alle Spannungen sind nach denselben Formeln zu berechnen wie beim Repulsionsmotor. Dabei ist in den dort angegebenen Beziehungen $\alpha = 90$ Grad für die Bürsten $U - V$ und $\alpha = 0$ Grad für $X - Y$ einzusetzen. Man speist die Hilfsbürsten $X - Y$ nicht in unmittelbarer Reihenschaltung mit dem Ständer, sondern nach Fig. 77 durch Vermittlung eines Erregertransformators, um den Ständer für jede Spannung unabhängig von der für den Kommutator günstigsten Spannung wickeln zu können. Der Motor ist also in dieser Beziehung beinahe so vorteilhaft wie der Repulsionsmotor. Der Transformator, der nur für die Spannung P_z und den Strom J_{aE} des Erregerkreises des Ankers bemessen zu sein braucht, fällt nicht allzu groß und teuer aus; man kann etwa annehmen, daß er im Durchschnitt einem Viertel bis einem Drittel der ganzen Motorleistung entspricht. Zu einem Motor, dessen Leistung 100 kW beträgt, gehört also ein Transformator für etwa 25 bis 33 Kilo-Voltampere. Der Transformator kann zugleich zum Regulieren der Feldstärke des Feldes Φ_p benutzt werden, eine Einrichtung, von der man bei der Verwendung des Motors zum Bahnbetriebe Gebrauch gemacht hat. Man schwächte damit während der Anfahrperiode das Feld Φ_p, um die EMK der Ruhe e_k unter den Bürsten niedrig zu halten und funkenloses Anfahren möglich zu machen, und stärkte das Feld bei Lauf. Dem erzielten Vorteil steht als Nachteil die umständliche Schaltung gegenüber.

Die Schaulinien des Motors sind denen des Reihenschluß- und Repulsionsmotors sehr ähnlich bis auf den Verlauf des Leistungsfaktors, der den Wert Eins erreicht. Der Motor zählt ebenfalls zu den Motoren mit Reihenschlußcharakter und besitzt alle deren Eigentümlichkeiten.

Bei dem in Fig. 77 dargestellten Motor dient infolge der Stellung der Bürsten der Anker zu zweierlei Zwecken: der Ankerstrom J_a und der Ankererregerstrom J_{aE} durchfließen ihn beide. Für die Zwecke der bisherigen aufklärenden Betrachtungen dachten wir uns die beiden Ströme ganz unabhängig voneinander fließend. In Wirklichkeit führt jeder Ankerleiter die geometrische Resultierende beider. Es ist ersichtlich, daß der Anker damit höher beansprucht wird als beim Reihenschlußmotor, daß der kompensierte Repulsionsmotor also nicht so leistungsfähig sein kann, wenn der Unterschied natürlich auch nicht groß ist.

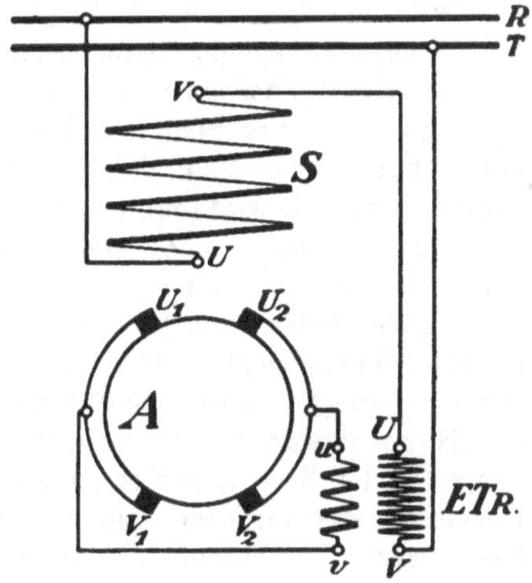

Fig. 79.

Es wird häufig behauptet, daß man demgegenüber infolge des guten Leistungsfaktors stärkere Felder als in anderen Motoren anwenden könne und daß der Motor daher doch leistungsfähiger sei. Dies trifft jedoch nur für Motoren zu, die nicht mit kräftigem Drehmoment anzulaufen brauchen und nur mit synchroner Drehzahl betrieben werden.

Motoren mit kräftigem Anlauf, also vor allem Bahnmotoren, können das stärkere Feld wegen des Anlauffeuers nicht erhalten.

Für die Erregung des Feldes Φ_p dient in der Fig. 77 der ganze Ankerumfang. Da bekanntlich hierdurch eine dreieckförmige Verteilung des Feldes Φ_p entsteht und dabei die Maschine weniger ausgenutzt werden kann als bei der rechteckigen Feldverteilung, wie sie Repulsions- und Reihenschlußmotor haben, so hat man noch andere Wicklungs- und Bürstenanordnungen in Vorschlag gebracht, um bei gleicher Höchstinduktion $\mathfrak{B}_{0p}$ ein größeres Feld Φ_p hervorzubringen. Z. B. kann man dem Anker Sehnenwicklung geben oder den einen Kurzschlußkreis der Fig. 77 in zwei aufteilen und den dazwischen frei gewordenen Teil der Ankerwicklung als Erregerwicklung verwenden (Fig. 79). Man erhält dann ein fast rechteckiges Feld wie beim Repulsionsmotor Fig. 69. Den Vorteilen solcher Anordnung stehen jedoch Nachteile gegenüber. Die Bürsten lassen sich wegen ihres ungleichen Abstandes konstruktiv schwerer unterbringen, sind ungleichmäßig mit Strom belastet und arbeiten teilweise unter schlechteren Kommutierungsbedingungen.

2. Die Kommutierung des kompensierten Repulsionsmotors.

Genau wie bei dem Repulsionsmotor heben sich in der Nähe des Synchronismus unter jeder Bürste die durch die Felder durch Drehung oder Transformation erzeugten EMKe nahezu auf — wieder die schon öfter erörterte, mit dem synchronen Lauf des Motors zusammenhängende Eigenschaft — und es bleibt die Stromwendespannung nahezu allein übrig. Da nun der in dem Erregerkreis des Ankers fließende Erregerstrom J_{aE} viel kleiner ist als der im Kurzschlußkreise fließende

Arbeitsstrom J_a, so bietet die Beherrschung der Kommutation an den Erregerbürsten gar keine Schwierigkeiten.

Im Übersynchronismus addieren sich die Reste der erzeugten Spannungen zu der Stromwendespannung genau so, wie es beim Repulsionsmotor, bei dem Kommutierungsdiagramm Fig. 76 besprochen wurde. Deshalb wird dann namentlich unter den Arbeitsbürsten die Kommutation ungünstig. Daher ist auch dieser Motor nahe an den Synchronismus gebunden.

Da der Motor mit feststehenden Bürsten laufen muß, wie es in seinem Prinzipe liegt, wird er auch mit Wendepolen gebaut, und zwar aus dem soeben erörterten Grunde nur mit Wendepolen gegenüber den Hauptbürsten $U-V$ des Ankers. Sie haben im wesentlichen die Aufgabe, die Stromwendespannung des Ankers zu beseitigen. Ihre Wirkungsweise unterscheidet sich insofern von der der Wendepole beim reinen Reihenschlußmotor, als sie das für die Beseitigung der Kurzschlußspannung e_k nötige Feld bereits vorfinden und nur das für die Beseitigung der Stromwendespannung e_r erforderliche Feld darüber zu lagern haben. Sie wirken also ähnlich wie die Wendepole des doppelt gespeisten Motors und sind wie diese entweder unmittelbar mit dem Ständerstrome zu erregen, da der Ankerstrom wegen des Kurzschlusses des Ankers nicht zu diesem Zwecke verwendet werden kann, oder mit einer Spannung, die gegen den Ankerstrom um 90 Grad phasenverschoben ist. Eine solche liefert beispielsweise bei Übersynchronismus der Transformator *ETR*. Hinsichtlich der genauen Ermittlung der Wirkung der Wendepole kann auf die beim doppelt gespeisten Motor vorgetragenen Überlegungen verwiesen werden. Sie hier ausführlich zu bringen, scheint bei der im Rückgang begriffenen Bedeutung des Motors überflüssig zu sein.

Teil XI.

Der einphasige Nebenschlußmotor.

Der Gleichstrom-Nebenschlußmotor wird bekanntlich in der Weise betrieben, daß der Ankerkreis und der Kreis der Erregerwicklung jeder für sich aus dem Gleichstromnetze gespeist werden. Diese einfache Schaltung läßt sich nicht unmittelbar auf den Wechselstrom-Nebenschlußmotor übertragen.

Die Gründe dafür sind folgende:

Der in den Anker fließende Strom würde, wenn der Anker richtig kompensiert ist, im wesentlichen mit der Klemmenspannung vom Netz her in Phase sein, also ähnlich wie bei der Gleichstrom-Nebenschlußmaschine. Der in die Erregerwicklung fließende Strom würde, da er nur zur Erzeugung des Feldes der Maschine dient, im wesentlichen um 90 Grad gegen die Netzspannung nacheilen und infolgedessen würde auch das Feld um 90 Grad gegen die Netzspannung, mithin auch gegen den Ankerstrom verschoben sein. Feld und Ankerstrom würden also nur ein ganz geringes Drehmoment liefern können, gemäß den Untersuchungen, die wir im Teil V kennenlernten. Eine so geschaltete Maschine, die bei Gleichstrom sehr brauchbar ist, verliert also für Wechselstrom jede Bedeutung.

Wenn nun auch die einfache Schaltung des Gleichstrom-Nebenschlußmotors nicht unmittelbar für Wechselstrom verwendbar ist, so muß doch der Grundsatz erhalten bleiben, daß das Feld auch des Wechselstrommotors von der festen Netzspannung aus gegeben werden muß, wenn der Motor Nebenschlußverhalten, d. h. eine von der Belastung des Ankers nahezu unabhängige Drehzahl erhalten soll. Denn die Erregung des Feldes durch den Ankerstrom liefert uns den Reihenschlußmotor und ein veränderliches Feld; dagegen liefert die Erregung des Feldes mit Hilfe der Klemmenspannung die für einen Nebenschlußmotor erforderliche Unveränderlichkeit des Feldes, da ja die Netzspannung selber nicht verändert wird. Nur muß man dafür sorgen, daß das Feld der Netzspannung nicht um 90 Grade nacheilt, sondern im Gegenteil möglichst mit ihr in Phase ist. Denn dann wird es mit dem Ankerstrom zusammen ein kräftiges Drehmoment ergeben.

Diese Aufgabe wird dadurch gelöst, daß zur Erregung des Feldes eine niedrige Frequenz gewählt wird. Denn je kleiner die Frequenz

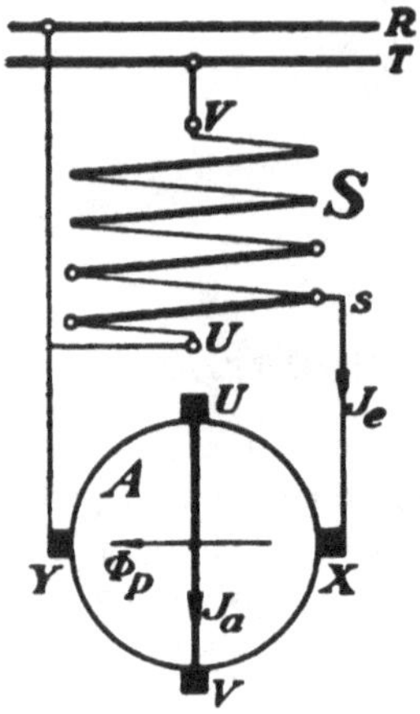

Fig. 80.

ist, um so geringer wird die phasenverschiebende Wirkung aller induktiven Widerstände und um so weniger sind Strom und Feld außer Phase mit der Klemmenspannung. Zur Umwandlung der vom Netz aus gegebenen Frequenz kann der Kommutator benutzt werden (s. Teil IV). Mithin kommen wir dazu, das Feld des Wechselstrom-Nebenschlußmotors gar nicht durch eine Erregerwicklung, wie man diese von der Gleichstrom-Nebenschlußmaschine her gewohnt ist, zu bilden, sondern seine Ankerwicklung gleichzeitig als Erregerwicklung mit zu benutzen. Kommt der Anker in Drehung, so besorgt er die Umwandlung der Netzfrequenz in eine andere, niedrige Frequenz.

Hieraus folgt, daß der einphasige Nebenschlußmotor am besten mit der synchronen Drehzahl betrieben werden wird, denn bei dieser verwandelt der Kommutator die Netzfrequenz in Gleichstrom und Gleichstrom ist immer in Phase mit der Klemmenspannung.

Betrachten wir also das Schaltbild Fig. 80 des Motors, so sehen wir, daß ihm im Gegensatz zum Reihenschlußmotor eine eigentliche Erregerwicklung fehlt. In derjenigen Achse aber, in der diese liegen müßte, sind ein Paar Bürsten $X-Y$ auf den Kommutator aufgesetzt. Hier wird der zur Erregung des Feldes Φ_p dienende Magnetisierungsstrom J_e zugeführt. Man bezeichnet daher diese Bürsten als die „Erregerbürsten" der Maschine.

Wenn, wie wir gesehen haben, dieser Magnetisierungsstrom innerhalb des Ankers in Gleichstrom oder doch Strom niederer Frequenz umgewandelt wird, so fallen in dem Erregerstromkreis die induktiven Spannungen klein aus oder verschwinden ganz. Daher ist im wesentlichen der Ohmsche Widerstand dieses Kreises für den Strom maßgebend. Da nun der Anker, wenn die Maschine einen guten Wirkungsgrad haben soll, keinen großen Ohmschen Widerstand haben darf, so wird man den erforderlichen Magnetisierungsstrom schon mit einer geringen Spannung zuführen können. Die Netzspannung wird dazu immer viel zu hoch sein. Man muß sie deshalb in eine kleinere Spannung umwandeln. Hierzu kann man sich eines Transformators bedienen, aber einfacher und billiger ist der im Schaltbilde angegebene Weg, die Ständerwicklung des Motors selber als Transformator zu benutzen. Man gibt demgemäß der am Netz liegenden Ständerwicklung S einen besonderen kleinen Teil s, aus dem man die erforderliche niedrige

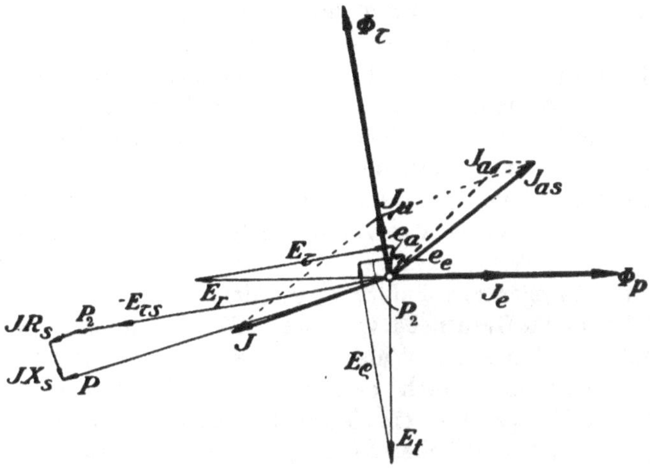

Fig. 81.

Spannung entnehmen kann. Die so geschaffene Teilwicklung s wird also mit den Erregerbürsten $X-Y$ verbunden.

Da auf diese Weise der Anker bereits mit dem Netz in leitender Verbindung steht, so ist es ausgeschlossen, ihm den Betriebsstrom gleichfalls aus dem Netz zuzuführen. Vielmehr wird er über die Bürsten $U-V$ kurzgeschlossen und der Arbeitsstrom ihm durch Transformierung aus der Ständerwicklung zugeführt. Diese Bürsten heißen daher die „Arbeitsbürsten".

Wir sind damit zu dem vollständigen Schaltbilde des Nebenschlußmotors gelangt. Außerdem haben wir die wesentlichen Züge der Arbeitsweise des Nebenschlußmotors bereits kennengelernt.

Wir wollen jetzt dazu übergehen, sie an Hand eines genaueren Diagramms eingehender zu studieren, und dann kennenlernen, wie ein solcher Motor eine veränderliche Geschwindigkeit erhalten kann.

Hierzu greifen wir auf das Diagramm des kompensierten Repulsionsmotors zurück, der ja auch vom Anker aus seine Erregung erhielt. Wie dort, so arbeitet auch der Nebenschlußmotor mit einem Drehfelde, das sich aus zwei Komponenten zusammensetzt: dem Felde Φ_τ in der Ständerwicklungsachse und dem Felde Φ_p in der Achse der Erregerbürsten des Ankers. Diese beiden Felder stehen wie dort nicht nur räumlich um 90 Grad auseinander, sondern auch zeitlich ungefähr 90 Grad (Fig. 81). Betrachten wir zuerst den Erregerkreis, so erzeugt Φ_p zwischen den Ankerbürsten $X-Y$ die transformatorische Spannung E_t in 90 Grad Nacheilung und Φ_τ die Rotationsspannung E_ϱ, die in Phase mit Φ_τ ist. Wir bleiben vorläufig bei der synchronen Drehzahl: dann heben sich E_t und E_ϱ nahezu auf. Hatten wir oben gesagt, die Erregung des Feldes Φ_p müsse im Innern des Ankers mit Gleichstrom oder doch niedrer Frequenz geschehen, so bedeutet dieses gegenseitige Aufheben der EMKe E_t und $E_{t'}$ nichts anderes, denn es besagt: trotz des Vorhandenseins von Feldern in der Maschine ist der zwischen den Erregerbürsten $X-Y$ gelegene Teil des Ankers im wesentlichen ohne Spannung.

Möge nun e_e die Spannung sein, die den Erregerstrom J_e über die Bürsten $X-Y$ durch den Anker sendet, so muß man aus der genannten kleinen Wicklungsabteilung s des Ständers die Spannung P_2 noch in den Erregerkreis einführen, um den Strom J_e wirklich zu erhalten. P_2 eilt 90 Grad nach Φ_r nach. Die Spannung e_e wird einesteils durch den Ohmschen Widerstand des ganzen Erregerkreises dargestellt, enthält aber auch eine induktive Spannungskomponente, teils weil im Erregerkreis ein Stück Ständerwicklung mit enthalten ist, teils weil sich die Ankerstreuung trotz des Synchronismus nicht ganz vernichten läßt, aus Gründen, die wir in diesem Buche nicht weiter erörtern können.

Im Kurzschlußkreise $U-V$ des Ankers spielt sich folgendes ab: Das Feld Φ_p gibt ihm durch die Drehung des Ankers eine EMK E_r, die, wie früher (Teil V) erörtert, um 180 Grad gegen Φ_p verschoben ist, und das Feld Φ_r transformiert in ihn die EMK E_r, die ihm 90 Grad nacheilt. Beide Spannungen heben sich auch nahezu auf, bis auf den Rest e_a, der den Strom J_a durch den Kreis der Bürsten $U-V$ sendet. J_a eilt der kleinen Spannung e_a wieder um einen durch Ohmschen Widerstand und Streuung bestimmten Betrag nach. Im Kreis der Ständerwicklung müssen in erster Linie der Ankerarbeitsstrom J_a, in zweiter der Erregerstrom wiederkehren, der letzte insoweit, als er durch die Teilwicklung s fließt. Es möge diesen beiden Strömen durch den in der Ständerwicklung fließenden Stromanteil J_{as} das Gegengewicht gehalten werden. Außer ihm wird im Ständer noch zur Erzeugung des Flusses Φ_r der Magnetisierungsstrom J_μ erforderlich, der nun zusammen mit dem Strome J_{as} den gesamten Ständerstrom J ergibt. Damit haben wir die Stromverhältnisse des Ständers kennengelernt.

Der Fluß Φ_t bringt eine EMK hervor, die durch die Teilspannung E_{ts} und P_2 der Klemmenspannung aufgewogen wird, und zwar stellt E_{ts} die Spannung für den größeren Teil der Ständerwicklung vor. Zur Durchleitung des Stromes J werden noch die Ohmsche Spannung JR_s und die induktive Spannung $J \cdot x_s$ erforderlich, d. h. die Klemmenspannung P muß gleich der Summe der genannten Teilspannung sein.

Wir sehen, daß das Diagramm des Nebenschlußmotors dem des kompensierten Repulsionsmotors sehr verwandt ist.

Untersuchen wir zuerst den Leitungsfaktor, so sehen wir, daß er besonders durch die aus der Ständerwicklung entnommene Spannung P_2 beeinflußt wird. Allerdings geschieht dies auf Umwegen. Denken wir uns nämlich, wir würden die Spannung P_2 etwas vergrößern, so wird der Winkel zwischen den Flüssen Φ_p und Φ_τ noch stumpfer, und dadurch wird der Winkel zwischen den Spannungen E_r und E_τ größer. Damit wird die Summenspannung beider, e_a, nicht nur größer, sondern ihre Richtung nähert sich sehr der von Φ_τ. Mit ihr nähert sich aber auch die Richtung des Stromes J_a der von Φ_t und als Folge davon nähert sich die Richtung des Ständerstromanteiles J_{as} der Klemmenspannung P. Änderung der Spannung P_2 hat also auf die Drehzahl keinen wesentlichen Einfluß — ein geringer Einfluß ist natürlich zu bemerken —, sondern bloß auf den Leistungsfaktor, den man mit ihr einstellen kann. Wie aus dem Diagramm auf diese Weise leicht ersichtlich ist, wird der Leistungsfaktor ziemlich schlecht, wollte man die Spannung P_2 gar nicht in den Erregerkreis einfügen.

Bemerkenswert ist, daß sich die beiden Felder Φ_p und Φ_τ bei diesem Motor gerade im anderen Sinne zueinander verschieben müssen, wenn der Leistungsfaktor verbessert werden soll, als dies bei dem Repulsionsmotor und dem kompensierten Repulsionsmotor der Fall war.

Wir kommen nun zu der sehr wichtigen Aufgabe, wie wir diesen Nebenschlußmotor regeln können. Es sei gleich vorweg bemerkt, daß es ebenso wie beim Gleichstrom-Nebenschlußmotor dazu zwei Wege gibt: man kann die Drehzahl entweder dadurch einstellen, daß man die dem Anker zugeführte Spannung verändert, oder dadurch, daß man das Motorhauptfeld Φ_p verändert. Dabei ist das Ergebnis auch genau so wie bei Gleichstrom: mehr Ankerspannung erhöht, weniger Ankerspannung erniedrigt die Drehzahl, und mehr Feld erniedrigt, weniger Feld erhöht die Drehzahl. Das erste dieser beiden Mittel, die Veränderung der Ankerspannung, kann man anwenden, wenn man den Kurzschluß der Ankerbürsten $U-V$ aufhebt und zwischen sie, etwa mit Hilfe eines Transformators, den man vom Netz mit der Klemmenspannung P aus speist, eine mit P gleichphasige Spannung einfügt. Dies wirkt genau so, als ob man die Spannung E_τ des Diagramms verlängern oder verkürzern würde und hat zur Folge, daß sich auch die Spannung E_r verlängert oder verkürzt. Das wieder kann aber, weil Φ_p unveränderlich bleibt, nur geschehen, wenn sich die Drehzahl der Maschine ändert. Diese Regelung ist also bereits mit dem schon aufgezeichneten Diagramm Fig. 81 zu verstehen, so daß es nicht nötig erscheint, sie nochmals durch ein neues Diagramm zu erläutern. Auch braucht der Motor sonst nicht gegenüber der Fig. 80 verändert zu werden, d. h. er erhält keine neuen Wicklungen, sondern wird nur anders geschaltet. Nur außerhalb des eigentlichen Motors vergrößert sich das notwendige Zubehör um einen Transformator und um eine Schaltwalze, um dem Anker verschiedene Spannungen zuführen zu können.

Anders verhält es sich bei der zweiten Regelungsweise, der durch Änderung des Feldes Φ_p. Dieses Feld wird ja nur durch die Ankerwicklung in der Achse $X-Y$ erzeugt und eine Änderung der Spannung P_2 ändert weniger seine Größe, wie wir sahen, als vielmehr nur den Leistungsfaktor der ganzen Maschine. Demnach kann man Φ_p nur durch eine neue Wicklung WOZ verändern, die man in dem Ständer in der Achse der Erregerbürsten $X-Y$ anbringt und in den Erregerkreis einschaltet. Schaltet man sie gleichsinnig mit dem Anker, so wird, wie wir sehen werden, das Feld Φ_p verschwächt und bei umgekehrter Schaltung verstärkt. Wir erhalten damit einen Motor, der in der Fig. 17 dargestellt ist.

Wir wollen zuerst die neue Wicklung gleichsinnig mit dem Anker schalten, wodurch das Feld Φ_p geschwächt wird, und betrachten, was nun im Diagramm geschieht. Wir müssen dabei festhalten, daß sich infolge unveränderter Klemmenspannung das Feld Φ_τ nicht ändert. Infolgedessen ändert sich die Spannung E_τ auch nicht. Würde nun Φ_p ebensogroß bleiben wie früher, dann würde auch E_r ebensogroß und damit die Drehzahl in der Nähe des Synchronismus bleiben. Damit würde sich aber auch E_ϱ noch nicht wesentlich ändern. Dagegen würde sich zur transformatorischen Ankerspannung E_t noch die Spannung E_{ts} hinzusetzen, die Φ_p in der neuen und mit dem Ankerkreise $X-Y$ gleichsinnig geschalteten Wicklung WOZ hervorbringt. Es ist nun leicht erkennbar, daß sich dann das Spannungsviereck $E_t + E_{ts}$, E_ϱ, P_2, e_e nicht mehr schließen würde, weil eine Seite zu groß ist. Der Erregerstrom J_e muß also solange abnehmen, bis das Feld Φ_p klein genug geworden ist und die beiden Spannungen E_t und E_{ts} mit den übrigen ein geschlossenes Viereck bilden können. Dabei nimmt nun Φ_p nicht etwa auf rund die Hälfte seines ehemaligen Wertes ab. Denn wenn Φ_p abnimmt, dann steigt, damit das Spannungsvieleck E_r, E_τ, e_a immer geschlossen bleiben kann, die Drehzahl n und mit ihr wächst die Spannung E_r. Durch Wachsen der Spannung E_ϱ und Sinken der Spannungen E_t und E_{ts} erhalten wir also einen möglichen Betriebszustand. Sein Diagramm ist unter Weglassung der Ströme und Spannungen im Ständer in der Fig. 82 dargestellt.

Unsere Behauptung, daß bei einer mit dem Anker gleichsinnigen Schaltung der neuen Wicklung WOZ das Feld Φ_p geschwächt und zugleich die Drehzahl des Motors gesteigert wird, trifft mithin zu.

Für die umgekehrte Schaltung der neuen Wicklung gelangt man durch denselben Gedankengang zum Ergebnis, daß das Feld Φ_p verstärkt und die Drehzahl des Motors vermindert wird.

Wird in beiden Fällen vom Motor dasselbe Drehmoment verlangt, so muß bei geschwächtem Felde der Anker-Arbeitsstrom J_a und also auch der Gesamtstrom zunehmen, bei verstärktem abnehmen. Drehzahlerhöhung bedeutet also Stromzunahme, entsprechend der vermehrten Leistung des Motors, und umgekehrt.

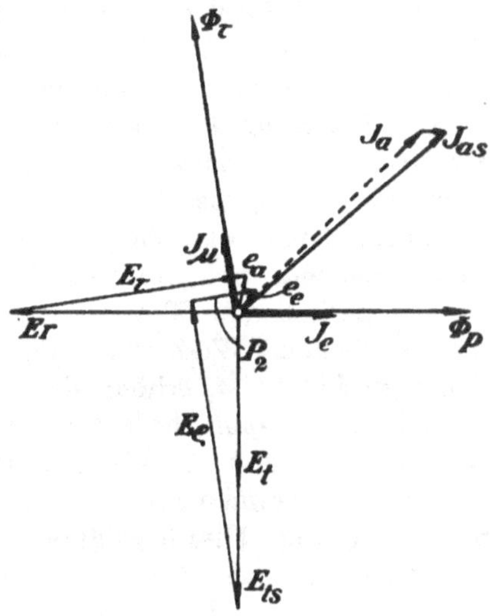

Fig. 82.

Will man dem Motor verschiedene Geschwindigkeiten geben, dann muß man die Wicklung WOZ schaltbar machen und durch eine Schaltwalze (M in der Fig. 17) dafür sorgen, daß man die einzelnen Stufen der Wicklung benutzen kann. Durch die in Fig. 17 angegebene Schaltung, in der die von s kommende Leitung zum Mittelpunkt O der Wicklung führt, erreicht man in einfacher Weise bei Benutzung des Wicklungsteiles WO Verstärkung des Feldes (Verminderung der Drehzahl) und bei Benutzung des Teiles OZ Schwächung des Feldes (Steigerung der Drehzahl). Stellung der Schaltwalze auf den mittelsten, mit O verbundenen Kontakt ergibt die Schaltung Fig. 80, also synchrone Drehzahl. Man erkennt ohne weiteres, daß durch die neue Wicklung und die Schaltwalze der ganze Motor ebenfalls recht umständlich wird, obwohl gegenüber der zuerst besprochenen Regelart insofern ein kleiner Vorzug besteht, als die in den Motor selber einzulegende Wicklung zweifellos billiger wird als der dort erforderliche Transformator. Doch erkennt man in dem vielen zum Betriebe des Motors nötigen Zubehör und in der umständlichen Schaltung leicht die Gründe für seine geringe Verbreitung.

Die Ähnlichkeit der Diagramme dieses Motors mit denen des Repulsionsmotors und denen des kompensierten Repulsionsmotors ist sehr auffällig. Es würde daher nur eine Wiederholung schon erörterter Dinge bedeuten, wenn wir es an dieser Stelle noch eingehender besprechen wollten. Dies gilt auch für die Stromwendung unter den Arbeitsbürsten und unter den Erregerbürsten, die sich genau so abspielt, wie schon bei den genannten Motoren erläutert worden ist.

Bei Gleichstrommotoren hat bekanntlich die Einschaltung eines Widerstandes in den Erregerkreis die Wirkung, das Feld zu schwächen und die Drehzahl zu steigern. Bei Wechselstrom-Nebenschlußmotoren versagt dieses Mittel und trägt mehr zu einer Veränderung der Phase als zu einer der Drehzahl bei. Dies liegt daran, daß ein künstlich eingefügter Ohmscher Spannungsverlust der Phase nach nahezu mit der kleinen Spannung P_2 zusammenfällt, also fast senkrecht zu der mit der Drehzahl im Zusammenhang stehenden Spannung E_ϱ steht und diese daher wenig beeinflußt.

Schaltet man aber eine Drosselspule in den Erregerkreis ein, dann erhält man eine Spannung an ihr, die im wesentlichen die Richtung von E_ϱ besitzt und 90 Grad nach J_e nacheilt. Sie wirkt demnach wie die Wicklung *WOZ* in der Fig. 17, wenn sie mit dem Anker gleichsinnig geschaltet ist, erhöht also die Drehzahl.

Die Drosselspule bedeutet somit für unseren Motor das, was der Regulierwiderstand für die Gleichstrommaschine ist.

Das Anlaufmoment der Wechselstrom-Nebenschlußmotoren ist meistens gering. Dies liegt daran, daß die dem Erregerkreis zugeführte Spannung P_2 klein ist und, solange die Spannung E_t vom Felde Φ_p noch nicht durch die erst mit der Drehung auftretende Spannung E_ϱ aufgehoben ist, nicht viel Erregerstrom durch den Anker zu senden vermag. Man läßt die Nebenschlußmotoren daher meist in einer anderen Schaltung an, z. B. als Repulsionsmotoren oder, wenn sie die Wicklung *WOZ* besitzen, als Reihenschlußmotoren, wobei man *WOZ* als Erregerwicklung benutzen kann. Dies trägt wieder zur Umständlichkeit in der Handhabung des Motors bei. Nur bei besonderer Dimensionierung des Ankers ist es möglich, genügende Anzugsmomente zu erzielen. Dabei ist aber der Anlaufstrom bei gleichem Drehmoment wesentlich höher als bei den Motoren mit Reihenschlußverhalten.

Hiermit haben wir die wichtigsten Eigenschaften dieses Motors soweit kennengelernt, um ihn in seinem Werte gegenüber anderen Motoren richtig einschätzen zu können.

Teil XII.

Der mehrphasige Reihenschlußmotor.

1. Eigenschaften.

Der praktisch sehr wichtige mehrphasige Reihenschlußmotor gehört zu denjenigen Motoren, die mit einem reinen Drehfelde betrieben werden. Was darunter zu verstehen ist, haben wir im Teil V gesehen. Im Teil II, Fig. 10 haben wir bereits das Schaltbild des Motors für drei Phasen kennengelernt. Unsere ferneren Betrachtungen werden wir nur auf den dreiphasigen Motor beziehen, weil dieser ausschließlich verwendet wird.

Der aus den drei Netzleitungen *RST* kommende Strom durchfließt zuerst je eine Phase der Ständerwicklung *S* und tritt dann, meist über einen Transformator *Tr* (Fig. 87), der aber auch (Fig. 83) fehlen kann, in die Ankerbürsten *U*, *V*, *W* ein. Ist der Motor zweipolig, wie wir es für unsere erläuternden Betrachtungen annehmen wollen, so tritt er aus je einer Ständerphase in je eine Ankerbürste ein. Das Feld des Motors, der also keine besondere „Erregerwicklung" hat, wird vom Ständer und Anker gemeinsam erzeugt und liefert mit den Strömen des Ankers zusammen das Drehmoment. Durch Verschiebung der Bürsten wird die Stärke des Feldes und außerdem das Maß geregelt, in dem die Ankerleiter zur Bildung nützlichen Drehmomentes herangezogen werden, wie wir weiterhin sehen werden. Außerdem wird dadurch die Verteilung der Klemmenspannung auf den Ständer und Anker beeinflußt und durch diese drei Mittel, im ganzen also durch die Bürstenverschiebung, der Motor geregelt.

Das Drehmoment ist Null in den beiden in Fig. 83 gezeichneten Stellungen der Bürsten. Dabei unterstützen sich in der ersten Figur die magnetischen Wirkungen von Ständer und Anker, in der zweiten heben sie sich auf. Vgl. die Pfeile in der Phase $G_1 H_1 U$. Die erste Stellung, bei der die Maschine soviel Feld erhält, daß sie die Klemmenspannung balancieren kann, bezeichnet man als die Nullstellung der Bürsten ($\alpha = 0$). Von hier aus sind sie beim Ingangsetzen der Maschine zu verschieben, und zwar für Lauf im Uhrzeigersinne in der Richtung des runden Pfeiles. Die zweite Stellung gestattet keine Feldbildung und damit auch nicht das Entstehen einer EMK in der Maschine, sie bildet einen Kurzschluß für das Netz und ist daher als

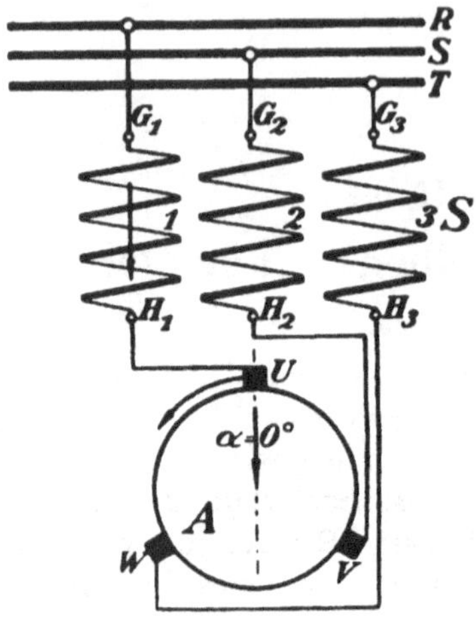

Fig. 83 a.

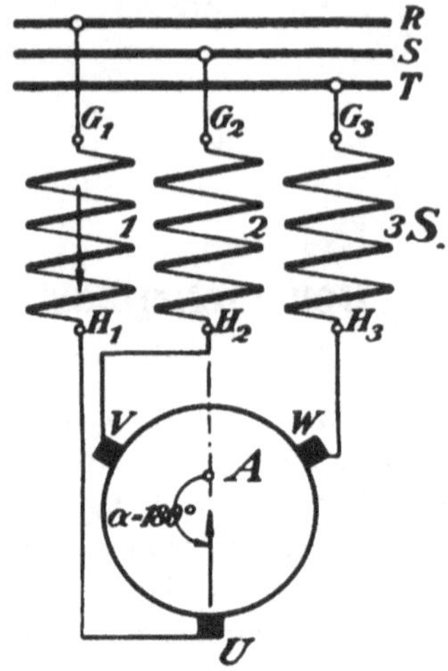

Fig. 83 b.

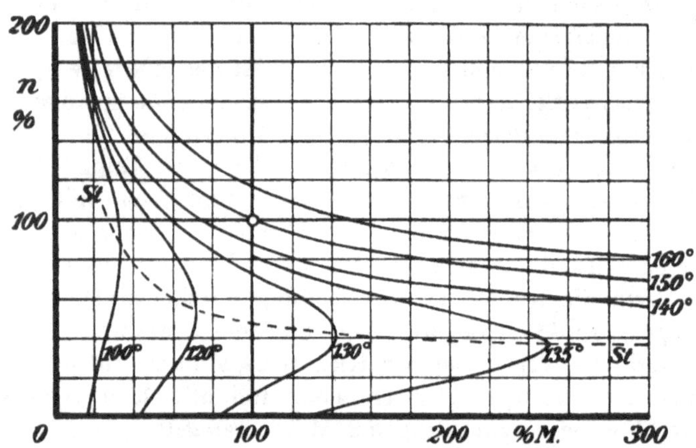

Fig. 84.

Betriebsstellung unbrauchbar. Man bezeichnet sie als „Kurzschlußstellung“. Die Bürstenverschiebung bis zu ihr hin würde $\alpha = 180$ Grad betragen, aus dem soeben erwähnten Grunde nutzt man jedoch die Verschiebung nur bis zu etwa 150 Grad aus.

In Fig. 84 sind die Schaulinien eines Drehstrom-Reihenschlußmotors nach Fig. 10 bzw. 83 bei verschiedenen Bürstenverschiebungen 100 bis 160 Grad über dem Drehmomente aufgezeichnet; daraus ist das Bereich, in dem sich der Motor regulieren läßt, zu erkennen. Die sog. Stabilitätsgrenze *St* (s. unten) ist mit eingezeichnet.

Da Ständer und Anker zusammen das Feld bilden und in beiden derselbe Strom fließt, ist das Feld vom Strome abhängig. Der Motor erhält dadurch den Reihenschlußcharakter. Man kann diesen aus der Fig. 84 leicht erkennen.

Das Verhalten des Motors ist also dem der Einphasen-Reihenschlußmotoren ähnlich. Es befähigt den Motor zum Betriebe von Kranen, Fördermaschinen, Hebe- und Transportmaschinen, Pumpen aller Art, Kompressoren, Ventilatoren und Spinnmaschinen, worauf bereits im Teil III näher eingegangen wurde. Auch für gewisse Arten des Bahnbetriebes würde der Motor geeignet sein, wenn nicht die Oberleitung bei Drehstrom zu umständlich ausfiele.

2. Entstehung des Drehmomentes.

Wir betrachten nun zunächst das Entstehen des Drehmomentes. Sämtliche drei Ständerwicklungen ergeben zusammen eine magnetomotorische Kraft, deren Höchstwert jedesmal mit der Achse derjenigen Spule zusammenfällt, die gerade den im zeitlichen Maximum befindlichen Strom führt, z. B. $G_1 - H_1$. Auf dem Umfange der Ständer-Bohrung ist diese magnetomotorische Kraft nahezu sinusartig verteilt; diese Verteilung bewegt sich mit einer der Pol- und Periodenzahl entsprechenden Geschwindigkeit über den Ankerumfang hinweg. Wir greifen einen Augenblick heraus, in dem die magnetomotorische Kraft des Ständers räumlich nach unten (entsprechend der Andeutung in den Figuren 83) zeigt, und stellen sie, wie dies bei sinusartiger Verteilung längs des Umfanges statthaft ist, durch einen Vektor MMK_s dar.

Der über drei Bürsten gespeiste Anker ergibt ebenfalls eine magnetomotorische Kraft, die wir schon im Teil IV näher kennenlernten. Sie hat einen anderen Höchstwert als die des Ständers, und zwar meistens um etwa 10 % mehr, ist aber sonst genau wie diese sinusartig verteilt und läuft ebenso rasch im Raume um. Ihr Höchstwert fällt jedesmal mit derjenigen Bürste, z. B. U, Fig. 83, zusammen, die den in seinem zeitlichen Maximum befindlichen Strom führt (s. Teil IV). Wir stellen sie ebenfalls durch einen Vektor, MMK_a, dar und für den nämlichen Augenblick wie oben.

Durch Bürstenverdrehung α kann man nun der magnetomotorischen Kraft MMK_a des Ankers jede Lage gegenüber der MMK_s des Ständers erteilen. In der Nullage $\alpha = 0$, hatten wir bereits gesehen, fallen beide zusammen. Wir gehen mit der Bürstenverschiebung von dieser Lage aus vor und zwar wollen wir als Verschiebungsrichtung die dem Uhrzeiger entgegengesetzte (vgl. Fig. 83) wählen. Wir verschieben um 150 Grad, einen Wert, den normal ausgeführte Motoren bei voller Leistung zu erreichen pflegen. Diese Lage ist in dem Raumdiagramm Fig. 85 dargestellt. Es ergibt sich als gemeinsame Wirkung beider die „resultierende magnetomotorische Kraft" *MMK*, welche das Feld der Maschine bestimmt, das wir mit Φ_p bezeichnen wollen.

Vergleichen wir nun die Lage der magnetomotorischen Kraft MMK_a des Ankers und die der resultierenden *MMK*, so sehen wir nach der im Teil V bei Fig. 45 gegebenen Regel, daß sich der Anker im Uhrzeigersinne drehen und, da beide nahezu senkrecht zueinander stehen, ein kräftiges Drehmoment ausüben wird.

Durch Verändern des Bürstenwinkels α ändert sich in erster Linie die resultierende magnetomotorische Kraft *MMK* und damit die Größe des Feldes Φ_p. Es ändert sich aber auch die Lage der magnetomotorischen Kraft MMK_a des Ankers im Verhältnis zum Felde Φ_p. Wir hatten im Teil V gesehen, daß die größte Ausnutzung eines Ankers hinsichtlich des Drehmomentes dann eintritt, wenn die magnetomotorische Kraft des Ankers MMK_a und das Feld Φ_p zueinander senkrecht stehen. Ist der Winkel kleiner als 90 Grad, so wird weniger Drehmoment entwickelt. Dies tritt nun hier ein. Durch diese zwei Mittel wird also das Drehmoment reguliert.

Der höchste erreichbare Wert des Drehmomentes wird nach Formel 14 berechnet. Dabei ist zu beachten, was im Teil V über deren Anwendung gesagt ist.

3. Die Spannungen und ihre Aufteilung.

Das umlaufende Feld erzeugt Spannungen im Ständer und im Anker und zwar, da diese Wicklungen räumlich um den Bürstenverschiebungswinkel α versetzt sind, Spannungen, die um denselben Winkel zeitlich versetzt sind. Denn das Feld trifft die Wicklungen bei seinem Umlauf zu verschiedenen Zeiten, deren Abstand durch den räumlichen Bürstenverschiebungswinkel α bestimmt wird. Es ist wichtig, sich diesen Vorgang, durch den ein Raumwinkel eine zeitliche Bedeutung gewinnt, gut einzuprägen. Es entstehen solche Spannungen in allen drei Phasen in gleicher Größe. Wir betrachten sie für eine Phase allein.

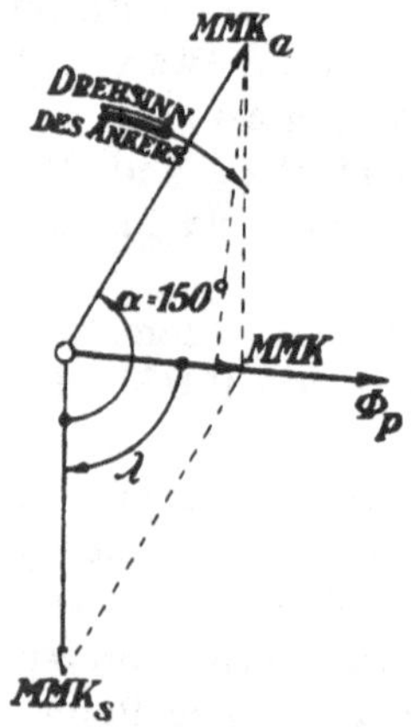

Fig. 85.

Durch das Raumdiagramm der magnetomotorischen Kräfte, Fig. 85, hatten wir diejenige Lage der magnetomotorischen Kräfte festgelegt, die dem Maximum des Stromes entspricht, und gesehen, daß in diesem Moment die magnetomotorischen Kräfte mit der Achse der Spulen zusammenfallen, die den Maximalstrom führen. Wir erkennen daher aus dem Raumdiagramm Fig. 85, daß das Feld Φ_p

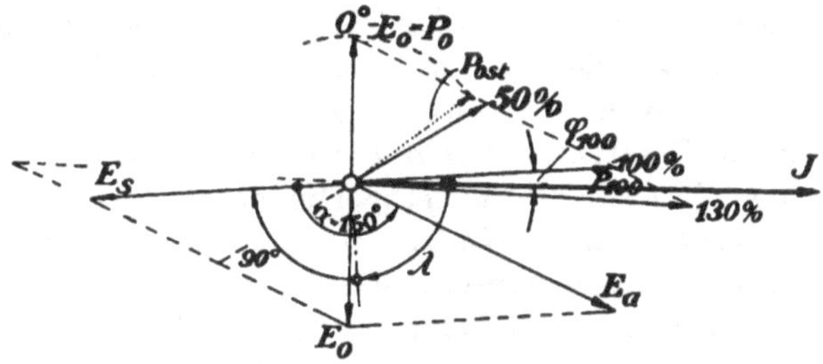

Fig. 86.

z. B. erst dann in der Achse der Ständerwicklung liegen wird, wenn es zeitlich den Winkel λ zurückgelegt hat. Andererseits wissen wir, daß ein rotierendes Feld in diesem Augenblick die Spannung Null in der Spule hervorbringt, und daß die größte positive Spannung um zeitlich 90 Grad später auftreten wird. Daraus ergibt sich nun, welche Phase die vom Felde in der Ständerwicklung erzeugte Spannung E_s in bezug auf den Strom J haben muß: man findet sie, indem man nacheilend zum Strome J um den Winkel λ eine Linie zieht und um 90 Grad zu dieser wiederum in Nacheilung den Wert der erzeugten Spannung aufträgt. Dies ist in der Fig. 86 getan. Zu der so ermittelten Ständerspannung ist um den Bürstenverschiebungswinkel $\alpha = 150$ Grad versetzt die Ankerspannung E_a angetragen und zwar zunächst für den Stillstand des Motors. Beide zusammen ergeben, wenn man vorläufig die Spannungsabfälle vernachlässigt, die EMK E_0 und damit die Klemmenspannung $P_0 = -E_0$ bei Stillstand. Das Dreieck, gebildet aus den EMKen für Stillstand, ist dem Dreieck der drei *MMKe* ähnlich.

Kommt der Anker nun in Drehung, so ändert sich, wie wir schon im Teil V gesehen hatten, die Phase der Anker-EMK E_a nicht, sondern nur ihre Größe und strebt bei Synchronismus dem Werte Null zu. Über dem Synchronismus kehrt sich das Vorzeichen (die Richtung) der Anker-EMK E_a um. Man erhält dann, wenn wir beispielsweise immer denselben Strom J voraussetzen, Klemmenspannungen P von der Lage, wie sie in der Fig. 86 für 50, 100 und 130% des Synchronismus angegeben sind. Sie zeigen, daß sich die Phasenverschiebung immer mehr verbessert, bei Synchronismus ($n = 100$ %) fast gleich Eins und schließlich voreilend wird.

Es ist ferner wichtig, sich zu merken, daß die dem Anker über die Bürsten z u g e l e i t e t e Leistung im Synchronismus fast Null und in der Nähe des Synchronismus klein ist. Der Hauptteil der Leistung wird nicht durch die Zuleitung, sondern a u f i n d u k t i v e m Wege in den Anker gebracht.

Die Voraussetzung: konstanter Strom führt zu veränderlicher Klemmenspannung P, sie muß mit der Geschwindigkeit zunehmen. In Wirklichkeit ist nicht der Strom, sondern die Klemmenspannung konstant und die Bürstenstellung α veränderlich. Da außerdem das Feld wegen der Sättigung nicht proportional mit der resultierenden magnetomotorischen Kraft MMK zunimmt, so ist die diagrammatische Darstellung mehrerer Betriebszustände durch eine aus einfachen Linien (Geraden und Kreisen) bestehende Figur nicht möglich, indessen zeigen die gegebenen Erläuterungen in genügender Weise, wie man dabei vorzugehen hätte. Das Endergebnis ist bereits vorn in den Schaulinien dargestellt worden. Für ihre Aufzeichnung wurden folgende Annahmen gemacht:

1. Widerstände und Streuflüsse sind außer Berücksichtigung gelassen worden.
2. Der Zusammenhang zwischen dem Fluß Φ_p und der resultierenden magnetomotorischen Kraft MMK ist durch dieselbe magnetische Charakteristik gegeben, die der Fig. 56, Teil VIII zugrunde lag.
3. Das Verhältnis
$$\frac{MMK_a}{MMK_s} = 1.$$
4. Normales Moment, normale Drehzahl, normaler Fluß werden bei der Bürstenverschiebung $\alpha = 150$ Grad erreicht.

4. Der Zwischentransformator.

Einer der Nachteile des Motors nach Fig. 83 besteht darin, daß der Anker mit dem Netz in leitender Verbindung steht. Das bedingt, wie wir im Teil VI gesehen hatten, die Ausführung des ganzen Motors für eine zum Anker passende, meist niedrige Spannung, während eine der Netzspannung entsprechende Ständer-Wicklungsausführung erwünscht wäre. Um das möglich zu machen, schaltet man wie in Fig. 10 zwischen den Ständer und den Anker einen Transformator Tr ein, der nach seiner Lage mit dem Namen „Zwischentransformator" bezeichnet wird. Man kann dann den Ständer wie den gewöhnlicher Drehstrommotoren für jede beliebige Spannung wickeln.

Der Zwischentransformator hat auf das Verhalten des Motors im allgemeinen wenig Einfluß, wenn er mit geringen Sättigungen ausgeführt wird. Wird er jedoch mit hoher Sättigung des Eisens gebaut, dann wirkt er auf das Reihenschlußverhalten des Motors besänftigend ein. Er verhindert einerseits bei Entlastung ein zu hohes Anwachsen, andererseits bei Belastung eine zu rasche Abnahme der Drehzahl. Liegt z. B. die Möglichkeit einer völligen Entlastung des Motors vor, so kann man mit dem gesättigten Zwischentransformator gefährlich hohe Drehzahlen vermeiden. Diese Wirkung ist folgendermaßen erklärlich. Ist der Zwischentransformator gesättigt, so überträgt er nicht mehr eine veränderliche, sondern immer dieselbe Spannung. Infolgedessen ändert sich die Ankerspannung auch nicht mehr. Damit fällt einer der Gründe für eine Drehzahländerung fort. Ändert sich zugleich auch das Motorfeld Φ_r nicht mehr, wie dies bei hoher Belastung stets wegen der Sättigung des Motoreisens der Fall ist, so entfällt ein weiterer Grund für die Änderung der Drehzahl. (Wie weiter unten unter Nr. b und c gezeigt ist, tritt im Übersynchronismus zugleich eine Verstärkung des Feldes Φ_r ein, die auch drehzahlbegrenzend wirkt.)

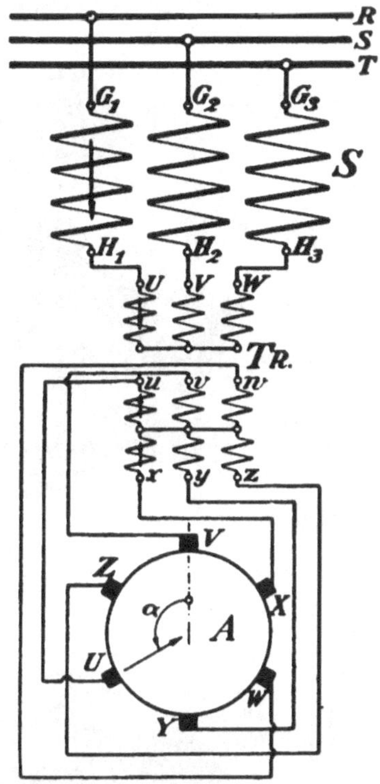

Fig. 87.

Ein weiterer Vorzug des Zwischentransformators besteht darin, daß er seiner Größe nach nicht allein nach der Leistung des Motors eingerichtet werden muß, sondern der Größe des Regelbereiches entsprechend gewählt werden kann. Wir hatten gesehen, daß die Spannung des Ankers und die ihm zugeleitete Leistung im Synchronismus sehr klein werden. Daraus ergibt sich, daß der Zwischentransformator bei Synchronismus des Motors zwar den vollen Strom, aber sehr wenig Spannung zu übertragen hat, also nur sehr wenig Leistung. Mit der Abweichung des Motors vom Synchronismus nimmt die Ankerspannung wieder zu und zwar proportional zur Abweichung. Im gleichen Maße beteiligt sich nun auch der Zwischentransformator an der Leistungsübermittlung. Es folgt aus dem Gesagten, daß der Zwischentransformator seiner Größe nach nicht für die volle Motorleistung bemessen zu werden braucht, sondern für eine geringere, dem Regelbereich entsprechende. Gewöhnlich baut man ihn für ein Drittel oder die Hälfte der Motorleistung. Dabei sind seine Stromstärken dieselben wie im Motor, wie aus der Schaltung Fig. 87 ohne weiteres folgt. Der Zwischentransformator wird dadurch billig.

Ein weiterer Vorteil des Zwischentransformators ist darin zu erblicken, daß man mit seiner Hilfe leicht die Zahl der Phasen, mit der

Fig. 88 a.

Fig. 88 b.

der Anker gespeist wird, aus dreien in mehr, z. B. sechs, verwandeln kann. Damit erreicht man eine kleine Mehrausnutzung des Ankers und, was sehr viel wichtiger ist, eine leichtere Beherrschung der Kommutation. Denn an jeder Bürste ist der Bürstenstrom um so geringer, je mehr Phasen vorhanden sind, und wir haben im Teil VII gesehen, daß der Betrag der Kommutierung in erster Linie immer dem Bürstenstrome entspricht. Fig. 87 stellt einen im Ständer dreiphasigen, im Anker sechsphasigen Motor dar, und zwar stehen die Bürsten in der „Betriebsstellung". Weiterhin kann man das Anlauffeuer vermindern, weil im Anlauf mit gesättigtem Zwischentransformator das Motorfeld geschwächt wird (s. unten unter e).

Da der Zwischentransformator gegen den Motor klein ausfällt, so kann man ihn leicht mit dem Motor konstruktiv vereinigen, z. B. ihn in dem Fuße des Motors unterbringen. Der Motor erhält wieder ein einheitliches Aussehen. Ein solcher ist in der Fig. 88 a u. b fertig sowie zerlegt dargestellt, er dient zum Antriebe von Ringspinnmaschinen.

Im ganzen hat die Anwendung eines Zwischentransformators also viele Vorzüge, so daß seine Anwendung die Regel bildet.

Auf die Theorie des Zwischentransformators unter ausführlicher Begründung einzugehen, ist im Rahmen dieses Buches nicht möglich. Doch seien folgende Punkte erwähnt:

a) Im Synchronismus des Motors kann der Zwischentransformator wegen seines kleinen Ohmschen und induktiven Widerstandes nur einen ganz unbedeutenden Einfluß auf das Verhalten des Motors ausüben. Da er nur ganz wenig Spannung erhält, ist auch seine Sättigung immer gering; er ist Stromtransformator. Der Motor läuft so, als sei der Zwischentransformator gar nicht vorhanden, Ständer- und Ankerstrom sind gleichphasig, es gelten die Diagramme Fig. 85 und 86.

b) Außerhalb des Synchronismus bekommt der Zwischentransformator Spannung; nähert er sich dabei der Sättigung, so kann sein Magnetisierungsstrom nicht mehr vernachlässigt werden. Da er nur vom Ständer- und Ankerstrom gespeist wird, müssen diese seine Magnetisierung bestreiten. Sie können das nur, wenn sie untereinander außer Phase kommen. Hierdurch wird zurückwirkend auch die resultierende MMK des Motors (Fig. 85) verändert, und zwar wird sie bei Übersynchronismus um den Betrag der MMK des Transformators verstärkt, bei Untersynchronismus um denselben Betrag geschwächt, jedoch behält sie dabei die Richtung bei, die sie im Motor mit einem ungesättigten Transformator haben würde, also die Richtung, die sich laut Fig. 85 für Synchronismus ergibt. Diese Erkenntnis erleichtert die Einsicht in die Vorgänge wesentlich; ihren Beweis wollen wir aus obigen Gründen schuldig bleiben. Daraus folgt aber weiter, daß mit oder ohne Zwischentransformator sich die Phase zwischen Strom und Spannung, gleiche Drehzahl angenommen, nicht ändert, cos φ kann also ohne Rücksicht auf die Sättigung im Motor und Transformator lediglich unter Beachtung von Schlupf- und Übersetzungsverhältnis ermittelt werden. Man bemerke den Unterschied dieser Feldänderung gegenüber der durch Bürstenverschiebung, bei der sich auch die Feldrichtung ändert!

c) Die Drehzahl wird durch die Feldänderung beeinflußt und zwar gemäß b) im Untersynchronismus erhöht, im Übersynchronismus vermindert.

d) Das Drehmoment des Motors wird um dasjenige Maß verändert, um welches sich infolge der Änderung der *MMK* sein Feld ändert; die das Drehmoment bildende Komponente des Ankerstromes ändert sich nicht wegen b). Im Anlauf fährt der Motor daher bei gesättigtem Zwischentransformator mit Feldschwächung an, was wegen des Bürstenfeuers sehr zu beachten ist. Dafür benötigt er mehr Strom.

e) Das Bürstenfeuer kann im Anlauf wegen der Feldschwächung gering sein, wächst dann aber im Übersynchronismus wegen der Feldverstärkung mehr an als beim gewöhnlichen Motor, so daß auch durch diesen Umstand sich zu hohe Drehzahlen verbieten.

5. Die Stabilität.

Wie aus den in Fig. 84 gegebenen Kurven hervorgeht, gehören teilweise zu kleinen Drehmomentsänderungen schon recht große Drehzahländerungen. Besonders bei abnehmender Drehzahl führt dies bei Drehzahlen zwischen 20 und 40 % der synchronen zu einer sehr schwierigen Einstellung der Drehzahl und zum Stehenbleiben des Motors, sobald sich das Drehmoment auch nur ganz wenig ändert. In der Spannungsfigur 86 betrachte man die Spannungsverhältnisse für die Drehzahl 50 % des Synchronismus. Man denke sich die Klemmenspannung P_0 und den Strom J unveränderlich und verkleinere nun den Winkel α zwischen E_s und E_a, d. h. man verkleinere die Bürstenverschiebung α. Dann erreicht man sehr bald Bürstenwinkel, bei denen es unmöglich ist, das Spannungsdreieck zu schließen. Dies bedeutet, daß der Betrieb des Motors unmöglich wird, d. h. daß der Motor stehen bleibt.

Der letzte noch mögliche Betriebspunkt wird offenbar dann erreicht, wenn Klemmenspannung P_0 und Anker-EMK E_a aufeinander senkrecht stehen.

In den Schaulinien Fig. 84 entsprechen solchen Punkten die am weitesten rechts gelegenen Umkehrpunkte jeder Kurve, die durch die sog. „Stabilitätsgrenze" *St St* verbunden sind.

Vor diesem letzten Punkte besitzt die Spannung P_0 zwei Schnittpunkte mit der Richtung E_a; es gibt dann noch zwei Drehzahlen, eine stabile größere und eine labile kleinere. Daraus erklärt sich die Umkehr der Schaulinien von Fig. 84.

Diese Eigenschaft des Motors ist mitunter unbequem. Man hat sie dadurch zu beseitigen verstanden, daß man dem Motor nicht nur einen, sondern zwei Bürstensätze gab, von denen in der Regel einer fest, der andere beweglich ist. Die Schaltung eines derartigen Motors, und zwar gleich mit Zwischentransformator, ist in der Fig. 89 dargestellt, wobei die festen Bürsten *UVW* durch leere, die beweglichen *XYZ* durch schwarz ausgefüllte Rechtecke angedeutet sind.

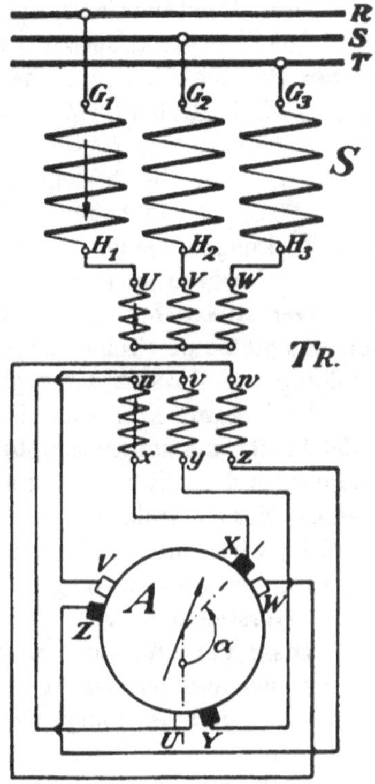

Fig. 89.

Man stellt den festen Bürstensatz meist in diejenige Stellung, aus der heraus man mit Hilfe des beweglichen Bürstensatzes den Motor nach beiden Drehrichtungen anlassen kann und von der aus man bei gleicher Leistung auch gleichgroße Verschiebung des beweglichen Bürstensatzes erhält. Diese Stellung heißt „Nullstellung". In ihr stehen die zur gleichen Phase gehörigen Bürsten, z. B. *U* und *X* auf denselben Lamellen des Kommutators. Dadurch ist der Sekundärkreis des Zwischentransformators kurzgeschlossen, die Ankerwicklung offen und stromlos. Infolge des Kurzschlusses seiner Sekundärseite hat der Zwischentransformator auch primär keine Spannung mehr und der Ständer wird wie der in Stern geschaltete Ständer jedes Drehstrommotors gespeist. Aus Fig. 89 ist das klar zu sehen, wenn man sich vorstellt, der Verschiebungswinkel α sei Null. Der Motor besitzt also in der Nullstellung der Bürsten schon das volle Feld, im Gegensatz zu dem vorher in Fig. 83 betrachteten Motor, der in diesem Falle ein kleineres, etwa das halbe Feld besitzt.

Die zur Erreichung der vollen Leistung erforderliche Bürstenverschiebung beträgt etwa $\alpha = 120$ Grad, während sie beim anderen Motor etwa 150 Grad betrug. Man erkennt daraus die größere Genauigkeit, mit der man die Drehzahl einstellen kann, denn man hat jetzt 60 Grad gegen früher nur 30 Grad noch vor sich, ehe man die Kurzschlußstellung — Verschiebung $\alpha = 180$ Grad — erreichen würde. In dieser heben auch bei diesem Motor die anker- und die ständermagnetomotorischen Kräfte einander fast ganz — bis auf etwa 15% — auf.

Zum Verständnis dieser Schaltung stellt man sich am besten den Anker zweimal gespeist vor. Die eine Speisung erfolgt durch die festen Bürsten U, V, W, wie in Fig. 83, die andere durch die beweglichen X, Y, Z, beide Male mit demselben Strome; jedoch tritt der Strom beim einen, festen Satze ein, beim anderen, beweglichen, aus. Verstellt man die beweglichen Bürsten um den vollen Betrag von $\alpha = 180$ Grad, so heben sich wegen ihres verschiedenen Vorzeichens die Wirkungen beider Ströme im Anker nicht auf, sondern addieren sich zu der größten möglichen magnetomotorischen Kraft des Ankers.

Der Anker hat also in der Nullstellung der Bürsten $\alpha = 0$ Grad die magnetomotorische Kraft Null, in der Kurzschluß- oder 180 Gradstellung der Bürsten seine größte magnetomotorische Kraft.

Man kann nun den Strömen jedes Bürstensatzes wegen ihrer Gleichheit eine magnetomotorische Kraft vom halben Werte der gesamten und größten des Ankers zuschreiben. Die des festen Bürstensatzes MMK_f steht mit diesem im Raume fest, die des beweglichen MMK_b wird mit ihm im Raume verdreht. Beide geometrisch addiert ergeben die gesamte magnetomotorische Kraft des Ankers MMK_a in jeder Bürstenstellung.

Diese Verteilung der magnetomotorischen Kräfte ist in der Fig. 90 zusammen mit der des Ständers MMK_s dargestellt und zwar für die normale Bürstenstellung von 120 Grad. Man erkennt daraus, daß die resultierende MMK und die Anker-MMK_a ihren Winkel, den sie miteinander einschließen, um so weniger verändern, welches auch die Stellung der Bürsten sein möge, je mehr sich dieser Winkel dem Werte 90 Grad nähert.

Dieser Umstand begründet es, daß der Motor bei kleinen Drehzahlen nicht so unvermittelt in seiner Drehzahl nachläßt, also „stabiler" arbeitet.

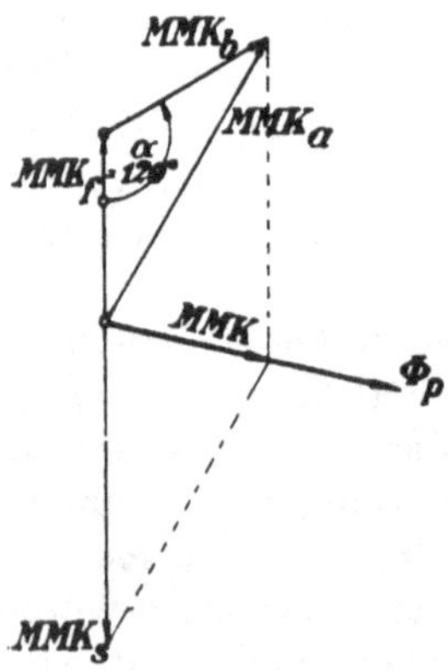

Fig. 90.

Wir hatten beim Motor mit einfachem Bürstensatz gesehen, daß die Figur der magnetomotorischen Kräfte der Figur der Spannungen im Stillstande ähnlich ist (siehe Fig. 86). Dies gilt auch für den vorliegenden Motor. Infolgedessen wird der Winkel zwischen der Klemmenspannung im Stillstande und der Ankerspannung des Stillstandes auch einen um so weniger veränderlichen Wert haben, je mehr dieser Winkel ein rechter ist, und in diesem Grenzfalle wird es stets nur eine einzige Ankerspannung geben, die das Spannungsdreieck erfüllt, also auch nur eine einzige Drehzahl. Dann besitzen die Schaulinien nicht mehr die Umkehrpunkte der Fig. 84, die labilen niedrigen Drehzahlen kommen nicht vor, die „Stabilitätsgrenze" *St St* rückt nahe an die Abszissenachse und fällt im Grenzfalle mit ihr zusammen. Ist der Winkel, wie in unserer Fig. 90, nahezu ein rechter, so gibt es zwar noch zwei Ankerspannungen, die das Dreieck erfüllen, indessen unterscheiden sie sich sehr wenig, mithin ist der Bereich labiler Drehzahlen immer noch sehr klein. Bei dem früher beschriebenen Motor weicht der Winkel viel mehr von einem rechten ab, daher unterscheiden sich die beiden möglichen Ankerspannungen merklich und der Bereich labiler Drehzahl ist viel größer.

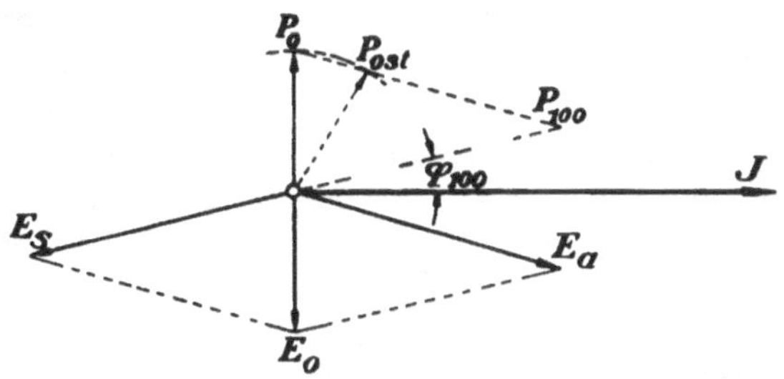

Fig. 91.

In Fig. 91 ist das Spannungsdiagramm angegeben.

6. Der Leistungsfaktor.

Wir kommen noch kurz zur Besprechung des Leistungsfaktors. Er wird bei um so niedrigeren Drehzahlen der Einheit gleich, je mehr die Anker-Amperestäbe die Ständer-Amperestäbe überwiegen ($MMK_a > MMK_s$). In der Regel genügt es, einen guten Leistungsfaktor, etwa 0,97, beim Synchronismus zu erreichen, es ist aber auch leicht möglich, den Leistungsfaktor Eins, ja sogar Voreilung zu erhalten. Dies gilt für den Synchronismus, besonders aber für den Übersynchronismus. Für Leistungsfaktor gleich oder nahezu gleich Eins in Synchronismusnähe genügt es, wenn die maximal möglichen Anker-Amperestäbe (bei $\alpha = 180$ Grad) um 10—15 % größer sind als die des Ständers, wie die Fig. 85 u. 90 es zeigen.

Beim Motor mit doppeltem Bürstensatz liegt es im Prinzipe, daß die Anker-Amperestäbe MMK_a um so geringer sind, je kleiner die Bürstenverschiebung ist. Dieser Motor hat daher den Nachteil, daß er denselben Leistungsfaktor etwas schwerer zu erreichen gestattet, als der mit einfachem Bürstensatz. Man kann dem indessen dadurch abhelfen, daß man bei den höheren Drehzahlen auch die festen Bürsten noch etwas verschiebt und zwar entgegengesetzt der Verschiebung, die man den beweglichen Bürsten erteilte. Hierdurch wird, wie aus Fig. 90 ersichtlich ist, die magnetomotorische Kraft des Ankers wieder etwas erhöht.

Der physikalische Grund für die Verbesserung des Leistungsfaktors liegt darin, daß der Anker bei Synchronismus Gleichstrom führt; bedient man sich also des Ankers zur Erregung der Maschine, so wird sie mit Gleichstrom erregt werden, wozu wenig Spannung nötig ist. Dann muß aber der Anker nicht nur die *MMK* des Ständers ganz aufheben, sondern noch soviel *MMK* mehr haben, als zur Felderregung notwendig ist. Unter Beachtung der geometrischen Addition ergeben sich daraus die oben genannten 15 % mehr Amperestäbe für den Anker. Fig. 85 zeigt tatsächlich, daß die resultierende *MMK* nahezu ganz vom Anker aus gedeckt wird und der Ständer nur wenig dazu beiträgt, da MMK_s fast senkrecht zu *MMK* steht.

7. Die Stromwendung.

Ebenso wie das Feld Φ_p im ganzen Anker bei synchronem Laufe keine EMK hervorbringt, erzeugt es auch im einzelnen Leiter keine. Im Synchronismus verschwindet daher die „Kurzschlußspannung e_k" unter den Bürsten. Diese Tatsache ist es, die die Beherrschung der Stromwendung hier sehr erleichtert. Im Stillstande tritt die Kurzschlußspannung in ihrem vollen, dem Felde Φ_p entsprechenden Werte auf, nimmt dann mit zunehmender Drehzahl derart ab, daß sie im Synchronismus Null wird, und erscheint nachher wieder. Bei gleichem Felde, aber doppeltem Synchronismus würde sie denselben Wert wie bei Stillstand wieder erreicht haben. Hierdurch bestimmt sie teilweise die Grenzen mit, innerhalb deren der Motor reguliert werden kann.

Die Stromwendespannung e_r wird beim Drehstrom-Reihenschlußmotor mit Bürstenverschiebung nicht beseitigt. Sie ist wie in allen Maschinen mit Durchmesserwicklung proportional zum Bürstenstrome und zur Drehzahl. Näheres über den Proportionalitätsfaktor, sowie über beachtenswerte Gesichtspunkte enthält der Teil VII. Weil aber der Anker mit mehreren, mindestens drei Phasen gespeist wird und bei größeren Maschinen die Zahl der Ankerphasen, wie wir z. B. in Fig. 87 sahen, vermehrt werden kann, gelingt es leicht, ihre absolute Größe niedrig zu halten, so daß der Widerstand der Bürsten genügt, sie aufzunehmen. Da sie aber immerhin noch vorhanden ist, wendet man gern die im Teil VII am Schluß erwähnten Mittel zur Beseitigung der zusätzlichen Spannungen an.

In Fig. 92 ist das Verhalten der beiden Spannungen e_k und e_r für einen Motor mit einfachem Bürstensatze nach Fig. 83 dargestellt unter der Voraussetzung, daß das Drehmoment bei verschiedenen Drehzahlen immer dasselbe, das Feld also veränderlich ist. Dazu ist die geometrische Summe e_f beider eingezeichnet, die die „Funkenspannung" darstellt. Die Phasenverschiebung zwischen e_k und e_r (vgl. Teil VII) ist dabei berücksichtigt. Man erkennt aus dem Verlauf der Linien, wie sich anfangs vom Stillstande bis zum Synchronis-

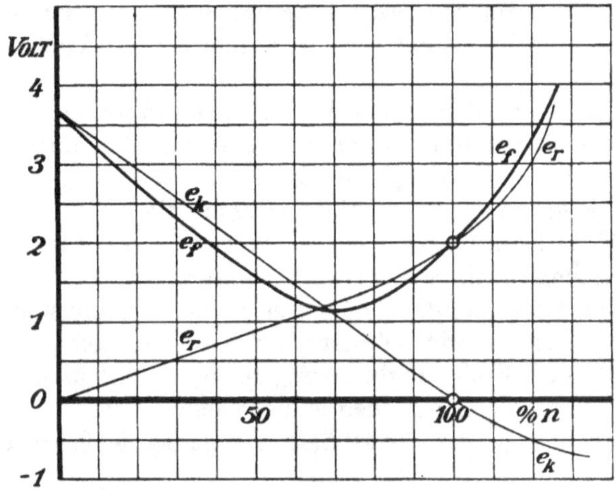

Fig. 92.

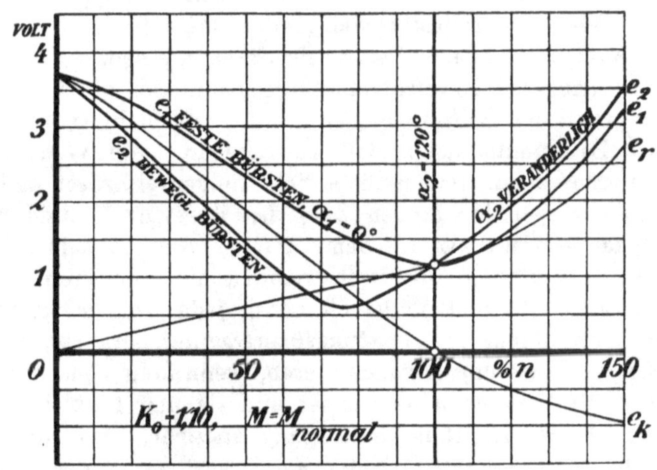

Fig. 93.

mus die Funkenspannung bis zu einem Minimum vermindert, aber dann wieder rasch wächst. In dem Beispiel ist angenommen, daß dem vollen Strome ($J = 100$ %) ein $e_r = 2$ Volt und dem vollen Felde ($\Phi_p = 100$ %) ein $e_k = 3{,}0$ Volt entspricht und die Charakteristik wieder nach Fig. 56 verläuft, so daß dieses Kommutierungsbild zu den Schaulinien Fig. 84 paßt. Schließlich wird bei 1,15 fachem Synchronismus bereits die Grenze von 3,0 Volt an Funkenspannung erreicht, die die Bürste auszuhalten vermag. Es geht daraus deutlich hervor, daß es die Kommutierung ist, die die Drehzahlregelung des

Motors nach oben hin begrenzt, während der Motor zwischen 40 % und 100 % des Synchronismus vorteilhaft und bei 60—70 % am besten kommutiert.

In Fig. 93 ist der Verlauf der Bürstenspannungen für einen Motor mit doppeltem Bürstensatz unter den gleichen Annahmen wie bei Fig. 92 dargestellt; e_1 und e_2 sind die Funkenspannungen des festen und des beweglichen Satzes. Man erkennt die wichtige Tatsache, daß die beiden Bürstensätze wegen ihrer verschiedenen Raumlage einer ganz verschiedenen Stromwendung unterliegen und zwar wendet bei Untersynchronismus der feste, bei Übersynchronismus der bewegliche Bürstensatz unter schwierigeren Bedingungen. Damit dies nicht zu ungleicher Kollektorabnutzung führt, ordnet man häufig den einen Satz nur auf der oberen, den anderen nur auf der unteren Hälfte des Kollektors an, so daß jeder Satz die ganze Kollektorbreite bestreicht.

Auch der Drehstrom-Reihenschlußmotor gestattet die völlige Beseitigung der Funkenspannung mit Hilfe von Wendepolen. Da aber dann die Bürsten dort fest stehen bleiben müssen, wo die Wendepole auf die kurzgeschlossenen Leiter einwirken können, so wendet man sie selten (nur bei Regelsatzmaschinen) an, um nicht auf das so äußerst praktische Hilfsmittel der Bürstenverschiebung verzichten zu müssen. Es kommt dazu, daß die Erregung von Wendepolen bei Drehstrommaschinen umständliche Schaltungen erfordert und daß die Wendepole wegen der großen Zahl der Bürsten — mindestens drei pro Polpaar — viel Platz auf dem Umfange des Ständers wegnehmen. Die gute Ausnutzung der Drehstrommaschine gegenüber der Einphasenmaschine besteht ja gerade darin, jedes Zentimeter des Anker- und Ständerumfangs zur Leistungsübertragung heranzuziehen. Man setzt also die Leistungsfähigkeit herab, wenn man Teile des Ständer umfanges für Wendepole verwendet und sie damit teilweise der Beteiligung an der Leistungsübertragung entzieht. Wir werden daher hier nicht auf die Besonderheiten der Drehstromwendepole eingehen.

Teil XIII.

Der mehrphasige Nebenschlußmotor und der kompensierte Asynchronmotor.

1. Die Regelung der Drehzahl.

Im Teil V hatten wir gesehen, daß in einer unter dem Einfluß eines Drehfeldes stehenden Wicklung Spannungen erzeugt werden, die sich nach der Größe des Drehfeldes und nach seiner Drehungsgeschwindigkeit gegenüber der Wicklung richten. Es war dabei einerlei, ob die Drehungsgeschwindigkeit gegenüber der Wicklung dadurch zustandekommt, daß sich das Feld oder die Wicklung oder beide bewegen. Umgekehrt folgt aus dieser Erkenntnis, daß man die Drehungsgeschwindigkeit zwischen Feld und Wicklung dadurch festlegen kann, daß man dem Motor ein bestimmtes Feld gibt und der Wicklung die obengenannten Spannungen zuführt, denn alle elektrischen Maschinen haben das Bestreben, sich so schnell zu drehen, daß sich die erzeugte und die angelegte Spannung gegenseitig fast völlig aufheben. Dieses ist der Grundsatz, nach dem alle Nebenschlußmotoren arbeiten, nicht nur die Gleichstromnebenschlußmotoren, sondern auch die Drehstromnebenschlußmotoren, von denen, wie es sich im folgenden ergeben wird, der altbekannte Drehstromasynchronmotor ein Sonderfall (im Läufer angelegte Spannung gleich Null) ist. Man versteht heute unter einem „Nebenschlußmotor" ganz allgemein einen Motor, der seine Drehzahl nicht oder nur wenig ändert, wenn er auch verschieden belastet wird. Der erste Motor dieser Art war der als Gleichstromnebenschlußmotor bekannte Motor; von seiner Schaltungsweise stammt der Name her. Heute hat die Bedeutung des Namens „Nebenschlußmotor" sich dahin verschoben, daß man unter diesem Namen Motoren dieser Art zusammenfaßt, während die besondere Schaltung dabei nicht den Ausschlag gibt.

Beim Gleichstrom-Nebenschlußmotor ist die der Ankerwicklung zugeführte Spannung konstant, das Feld einstellbar. Kennzeichen des mehrphasigen Nebenschlußmotors ist dagegen, daß einer seiner Wicklungen eine willkürlich wählbare Spannung zugeführt und daß dadurch seine Drehzahl festgelegt oder eingestellt wird, während sein Feld dabei unverändert bleibt. Solange die Spannung nicht geändert wird, ändert sich auch die Drehzahl wenig, welches auch die Belastung des Motors sei. Diese Eigenschaft des Motors ist für eine große Anzahl, man kann wohl sagen für die Mehrzahl aller Antriebe notwendig. Wir erinnern z. B. an den Antrieb von Werkzeugmaschinen, etwa einer Drehbank. Die Belastung ist hier veränderlich, je nachdem, welche Widerstände der Drehstahl in dem zu bearbeitenden Material findet, welche Spandicke geschnitten werden muß und welche Geschwindigkeit verlangt ist. Dabei ist es aber eine der ersten Anforderungen für eine gute Arbeit, daß die Schnittgeschwindigkeit immer dieselbe sein soll.

Je nachdem nun dem Anker oder dem Ständer die veränderliche Spannung zugeführt wird, gibt es zwei Arten von mehrphasigen Nebenschlußmotoren, die nach Obigem wesensgleich, in Einzelheiten mehr äußerlicher Art aber verschieden sind.

In der Fig. 20 (Teil II) wird die veränderliche Spannung dem Anker über den Kollektor K zugeführt. Der Ständer S ist unmittelbar aus dem Netze RST erregt und liefert deshalb ein der Größe nach sich gleichbleibendes, im Raume mit der Geschwindigkeit $n_0 = \frac{60 \cdot f_0}{p}$ umlaufendes Drehfeld. Im Nebenschluß zum Ständer ist der Anker angeschlossen, mit Hilfe von Anzapfungen u_1 bis u_5, die jede Phase der Ständerwicklung besitzt. Bewegen sich die Ankeranschlüsse von u_1 aus allmählich nach den Punkten u_5 hin, so nimmt die dem Anker zugeführte Spannung immer mehr ab und wird fast Null, wenn sie die Punkte u_3 erreichen: der Anker selbst ist dann fast kurzgeschlossen. Werden sie noch weiter nach den Punkten u_5 hin bewegt, so wechselt das Vorzeichen der dem Anker zugeführten Spannung, weil die Punkte u_5 jenseits der untereinander verbundenen Punkte u_3 des Ständers liegen.

Wir werden nun die Wirkungsweise des Motors zuerst in großen Zügen beschreiben, ohne auf alle Einzelheiten einzugehen. Diese Vorbereitung ist zum Verständnis der später erörterten Betriebsdiagramme notwendig, die dann die genaue Einsicht gewähren.

Das vom Ständer hervorgebrachte Drehfeld (Φ_p) [1]) erzeugt in dem Anker bei Stillstand durch Induktion eine EMK (E_4), die wir mit der Ziffer 100 % bezeichnen wollen. Die Ständerwicklung sei so eingerichtet, daß sie dem Anker durch Leitung auch eine Spannung (E_3) vom Werte 100 % und entgegengesetzter Phase zuführt, wenn die Ankeranschlüsse auf den Punkten u_1 stehen. Es sei also das „Übersetzungsverhältnis" ($\varkappa$) zwischen dem Anker und der hinter den An-

[1]) Die in Klammern beigefügten Bezeichnungen beziehen sich auf die weiter hinten aufgezeichneten und erklärten Diagramme Fig. 99 ff. Bei den Strömen J und Spannungen E sind Zahlen als Indizes gewählt, damit die Bezeichnungen für beide Arten von Nebenschlußmotoren gelten.

schlüssen u_1 gelegenen Wicklung des Ständers gleich Eins. Unter diesen Umständen wird sich der Anker nicht drehen, weil sich die induzierte und die zugeleitete Spannung aufheben werden und daher kein Strom in ihn fließen kann.

Lassen wir nun die Ankeranschlüsse weiterwandern, dann wird die zugeführte Spannung (E_3) kleiner, infolgedessen wird in dem noch stehend gedachten Anker ein Strom (J_4) auftreten, der den Anker in Bewegung setzt. Hierdurch wird auch die vom Felde hervorgebrachte EMK (E_4) kleiner und der Strom (J_4) sinkt bis auf den Wert, der zur Aufrechterhaltung der Drehung erforderlich ist. Ist der Anker nicht belastet, so ist dazu nur ein kleiner Strom erforderlich. Hat er ein ihm äußerlich aufgelegtes Drehmoment (M) zu überwinden, dann ist ein größerer Strom nötig. Im ersten Falle ist sehr wenig, im zweiten etwas mehr Spannung (e) erforderlich, um den Strom durch den Anker zu treiben. Die vom Felde hervorgebrachte und die dem Anker zugeführte Spannung müssen sich bis auf diesen Rest (e) aufheben. So schnell muß sich der Anker drehen, bis das der Fall ist.

Ist die dem Anker zugeführte Spannung (E_3) gleich Null, d. h. ist der Anker kurzgeschlossen, so muß er sich so schnell drehen, daß das Drehfeld in ihm nur die für das Fließen des Stromes (J_4) erforderliche Spannung (e) erzeugt. Der Motor verhält sich dann ebenso wie ein Asynchronmotor, die Drehzahl seines Ankers unterscheidet sich von der des Drehfeldes nur um den sog. Schlupf (Schlüpfung), der etwa 6—10% beträgt. Man könnte den Kommutator auch weglassen und den Anker anderweitig kurzschließen. Dann bekommt man, wie oben gesagt, als einen Sonderfall des mehrphasigen Nebenschlußmotors den altbekannten Drehstrom-Asynchronmotor.

Interessant ist das Verhalten des Motors, wenn die Ankeranschlüsse bis u_5 verschoben werden. Der Sinn der zugeführten Spannung (E_3) kehrt sich dann für den Anker um, so daß sich der Sinn der von dem Drehfeld erzeugten Spannung ebenfalls umkehren muß. Dazu ist es nötig, daß die Drehungsgeschwindigkeit des Ankers gegenüber dem Felde sich umkehrt. Das ist der Fall, wenn der Anker rascher umläuft als das Feld. Denn wenn bei untersynchroner Drehung das Feld im Uhrzeigersinne über den Anker hinwegstreicht, so läuft es bei übersynchroner Drehung in einer Richtung über den Anker weg, die der Uhrzeigerbewegung entgegengesetzt gerichtet ist (vgl. Teil V). Die im Anker induzierte EMK (E_4) wechselt also ihren Sinn auch. Der Motor kann damit zum genau synchronen oder übersynchronen Laufe gezwungen werden, eine Eigenschaft, die dem asynchronen Induktionsmotor bekanntlich fehlt.

Das Regelbereich des Motors hängt, wie aus diesen Darlegungen hervorgeht, mit der Zahl und Lage der Anschlüsse u_1 bis u_5 zusammen. Es wird bestimmt durch das Verhältnis der hinter jenen Anschlüssen gelegenen Windungen Z_3 im Ständer zu den Windungen Z_4 im Anker, also durch das „Übersetzungsverhältnis" $\varkappa = \frac{Z_3}{Z_4}$ des mit dem Anker leitend verbundenen Ständerwicklungsabschnittes (3) zum Anker (4).

Wir sahen soeben, daß ein Übersetzungsverhältnis $\varkappa = 1$ gestattet, den Motor bis zum Stillstand zu regeln. Werden nur Anschlüsse bis zu einem Übersetzungsverhältnis $\varkappa = 0{,}5$ vorgesehen — in unserer Figur entspricht dies etwa den Anschlüssen u_2 —, so läßt sich der Motor nur bis zur halben synchronen Drehzahl minus Schlupf herunter regeln. Das Übersetzungsverhältnis $\varkappa = 0$ entspricht der asynchronen Drehzahl des Ankers, die Übersetzungsverhältnisse $-0{,}5$ und $-1{,}0$ entsprechen 50 % bzw. 100 % Übersynchronismus minus Schlupf.

Bei voller Belastung verschiebt die Einwirkung der Ohmschen und induktiven Widerstände diese Drehzahlen nach unten; der Motor schlüpft etwas. Man erhält daher bei voller Belastung:

bei $\varkappa = +0{,}5$ etwa 46 % der synchronen Drehzahl
„ $\varkappa = \mp 0{,}0$ „ 95 % „ „ „
„ $\varkappa = -0{,}5$ „ 145 % „ „ „
„ $\varkappa = -1{,}0$ „ 190 % „ „ „

Wir bemerken, daß die Regelung in Stufen, entsprechend der Kontaktzahl u_1 bis u_5 erfolgt.

Hiermit haben wir die wichtigste Eigenschaft des Motors nach Fig. 20, seine Drehzahlregelung, kennengelernt.

Der hier geschilderte regelbare Motor mit veränderlichem $\varkappa$ wurde zeitlich zuerst erfunden (Winter-Eichberg). Für kleines, aber konstantes $\varkappa$ ist er von Heyland 1902 schon angegeben worden (vgl. S. 191). Später wurde eine andere Schaltungsart bekannt, die wir nun beschreiben, bei der die Rolle des Ankers und Ständers vertauscht wird.

In der Fig. 22, Teil II, wird die veränderliche Spannung nicht wie oben dem Anker, sondern dem Ständer S zugeführt und zwar vom Kommutator K her. Das Drehfeld wird durch Speisung des Ankers gebildet, zu welchem Zwecke der Anker außer dem Kommutator K noch drei Schleifringe U, V, W erhält. Die Speisung des Ankers aus dem Netze muß deshalb über Schleifringe (d. h. an festen Punkten der Ankerwicklung) erfolgen, weil die Frequenz am Kommutator für feststehende Bürsten veränderlich ist.

Wenn der Anker in Ruhe ist, läuft das Drehfeld mit der Geschwindigkeit $n_0 = \frac{60 \cdot f_0}{p}$ Umdrehungen im Raume an. Mit derselben Geschwindigkeit läuft es über den Anker hinweg. Wichtig ist es nun, daß es die Geschwindigkeit, mit der es über den Anker hinwegstreicht, wegen der Speisung über Schleifringe, also über relativ zum Anker feste Punkte, auch dann noch beibehält, wenn sich der Anker dreht. Nur die Geschwindigkeit, mit der es im Raume umläuft, verändert sich. Erfolgt die mechanische Drehung des Ankers entgegengesetzt zur Drehung des Feldes, so rotiert das Feld allmählich immer langsamer im Raume und steht endlich still, wenn der Anker die synchrone Drehzahl erreicht hat. Geht der Anker noch schneller, so kehrt das Feld seine Drehrichtung im Raume um und rotiert, wenn es vorher im Raume gegen den Uhrzeigersinn umlief, nunmehr in der Richtung mit dem Uhrzeigersinne.

Man beachte den Unterschied zwischen dem vorhin geschilderten und diesem Motor:

	Drehfeldgeschwindigkeit im Verhältnis	
	zum Raum	zum Anker
Ständer gespeist	konstant	veränderlich
Anker gespeist	veränderlich	konstant

sowie die Drehungsrichtungen:

	Feld gegenüber Anker	Feld gegenüber Ständer (Raum)	Anker gegenüber Ständer (Raum)
Ständer gespeist	rechtsum über Null nach linksum	rechtsum	von Null an rechtsum
Anker gespeist	rechtsum	rechtsum über Null nach linksum	von Null an linksum

Hierbei sind die beiden gesperrt gedruckten Drehrichtungen (rechtsum) willkürlich und des Vergleiches halber gleichsinnig gewählt. Sind sie umgekehrt gewählt, so drehen sich mit ihnen zugleich alle Drehrichtungen einer wagrechten Reihe mit um.

Der Ständer des Motors wird also, da er selbst im Raume stillsteht, von einem der Größe nach zwar konstanten, der Geschwindigkeit nach aber veränderlichen Felde betroffen. Die von dem Felde in ihm erzeugten Spannungen sind also im Stillstande am größten, bei synchronem Laufe des Ankers Null, bei übersynchronem Laufe wieder zunehmend, nur mit gewechseltem Vorzeichen. Spannungen derselben Art müssen daher dem Ständer zugeführt werden. Man erhält sie in diesem Feld am bequemsten dadurch, daß man den Kommutator als Schaltapparat und den Anker selber als Transformator benützt. Da die Geschwindigkeit des Drehfeldes gegenüber dem Anker konstant ist (s. oben),. hat jeder Leiter des Ankers eine bestimmte Spannung, daher findet sich auch zwischen zwei bestimmten Punkten des Kommutators eine solche. Je weniger Ankerleiter nun zwischen diesen Punkten liegen, um so kleiner ist die Spannung zwischen ihnen. Setzt man also, wie in der Fig. 22 geschehen, zwei bewegliche Bürstensätze U, V, W und X, Y, Z auf den Kommutator auf, schließt jede Ständerphase an eine Bürste des einen und an eine Bürste des anderen Satzes, z. B. die Phase G_1—H_1 an U und X an und entfernt oder nähert diese beiden Bürsten einander, so erhält man veränderliche Spannungen zwischen ihnen. Kommen die Bürsten nebeneinander zu stehen, dann ist die Spannung zwischen ihnen Null und bei noch weiterer Bewegung kehrt sie ihr Zeichen um.

Es entsteht auf diese Weise ein durch Bürstenverschiebung regulierbarer Nebenschlußmotor, der die unersetzlichen Vorzüge aller mit Bürstenverschiebung arbeitenden Motoren besitzt, daß er stufenlos geregelt werden kann und daß er zu seinem Betriebe keine Zusatzapparate wie Schaltwalzen und Transformatoren gebraucht und dadurch in die Reihe der wirtschaftlichen Motoren einrückt. Auch seine Schaltung ist, wie ein Vergleich der Figuren 20 und 22 zeigt, viel einfacher, als die des zuerst beschriebenen Motors, der ihm gegenüber durch alle diese Umstände in eine sehr unvorteilhafte Lage gedrängt wird.

Die beiden Motoren arbeiten, wie schon erwähnt und wie wir auch weiterhin sehen werden, nach den gleichen Grundsätzen, nur die Rollenvertauschung von Ständer und Anker bringt etliche Unterschiede. Um ihre Ähnlichkeit recht deutlich zu machen und eine einheitliche Behandlung beider zu ermöglichen, ist in den Figuren 94 und 95 eine Schaltung jedes Motors gezeichnet, die zwar nicht ausgeführt zu werden pflegt, aber für das Verständnis der Erläuterungen nützlich ist. Sie ist jedoch ausführbar und wirkt genau wie die wirklichen Schaltungen. Sie unterscheidet sich von den ausgeführten Schaltungen nur dadurch, daß die Wicklung (3), von der die veränderliche Spannung entnommen wird (Teil der Ständerwicklung beim einen, der Ankerwicklung beim anderen Motor), für sich getrennt von der übrigen Wicklung (1 und 2) ausgeführt ge-

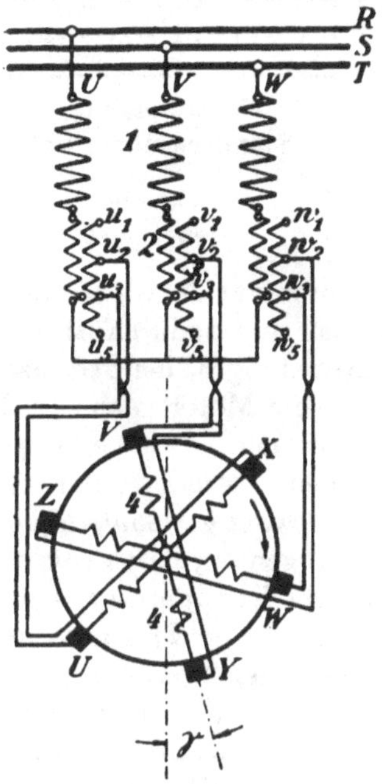

Fig. 94.

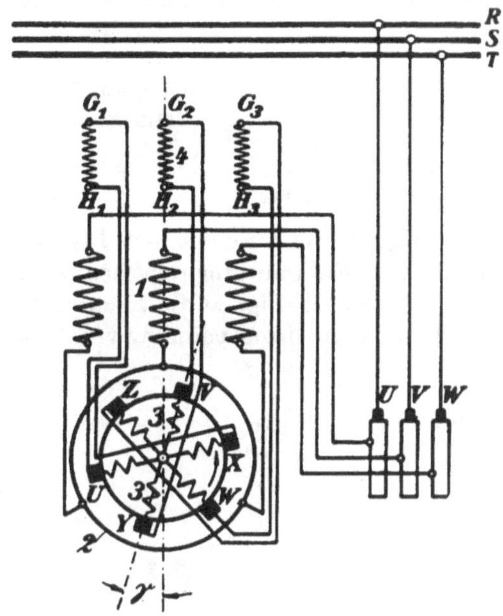

Fig. 95.

dacht ist. Zur Herbeiführung der Einheitlichkeit sind in beiden Fällen die Wicklungen in derjenigen Reihenfolge mit 1, 2, 3, 4 bezeichnet, in der sie vom Netz aus durchflossen bzw. induziert werden. Endlich ist der im Ständer gespeiste Motor der Übereinstimmung wegen mit ebensovielen Bürsten, also mit gleicher Ankerschaltung ausgeführt gedacht wie der andere, da die Zahl der Bürsten oder Phasen innere Wesens-Unterschiede nicht bedingt. Mit Hilfe dieser Bezeichnungsweise ist es leicht, die für den einen Motor bewiesenen Dinge auf den anderen anzuwenden.

Die Vertauschung der Rollen der Anker- und Ständerwicklung bringt, wie erwähnt, folgenden bemerkenswerten Unterschied beider Motoren. Wurde bei dem im Ständer gespeisten Motor die Ständerwindungszahl der Wicklung 3 vergrößert, so näherte sich der Motor dem Stillstande. Denkt man sich bei gegebener Bürstenlage, also gegebener Drehzahl, die Ständerwicklung (4) bei dem anderen Motor vergrößert, so muß das Drehfeld in ihr langsamer wechseln, damit der Ständer wieder die nämliche Spannung liefert, wie sie zwischen den unverändert stehengebliebenen Bürsten herrscht. Das bedingt eine Erhöhung der Drehzahl. Wir erhalten also folgenden Vergleich:

	Der bereits untersynchron laufende Motor läuft:	
	bei Vermehrung der Ständerwindungszahl	bei Verminderung der Ständerwindungszahl
bei Ständerspeisung	langsamer	schneller
bei Ankerspeisung	schneller	langsamer

Die Ankerwicklung richtet sich bei beiden Motorenarten wieder nach den für den Kommutator richtigen Verhältnissen und dadurch ist auch beim Motor nach Fig. 20 die Spannung der Abteilung 3, bei dem nach Fig. 22 die Schleifringspannung gegeben. Um beim Motor nach Fig. 22 von diesem Zwange loszukommen, wendet man (s. Fig. 95) zwei getrennte Ankerwicklungen an, deren eine (3) mit dem Kommutator, deren andere (1 + 2) mit den Schleifringen verbunden ist. Beide stehen bei manchen wirklichen Ausführungen miteinander in leitender Verbindung, indem 2 und 3 zu einer Wicklung zusammenfallen.

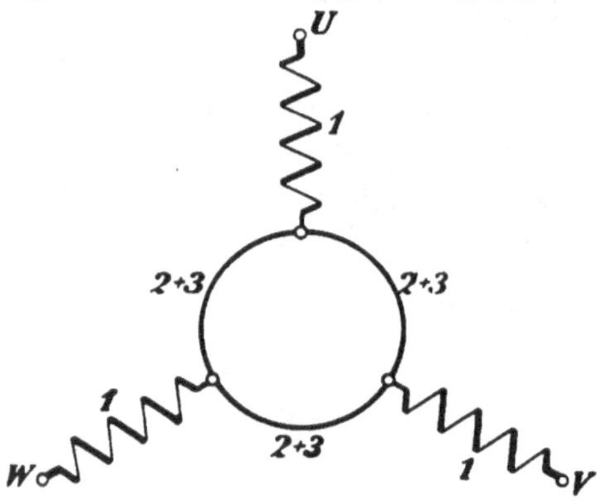

Fig. 96.

Fig. 96 zeigt die Schaltung schematisch. Es ist 2, 3 die an den Kommutator angeschlossene Trommelwicklung, die wie in allen bisher betrachteten Maschinen ausgeführt ist. An sie ist je eine Wicklung 1 angeschlossen, die zu den Schleifringen U, V, W führt.

Für den Umfang des Regelbereiches ist auch hier das Übersetzungsverhältnis und zwar das größte einstellbare $\varkappa_0$ maßgebend. Mit $\varkappa_0 = 1$ kann der Motor bis zum Stillstande, mit $\varkappa_0 = 0{,}5$ bis zur halben synchronen Drehzahl herab geregelt werden; gegen die Drehzahlen schlüpft er bei Belastung etwas, wie vorn in Zahlen angegeben. Im Unterschiede zum vorhergehenden Motor müssen wir jedoch hier wegen der Rollenvertauschung von Anker und Ständer $\varkappa$ als Verhältnis der zwischen den Bürsten U, X eingeschlossenen Ankerwindungen (3) zu den Windungen der zugehörigen Ständerwicklung (4) definieren, weil hier die Windungszahl des Ständers unveränderlich bleibt, die des Ankers geregelt wird. Das größte Übersetzungsverhältnis $\varkappa_0 = \frac{Z_3}{Z_4}$ erhält man, wenn U und X einen Winkel von 180 elektrischen Graden miteinander einschließen.

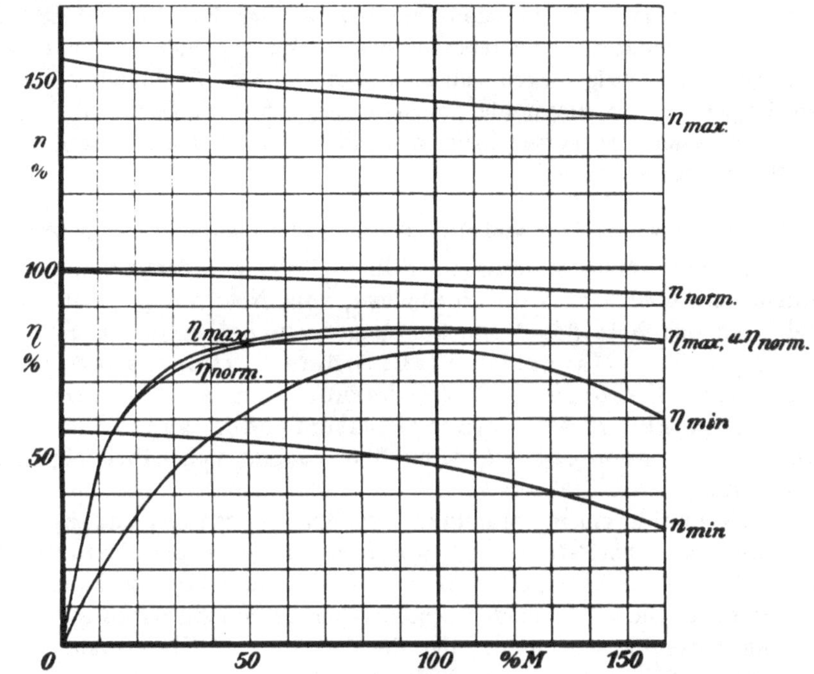

Fig. 97.

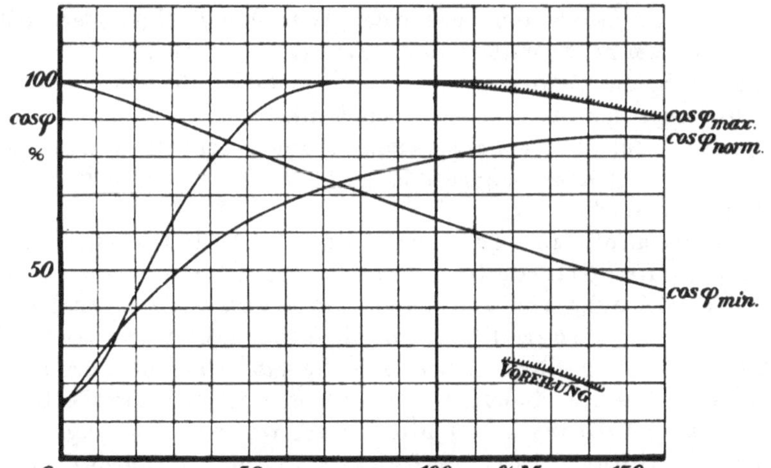

Fig. 98.

Haben wir im vorstehenden das Prinzip und den Umfang der Regelung der Drehzahl der Nebenschlußmotoren kennen und für die beiden Arten derselben auf gemeinsame Grundsätze zurückzuführen gelernt, so zeigen uns nunmehr die Kurven der Fig. 97 und 98 das wirkliche Verhalten der Drehzahl, des Wirkungsgrades und des Leistungsfaktors, aufgetragen über verschiedenem Drehmoment und wiedergegeben für maximale, normale und unterste Drehzahl.

Von jeder Leerlaufsdrehzahl aus fällt die Drehzahl mit steigender Last langsam etwas ab.

2. Der Leistungsfaktor und die „kompensierten Asynchronmotoren".

In beiden Motoren wird einer ihrer Teile, der Ständer oder der Anker, später als Teil 1 + 2 bezeichnet, vom Netz aus gespeist. Dabei kann das Netz den Magnetisierungsstrom liefern. Die Erzeugung dieses Magnetisierungsstromes kann aber auch von der Maschine selbst übernommen und damit der Leistungsfaktor im Netz verbessert oder auch der Einheit gleich gemacht werden. Man bedient sich dabei folgender Überlegung:

Läßt man in einem Stromkreis zwei Spannungen (E_3 und E_4) wirken, die sich ihrem Betrage nach wenig unterscheiden und deren gegenseitiger Phasenwinkel in der Nähe des Wertes 180° liegt, so kann man der Resultierenden (e) beider Spannungen bereits durch geringe Änderungen des Phasenwinkels oder der Beträge der Einzelspannungen E_3 und E_4 jede gewünschte Richtung geben.

Ist z. B. der Phasenwinkel genau 180°, so bildet die Resultierende gegenüber einer der Spannungen einen Winkel von Null oder 180°, je nachdem, welche Spannung ihrem Betrage nach größer ist.

Sind z. B. die Beträge genau gleich, so bildet die Resultierende gegenüber einer der Spannungen einen Winkel von fast 90° oder fast 270°, je nachdem, ob der Phasenwinkel etwas unter oder etwas über 180° liegt. Die späteren Figuren 101, 103, 107 und 111 zeigen diese Verhältnisse bildlich.

Ändert man also den Winkel und die Beträge zugleich, so kann die Resultierende jede gewollte Richtung zwischen Null und 360° erhalten. Erzeugt sie einen Strom, so kann dieser ebenso seiner Phase nach eingestellt werden.

Da wir oben gesehen haben, daß die Änderung der Beträge der EMKe die Drehzahl ändert, so folgt daraus, daß die Einstellung des Leistungsfaktors stets mit einer, wenn auch begrenzten Drehzahleinstellung verbunden ist und umgekehrt. Nur müssen bei weiter Drehzahleinstellung die Beträge erheblich, bei der Leistungsfaktoreinstellung in kleinerem Maße geändert werden.

Der Nebenschlußmotor gestattet nun, diese Überlegung zur Erzeugung seines eigenen Magnetisierungsstromes auszunutzen.

Es sei in der Fig. 94 der Ständer (1 + 2) an das Netz angeschlossen, der Anker (4) sei noch offen, werde aber mit irgendeiner Geschwindigkeit gedreht. Es wird dann zwischen den Ankerbürsten, z. B. $U-X$, eine Spannung (E_4) bestehen, deren Größe sich nach der Drehzahl und deren Phase sich nach der Stellung (γ) der Bürsten richtet. Die Anschlüsse, z. B. $u_2 - u_3$, seien so weit voneinander entfernt, daß die Spannung (E_3) zwischen ihnen der Größe nach gleich E_4 sei und die Bürstenstellung sei so gewählt, ($\gamma = 0$), daß die Phase von E_4 entgegengesetzt gleich der von E_3 sei, also daß E_3 und E_4 180° Phasenunterschied haben. Die Phase dieser Spannungen ist die gleiche wie die der Netzspannung. Dann fließt beim Anschließen des Ankers an $u_2 - u_3$ gar kein Strom, weil die Summe von E_4 und E_3 Null ist. Wählt man dann aber die Lage der Anschlüsse $u_2 - u_3$ und die Lage γ der Bürsten ein wenig anders, dann stimmen E_3 und E_4 in der Größe nicht mehr genau überein und haben auch nicht mehr genau 180° Phasenunterschied. Sie ergeben jetzt die Summe e. Es fließt ein dieser Summe e entsprechender Strom J_4 durch den Anker 4 und als Strom $J_3 = \pm J_4$ durch den hinter den Anschlußpunkten $u_2 - u_3$ gelegenen kleinen Teil (3) der Ständerwicklung. J_3 bzw. J_4 hat wegen der in seiner Bahn befindlichen Ohmschen und induktiven Widerstände gegenüber e eine gewisse Phasenverschiebung, die uns jedoch nicht weiter interessiert. Wichtig ist, daß wir durch geeignete Wahl der Anschlüsse $u_2 - u_3$ und der Bürstenstellung γ den Strom J_4 innerhalb des Ankers teilweise in Phase mit dem Felde des Motors bringen können. J_4 trägt dann um so mehr zur Magnetisierung des Motors bei, je kleiner die Windungszahl des zwischen u_2 und u_3 gelegenen Teiles (3) der Ständerwicklung gegenüber der Windungszahl der Ankerwicklung (4) ist und da nur ein bestimmter Betrag von Magnetisierung erforderlich ist, wird der Magnetisierungsstrom i_μ, den das Netz in den Ständer (1 + 2) geben muß, entsprechend kleiner, schließlich Null, ja es kann sogar Magnetisierungsstrom ins Netz zurückgeliefert werden. In den zwei letzten Fällen liefert sich also die Maschine ihren Magnetisierungsstrom selbst, sie wird „selbsterregend", die Erregung erfolgt im wesentlichen vom Anker aus (vgl. S. 91 u. 149). Der Leistungsfaktor wird Eins oder voreilend.

Das Verfahren läßt sich anwenden sowohl wenn die Maschine leer, als auch wenn sie belastet läuft, versagt aber bei Stillstand. Denn da Stillstand erreicht wird, wenn der Anker an die Punkte $u_1 - u_3$ angeschlossen ist, muß der Strom $J_3 = J_4$ die ganze Wicklung hinter u_1 durchfließen. Wir sahen vorn, daß diese mit dem Anker (4) im Übersetzungsverhältnis Eins steht, also ebensoviel Windungen besitzen muß wie er. Da sie voraussetzungsgemäß dem Anker entgegengeschaltet ist, heben sich die magnetomotorischen Kräfte, die J_3 in ihr und J_4 in dem Anker erzeugt, gegenseitig auf und $J_3 = J_4$ kann zwar vorhanden sein, aber nichts mehr zur Magnetisierung des Motors beitragen. Aus dieser Überlegung folgt, daß mit Annäherung an den Stillstand $J_3 = J_4$ größer und größer werden müßte, und daß daher das Verfahren bei kleinen Drehzahlen unwirtschaftlich wird. Man verbessert deshalb den Leistungsfaktor etwa in einem Bereich von beliebigem Übersynchronismus bis herab zur halben Synchrondrehzahl.

Im Synchronismus fließt im Anker (bzw. im Teil 4) Gleichstrom: e und J_4 sind in Phase. Schon bei kleinen Abweichungen vom Synchronismus entstehen induktive Komponenten, im Untersynchronismus von entgegengesetzter Richtung als im Übersynchronismus: e und J_4 sind außer Phase. Bezogen auf gleiches J_4 muß also e beim Durchgang durch den Synchronismus seine Phase stark ändern. Da E_3 und E_4 in Synchronismusnähe klein sind, ist es zweckmäßig, zur Phasenänderung die Bürstenverschiebung zu Hilfe zu nehmen. Um diese zu umgehen, hat man auch dem Teil 3 gemischte Schaltungen, aus Stern und Dreieck zusammengesetzt, gegeben. Beide Mittel sind gleichwertig, da beider Sinn der ist, EMKe verschiedener Phase abzugreifen.

Im übersynchronen Gebiet sind dem Verfahren an sich keine Grenzen gesetzt. Der Ständerwicklungsteil hinter den Anschlüssen u_4 oder u_5 ist mit dem Anker gleichsinnig geschaltet. Jeder Strom J_3 in ihm unterstützt daher die magnetomotorische Kraft des Ankers. Je höher der Übersynchronismus, um so kleiner braucht deshalb der Strom J_3 nur zu sein.

Für den Motor, der mit Bürstenverschiebung arbeitet, gelten die gleichen Überlegungen, nur mit vertauschten Rollen des Ständers und Ankers.

Der Strom J_3 durchfließt hier immer die volle Windungszahl (3) des Ständers, vom Anker dagegen nur Teile (4) der Wicklung, je nach Entfernung zweier zu einer Ständerphase gehöriger Bürsten $U - X$. Die Magnetisierung erfolgt demnach hier — falls der Leistungsfaktor Eins erreicht ist — durch die Ständerwicklung, gerade so wie dies bei einer Gleichstrom-Nebenschlußmaschine der Fall ist. Der Vergleich mit dieser wird dadurch recht deutlich.

Um die den Strom $J_3 = J_4$ bedingende resultierende Spannung e zustande zu bringen, muß man Größe und Phase der Spannungen E_3 und E_4 am Ständer und Anker ändern. Bei diesem Motor ist E_4 fest, nur E_3 veränderbar. Man muß also Größe und Phase von E_3 beeinflussen, d. h. außer der Entfernung der Bürsten voneinander auch noch ihre Lage auf dem Kollektor einstellen. Man kommt so zu folgender Merkregel:

Die **Entfernung** der Bürsten einer Phase voneinander regelt die Drehzahl, die **Verschiebung** des ganzen Bürstenapparates längs des Kollektorumfanges (also ohne gleichzeitige Abstandänderung) regelt die Phase (also den Leistungsfaktor). Natürlich gilt sie nur angenähert, da, wie wir oben gesehen haben, eine Änderung des Leistungsfaktors ohne eine gleichzeitige, wenn auch nicht zu große Änderung der Drehzahl nicht möglich ist. Diese Forderung führt, wenn man für jede Drehzahl den Leistungsfaktor Eins herstellen und dabei stetig regeln will, zu keiner einfachen Bürstenverschiebung. Jeder Bürstensatz müßte vor- und rückläufige Bewegungen, deren Phasen außerdem noch verschieden sind, ausführen, ohne daß die Bürsten, die zur gleichen Ständerphase gehören, jemals auf die gleiche Kollektorlamelle zu stehen kommen. Deshalb führt man diese Regulier-Motoren in der Weise aus, daß man beide Bürstensätze einfach aneinander vorbei, allenfalls noch ungleich rasch verschiebt. Im letzten Falle tritt außer der Entfernungsänderung noch eine Lagenänderung auf dem Kollektor ein, die freilich nicht überall genau diejenige ist, mit der ein Leistungsfaktor Eins erreicht wird, sondern nur einer nahe an Eins. Man richtet daher den Unterschied im Gange der Bürsten so ein, daß man einen durchschnittlich guten Leistungsfaktor erhält, und begnügt sich mit diesem. Es hat sich gezeigt, daß dazu ein Gangunterschied von 10 % etwa genügt. Der rascher bewegte Bürstensatz geht bei einer Erhöhung der Drehzahl in der Drehrichtung des Motors vorwärts, der langsamer bewegte rückwärts. In dem Augenblicke, wo beide Bürsten einer Phase die gleichen Kollektorlamellen berühren, also aneinander vorbeigehen, ist der Ständer kurzgeschlossen, eine Phasenverbesserung tritt nicht mehr ein, der Motor läuft asynchron, wie ein gewöhnlicher Asynchronmotor.

Soll ein Motor mit solchen verschieden schnell laufenden Bürstensätzen in beiden Drehrichtungen das gleiche Verhalten im Leistungsfaktor zeigen, so muß die Stellung, in der die Bürsten $U-X$ dieselbe Lamelle decken, für beide Drehrichtungen etwas verschieden sein. Läuft er z. B. rechts herum, so muß diese Stellung im Sinne dieser Drehung, also rechts herum, um etwa acht elektrische Grade verlegt werden, ehe man den Motor auf die andere Drehrichtung (links herum) umsteuert.

Verzichtet man auf eine erhebliche Drehzahlregelung und beschränkt sich auf die Verbesserung des Leistungsfaktors, so entstehen die sogenannten „kompensierten Asynchronmotoren". Sie wurden in den Jahren 1896—1902 angegeben, und zwar der dem ständergespeisten entsprechende von Heyland (ETZ 1902), der dem läufergespeisten entsprechende im DRP 91571 und später nochmals (ebenfalls in ETZ 1902) von Osnos, beide mit der ausgesprochenen Absicht, dem gewöhnlichen Asynchronmotor zum Leistungsfaktor Eins zu verhelfen. Lange vergessen, wurden beide Motoren seit der Zeit der Bestrebungen nach Phasenverbesserung wieder auf den Markt gebracht (Fig. 21c, Osnosmotor). Sie dürften sich mit den auf S. 52 (Wartung) gemachten Einschränkungen als nützliche Hilfsmittel der Elektrotechnik erweisen.

Diese Motoren können sowohl mit Doppel- als auch mit Einfachbürstensätzen versehen werden, da hier ja nur die Aufgabe vorliegt, die kleinen zur Kompensation nötigen Spannungen in richtiger Phase am Kommentator abzugreifen. Gegenseitige Verstellung der Bürsten kommt daher nicht in Frage, sondern nur noch Verschiebung des ganzen Bürstensatzes zum einmaligen Einstellen, oder auch Nachstellen des Leistungsfaktors. Je nach dem gewählten Übersetzungsverhältnis $\varkappa$ erhält man untersynchron, synchron oder übersynchron laufende kompensierte Asynchronmotoren mit verschieden großen Kollektoren (s. unter 5).

3. Das Diagramm der Nebenschlußmotoren.

Die in den vorhergehenden Zeilen vom physikalischen Standpunkte aus erörterte Wirkungsweise des Nebenschlußmotors bzw. des kompensierten Asynchronmotors genügt für das Verständnis des Motors.

Für diejenigen, die jedoch noch genauer in die für beide gültigen Zusammenhänge eindringen wollen, soll im folgenden die Ableitung des Diagrammes des Motors für Stillstand, Unterynchronismus und Übersynchronismus gegeben werden. Diese Ableitung gibt zugleich ein Schulbeispiel für die folgerichtige Anwendung der gültigen Gesetze und für den Aufbau schwieriger Diagramme, wie sie im allgemeinen im Rahmen dieses Buches sonst nicht gebracht werden konnten.

Wie sich zeigen wird, sind die Diagramme der beiden Nebenschluß-Motorenarten, also auch die der entsprechenden kompensierten Asynchronmotoren, einander ganz gleich. Um von vornherein die Ähnlichkeit zum Ausdruck zu bringen, erinnern wir erstens an die Figuren 94 und 95, sodann aber wollen wir die Wicklungen ausnahmsweise nicht nach ihrer Lage im Ständer oder Anker oder nach ihrem Zwecke bezeichnen, sondern einfach in der Reihenfolge, wie sie vom Netz aus vom Strome durchflossen bzw. induziert werden. Aus dem Netz R, S, T gelangen wir also zuerst in eine Hauptwicklung 1, die den größten Teil der Netzspannung aufzunehmen hat. Es ist dies in dem einen Motor der größte Teil der Ständerwicklung, im anderen Teil liegt diese Wicklung im Anker. Daran schließt sich eine Nebenwicklung 2, die bei beiden Motoren in denselben Nuten liegt wie 1 und mit dieser in Reihe geschaltet ist. Mit ihr schließt die Reihe der Wicklungen, die das Netz unmittelbar speist (Fig. 94 und 95).

Die Wicklung 2 induziert eine wiederum in denselben Nuten wie 1 und 2 gelegene Wicklung 3, die bei beiden Motoren zum Abgreifen der notwendigen veränderlichen Spannung eingerichtet ist. Beim ständergespeistem Motor geschieht das durch Kontakt u_1 bis u_5. Beim ankergespeisten Motor ist 3 eine an den Kommutator angeschlossene Trommelwicklung, das Abgreifen verschiedener Spannungen geschieht durch die Bürsten $U-X$ und deren Verschiebung.

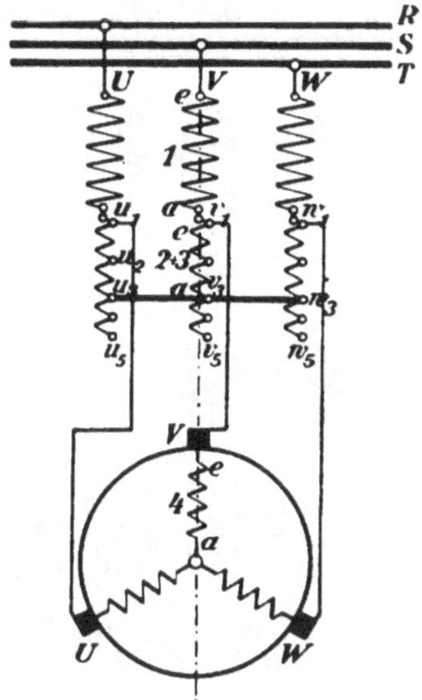

Fig. 99.

Wicklung 2 und 3 werden in der Wirklichkeit oft als eine einzige Wicklung ausgeführt, weil man für drei gesonderte Wicklungen in den Nuten nicht Platz genug hätte und weil dabei Stromwärmeverluste vermieden werden. In diesem Falle induziert 2 natürlich die Wicklung 3 ebenfalls, gleichzeitig steht aber 2 auch in leitender Verbindung mit 3 und es speist auf diese Weise das Netz schließlich die Wicklung 3 teilweise mit (vgl. Fig. 20, 22 und 96). Diese Verquickung mag für den Augenblick schwer zu überblicken sein, ist dies aber später nicht mehr, wenn man die Diagramme abgeleitet hat. Für die Ableitung der Diagramme denken wir uns die Wicklungen 2 und 3 vollständig getrennt, so wie es in Fig. 94 und 95 gezeichnet ist.

Die der Wicklung 3 entnommenen Spannungen werden einer Wicklung 4 zugeführt, die sich nun nicht mehr auf dem gleichen Maschinenteil wie 1, 2 und 3 befindet, sondern auf dem anderen. Sie liegt also bei dem ständergespeisten Motor auf dem Anker, bei dem ankergespeisten auf dem Ständer.

Was wir vorn als das Übersetzungsverhältnis des Motors bezeichnet haben, ist stets das Verhältnis der Windungszahlen der Wicklungen 3 und 4, also $\varkappa_0 = \frac{Z_3}{Z_4}$. Natürlich sind von Z_3 immer nur die benutzten Windungen, je nach Lage der Kontakte, bzw. Bürsten in dieses Verhältnis einzusetzen.

Um die Diagramme richtig zu ermitteln, müssen zuerst die positiven Wicklungssinne und die positiven Richtungen der Stromstärken, Spannungen und Flüsse festgelegt werden. Die kleinen Buchstaben a und e in den Fig. 99 bis 112 für den ständergespeisten Motor bezeichnen den Anfang und das Ende jeder Wicklung und es soll ein Strom oder eine Spannung dann als positiv gelten, wenn sie im Innern der Wicklung von a nach e hin gerichtet ist. Zugleich sei die Wicklung

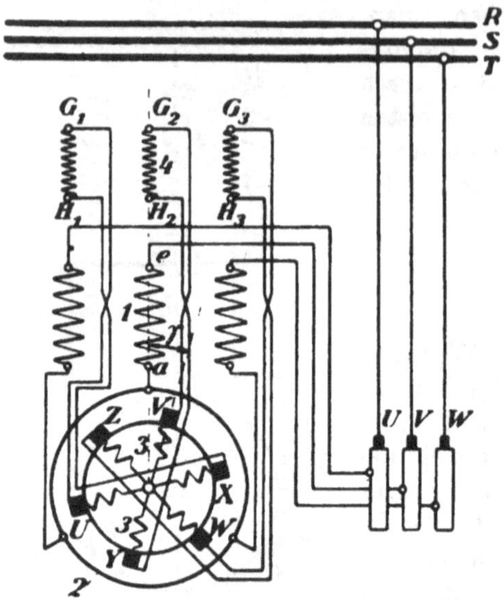

Fig. 100.

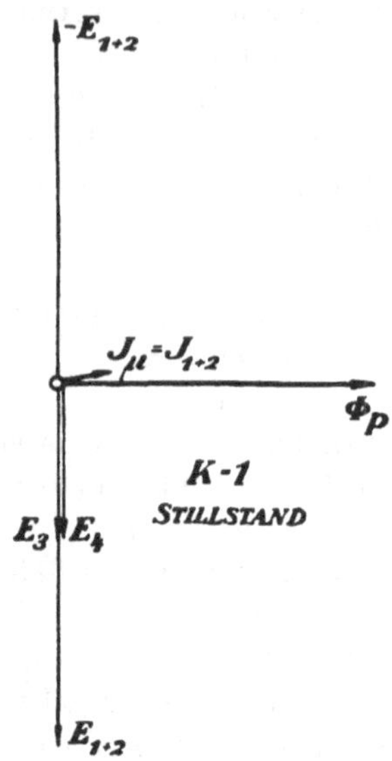

Fig. 101.

so gewickelt, daß ein Strom, der im positiven Sinne durch sie fließt, für sich allein eine in der Zeichnungsebene von unten nach oben gerichtete magnetomotorische Kraft ergibt oder ein ebenso gerichtetes Feld erzeugen würde. Die Bürsten bzw. die Kontakte können längs der Wicklung 3 verstellt werden und dabei in beliebigen Abstand voneinander gebracht werden; wir betrachten aber nur solche Lagen, denen Stillstand, ungefähr 50 % Untersynchronismus und 50 % Übersynchronismus entsprechen, weil das Regelbereich am häufigsten zwischen diesen Grenzen liegt. Diejenige Linie, die die Wicklungsenden a und e verbindet, nennen wir die Wicklungsachse; die positive Richtung dieser Achse läuft von a nach e. Sie kann im Anker durch Verstellen der Bürsten U, V, W verstellt werden. Wird sie im Sinne des Uhrzeigers verstellt, wie z. B. in Fig. 109, so soll der Winkel, den sie nach der Verstellung mit der Wicklungsachse des Ständers bildet, als positiv gerechnet werden.

In Fig. 100 für den im Anker gespeisten Motor seien die positiven Richtungen:

in der Ankerhauptwicklung 1: $a-e$,
in der Kollektorwicklung 3: $Y-V$,
in der Ständerwicklung 4: H_2-G_2.

Die positive Richtung in Wicklung 2 ist aus zeichnerischen Gründen nicht dargestellt. Im Anker kann die Wicklungsachse durch Verstellen der Bürsten verstellt werden, z. B. ist sie in Fig. 110 um fast 180° gegenüber Fig. 100 verstellt.

Das Übersetzungsverhältnis $\varkappa$ sei beliebig, doch sind die Diagramme und Motorschaltungen für den Fall gezeichnet, daß das Übersetzungsverhältnis $\varkappa = \pm\ 0{,}5$ ist, mit Ausnahme des Stillstands (Fig. 99, 101 und 102) für den ständergespeisten Motor, der auch für $\varkappa = +1$ gezeichnet ist. In den Motor-Schaltbildern ist $\varkappa$ durch die Anzahl der als Zickzacklinien eingezeichneten Windungen der Wicklungen 3 und 4 kenntlich gemacht.

Die in der Wicklung 3 und 4 erzeugten EMK*e* sollen sich bei Stillstand des Motors aufzuheben trachten; demnach sind diese beiden Wicklungen einander entgegengesetzt geschaltet, d. h. es ist das e bzw. V der Wicklung 3 nicht mit dem a bzw. H_2, sondern mit dem e bzw. G_2 der Wicklung 4 verbunden.

Die Zeitdiagramme (Fig. 101, 103, 107, 111) sind mit Hilfe einer im Uhrzeigersinne umlaufenden Zeitlinie zu lesen.

Wir betrachten nun zuerst einen sehr einfachen Fall, den Stillstand des ständergespeisten Motors bei $\varkappa = 1$ und nicht verstellter Achse der Wicklung 4. Der Fall ist in der Fig. 99 dargestellt. Alle Wicklungen der Maschine haben dieselbe Wicklungsachse.

Die Netzspannung bringt das Motorfeld Φ_p hervor (Fig. 101), indem aus dem Netz ein Magnetisierungsstrom J_μ durch die Wicklungen 1 und 2 fließt. Das Feld erzeugt in allen Wicklungen elektromotorische Kräfte E_1, E_2, E_3, E_4, die sämtlich dem Felde Φ_p um 90 Grad nacheilen. E_3 und E_4 sind wegen $\varkappa = 1$ gleich groß. An und für sich auch von gleicher Phase, heben sich diese beiden Spannungen im Kreise 3—4 zu Null auf, weil die Wicklung 4 umgekehrt angeschlossen ist. Weder in Wicklung 3 noch in Wicklung 4 (Anker) kann ein Strom fließen. Der Motor nimmt also nichts als den obenerwähnten Magnetisierungsstrom J_μ auf, kann kein Drehmoment entwickeln und bleibt trotz Anschluß an das Netz stillstehen. Die Summe $E_1 + E_2$ wird durch den genau gleich großen Anteil $-(E_1 + E_2)$ der Netzspannung P aufgehoben, der übrige Anteil der Klemmenspannung P dient zur Durchleitung des Stromes J_μ gegen Widerstand und Streuung der Wicklungen 1 und 2. Damit ist das Diagramm für diesen Fall fertig.

Wir zeichnen nun daneben noch ein Diagramm Fig. 102 für die magnetomotorischen Kräfte in der Maschine auf. Im allgemeinen pflegt man dieses Diagramm mit dem soeben ermittelten zu vereinigen. Abgesehen davon, daß dadurch die Bilder nicht an Übersichtlichkeit gewinnen, ist dies auch sachlich nicht richtig. Denn die soeben ermittelte Fig. 101 ist ein Zeitdiagramm, während das der magnetomotorischen Kräfte Fig. 102 ein Raumdiagramm ist. Deshalb zeich-

Fig. 102.

nen wir sie getrennt. Wir haben bereits im Abschnitt V S. 82 die Notwendigkeit des Raumdiagramms der magnetomotorischen Kräfte neben dem Zeitdiagramm der Flüsse, Spannungen und Ströme besprochen.

Im vorliegenden Falle gibt es in der Maschine nur die durch den Strom J_μ hervorgebrachte magnetomotorische Kraft, die den Fluß Φ_p erzeugt und die wir mit *MMK* bezeichnen wollen. Wir hatten festgesetzt, daß sie, wenn sie zeitlich ihr positives Maximum hat, in der Maschine räumlich nach oben zeigen soll und so ist sie in der Fig. 102 auch dargestellt. Wegen der Hysterese des Eisens tritt die *MMK* ein wenig früher auf als der Fluß Φ_p. Dies ist in unserem Zeitdiagramm Fig. 101 dadurch zum Ausdruck gebracht, daß J_μ dem Flusse Φ_p ein wenig voreilt, und im Raumdiagramm Fig. 102 der magnetomotorischen Kräfte dadurch, daß die *MMK* bereits etwas im Uhrzeigersinne vorgerückt ist, wenn Φ_p in sein Maximum tritt und demgemäß in der Maschine räumlich von oben nach unten weist.

Zu zweit betrachten wir den Fall, daß der Motor zwar noch stillstehe, etwa dadurch, daß er festgehalten wird, daß jedoch $\varkappa = +0{,}5$ sei (dies wird beim ständergespeisten Motor z. B. durch Benutzung der Kontakte u_2, v_2, w_2 erreicht), und daß außerdem die Achsen der Wicklungen 3 und 4 sich nicht mehr ganz decken. Außerdem wollen wir diesen Fall am ankergespeisten Motor studieren, um zu zeigen, was man bei diesem gegenüber dem ständergespeisten Motor zu beachten hat und wie man hier die Diagramme richtig ableitet.

Die Achsenverstellung zwischen den Wicklungen 3 und 4 erfolgt durch Verschieben aller Bürsten um den kleinen Winkel γ bei beiden Motorarten. Die Verschiebung erfolgt bei beiden Motoren entgegen der gewünschten Drehrichtung und hier haben wir auf einen kleinen Unterschied in der Behandlung beider aufmerksam zu machen.

Wir haben vorn festgesetzt, daß das Drehfeld jeweilig in dem aus dem Netz gespeisten Teile 1 im Sinne des Uhrzeigers umlaufen solle. Dieser Festsetzung entspricht im Zeitdiagramm der Flüsse, Spannungen und Ströme eine Drehung der Zeitlinie in demselben Sinne und im Raumdiagramm der magnetomotorischen Kräfte einer Bewegung aller *MMK* auch im Uhrzeigersinne. Diese Festsetzung hatte also zum Zwecke die Gleichartigkeit der positiven Drehrichtung in den Diagrammen.

Ein Unterschied tritt erst auf in der räumlichen Drehrichtung der Motoren selber. Nach der Tabelle und Erläuterung S. 183 muß der ständergespeiste Motor im Uhrzeigersinne, der ankergespeiste gegen den Uhrzeigersinn umlaufen. Dementsprechend ist auch die kleine Verstellung der Bürsten bei dem ersten Motor gegen den Uhrzeigersinn, bei dem zweiten im Uhrzeigersinn vorzunehmen. Wir erhalten so die Schaltfiguren 105 und 100.

Es gilt nun diejenigen Überlegungen zu machen, die uns gestatten, für beide Motorarten dieselben Diagramme zu benutzen, denn daß man das darf, ist nicht ohne weiteres selbstverständlich.

Im Motor mit Ständerspeisung stehen alle Wicklungen im Raume fest. Für seine Ständerwicklung ist das ohne weiteres klar; für die Ankerwicklung haben wir im Abschnitt IV und V wiederholt gezeigt, daß ihre Wicklungsachse durch Speisung über feststehende Bürsten im Raume festgelegt wird.

Im Motor mit Ankerspeisung laufen die Wicklungen 1 und 2 um, die anderen beiden, 3 und 4, stehen mit ihren Achsen im Raume fest, Wicklung 3 wieder aus den im Abschnitt IV und V genannten Gründen. Es fragt sich nun, wie man diesen Fall behandeln soll. Da hilft uns folgende Überlegung:

Wir denken uns vorübergehend, der Motor werde nicht bloß aus drei, sondern aus sehr vielen Phasen gespeist. Statt drei Wicklungen 1, wie in der Fig. 100, müßten wir uns dann sehr viele angebracht denken, die mit ihren Anschlußpunkten an die Wicklung 2 gleichmäßig auf den Umfang der Wicklung 2 verteilt sein würden. Dann ist es einleuchtend, daß es i m m e r eine Wicklung 1 geben würde, die trotz der Drehung des Ankers räumlich dieselbe Lage haben würde wie die Wicklung 3, die ja durch die Stellung der Bürsten festgelegt ist. Unsere Überlegungen könnten wir für diese Wicklung anstellen und, wenn sich bei der Ankerbewegung die nächste Wicklung 1 an die Stelle der ersten geschoben hat, in dieser fortsetzen. Denn alle die Wicklungen 1 sind ja einander gleich. Auf diese Weise würden wir trotz der Drehung des Ankers die Wicklung 1 so wie eine im Raume feststehende behandeln können. Für die Wicklung 2 gilt dieselbe Überlegung.

Da die Anzahl der Wicklungen 1 aber nicht sehr groß ist, so macht man, wenn man dieses Verfahren auch auf eine kleine Anzahl ausdehnt, einen gewissen Fehler. Wir haben nun schon einen ganz ähnlichen Fall auf S. 66 u. S. 78 behandelt und dort gesehen, daß der Fehler selbst bei nur drei Wicklungen sehr gering ist.

Wir beziehen also unsere Überlegungen über die Wicklungen 1 und 2 auf Momente, in denen sie räumlich gleichachsig mit 3 sind. Während sich also bei dem ständergespeisten Motor unsere Untersuchungen auf b e s t i m m t e Wicklungen 1 und 2 beziehen, gelten sie bei den beweglichen Wicklungen des ankergespeisten Motors der Reihe nach für a l l e Wicklungen 1 und 2. Wegen der Gleichartigkeit der Wicklungen kommen wir daher bei beiden Motoren zu demselben Endergebnis, denn wenn wir auch beim ständergespeisten Motor be-

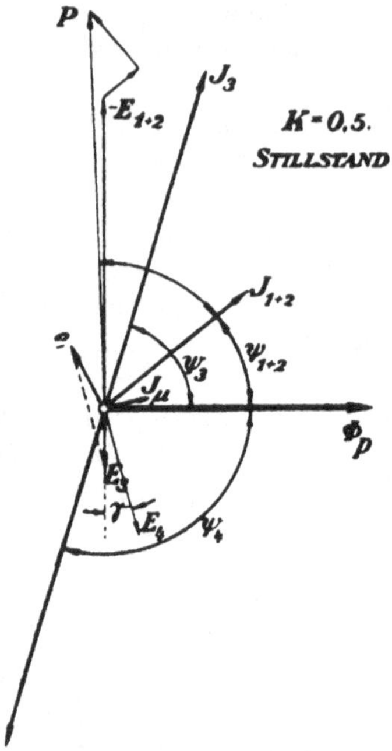

Fig. 103.

stimmte Wicklungen zum Zwecke der Untersuchungen herausgreifen, so gelten diese schließlich doch ebenso für alle anderen.

Wir sehen nun sofort einen Vorteil dieser Überlegung: beim ständergespeisten Motor wurde die Wicklung 4 mit Hilfe der Bürsten etwas gegen die Motordrehrichtung verschoben (Fig. 105). Betrachten wir jetzt den ankergespeisten Motor unter Beachtung der eben gemachten Darlegungen, so erkennen wir, daß bei ihm durch die Bürstenverschiebung entgegen dem Drehsinne nichts anderes geschieht, als daß die Wicklungen 1, 2 und 3 entgegen dem Drehsinne verlegt werden oder, was dasselbe ist, daß die Wicklung 4 im Drehsinne verstellt erscheint. Da nun bei beiden Motoren die Drehung des Feldes gleichsinnig angenommen war, die mechanische Drehrichtung aber verschieden ist, so wird schließlich bei beiden Motoren die Wicklung 4 entgegen der Drehrichtung des Drehfeldes verlegt.

Damit haben wir die Gesichtspunkte gewonnen, die es uns gestatten, für beide Motoren dieselben Diagramme zu benutzen.

Gehen wir zu dem Diagramme für den Anlauf selbst über, so folgt nunmehr durch die Verschiebung der Wicklung 4 entgegen der Drehrichtung des Feldes, daß die EMK E_4 um den Verschiebungswinkel γ, der jetzt zugleich als Zeitwinkel zu verwerten ist, verfrüht auftritt (Fig. 103). Außerdem ist E_4 doppelt so groß wie E_3, wegen $\varkappa = 0{,}5$. Ihre Differenz ergibt e und dieses erzeugt in einer durch Widerstand und Streuung des Kreises 3, 4 gegebenen Nacheilung den Strom J_3 in der Wicklung 3. Dieser fließt zum gleichen Betrage auch durch Wicklung 4, erscheint hier aber wegen der umgekehrten Anschaltung der Wicklung um 180 Grad gegen J_3 versetzt und erhält die Bezeichnung J_4. Es ist also immer:

$$J_4 = -J_3.$$

Bevor nun das Zeitdiagramm weiter ausgebildet werden kann, müssen wir uns erst dem Raumbilde der magnetomotorischen Kräfte zuwenden, Fig. 104. Φ_p und die „*MMK*“ dazu erscheinen wie in Fig. 102.

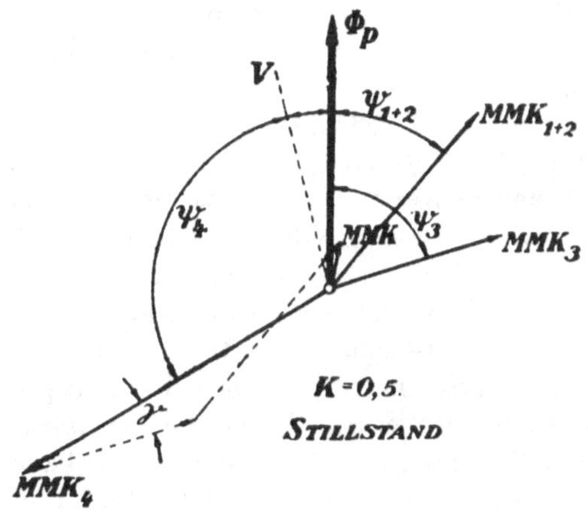

Fig. 104.

Nur haben wir dabei nicht zu vergessen, daß die Richtung von MMK_3 mit der Achse der Wicklung 3 gleichbedeutend ist und daß diese gegen die senkrechte Mittellinie im Motor um den Winkel γ verlegt ist. Tragen wir also eine Linie unter dem Winkel γ an, so bezeichnet diese die Vertikale im Motor. Wir nennen diese Linie daher OV. Diese Vertikale ist aber zugleich die Achse der festen Ständerwicklung 4. Erzeugen die Ströme J_3 und J_4 jeder eine magnetomotorische Kraft MMK_3 und MMK_4, so hat man diese von den durch $O\Phi_p$ und OV festgelegten Wicklungsachsen aus aufzutragen. Würde nun im Zeitdiagramm der Vektor J_3 mit dem Vektor von Φ_p zusammenfallen, dann würde MMK_3 im Diagramm der magnetomotorischen Kräfte offenbar in die Richtung $O\Phi_p$ fallen. Da aber J_3 um den Winkel ψ_3 vor Φ_p voreilt, so hat sich MMK_3 bereits um denselben Winkel gegenüber $O\Phi_p$ vorwärts, also im Uhrzeigersinne bewegt. J_4 eilt gegen Φ_p um den Winkel ψ_4 nach, infolgedessen erscheint MMK_4 um denselben Winkel im Rückstande, aber dieser Winkel ist von der Achsenrichtung OV aus, die für die Wicklung 4 gilt, abzutragen, nach rückwärts, also entgegen dem Uhrzeigersinne. MMK_3 und MMK_4 sind mithin um den Winkel $180 - \gamma$ verstellt gegeneinander. Außer 3 und 4 bringen nun nur noch die Wicklungen 1 und 2 jede eine MMK hervor, die unter sich gleiche Richtung haben, weil man sonst die Wicklungen 1 und 2 nicht vollständig ausnutzen würde. Wir fassen sie unter der Bezeichnung MMK_{1+2} zusammen. Alle vier MMK_e müssen summiert die „MMK“, die das Feld Φ_p erzeugt, ergeben. Die Summierung ist in der Fig. 104 durch einen punktierten Linienzug angegeben, aus dem zugleich Größe und Richtung der MMK_{1+2} hervorgeht. Sie besitzt gegenüber der Richtung $O\Phi_p$ den Vorschub ψ_{1+2}. Damit ist das Raumdiagramm der magnetomotorischen Kräfte vollständig ermittelt worden.

Jetzt können wir zur Vervollständigung des Zeitdiagrammes zurückkehren. MMK_{1+2} wird in den Wicklungen 1 und 2 durch einen Strom erzeugt, den wir mit J_{1+2} bezeichnen wollen und der aus MMK_{1+2} mit Hilfe der Windungszahlen dieser Wicklungen ermittelt sein möge. Da MMK_{1+2} den Vorschub ψ_{1+2} gegen $O\Phi_p$ besitzen muß, muß im

Zeitdiagramm J_{1+2} um den gleichen Winkel vor Φ_p vorauseilen. Damit haben wir Größe und Phase des Netzstromes J_{1+2} gewonnen, können nun die ihm entsprechenden Spannungsverluste an $-E_{1+2}$ anfügen und gelangen damit endlich zur Netz- und Klemmenspannung P sowie zur gesamten Phasenverschiebung φ des Motors. So ist das ganze Verhalten des Motors bekannt.

Das Drehmoment M des Motors finden wir jetzt, wenn wir (nach den Anweisungen des Abschnittes V) diejenige Komponente von MMK_4 bilden, die zu Φ_p senkrecht steht, und die entsprechende Stromstärke mit der Leiterzahl und mit Φ_p sowie den im Abschnitt V ermittelten Zahlenfaktoren nach Formel 14 multiplizieren. Wir sehen, daß das Drehmoment wegen der Größe von J_4 und der großen Windungszahl von Wicklung 4 recht erheblich sein kann und einen günstigsten Wert hat, wenn $\psi_4 = 90 - \gamma$ wäre, also J_4 mit E_4 zusammenfiele. Dann müßte $\psi_3 = 90 + \gamma$ sein, d. h. J_3 müßte mit e mehr in Phase sein, als dies z. B. in unserer Figur 103 angenommen ist. Man muß also die Streuung der Wicklungsgruppe $3 + 4$ möglichst klein machen und kann, falls diese Streuung sehr groß sein sollte, den Anlauf durch Einschalten eines Widerstandes im Kreise 3—4 verbessern, d. h. das Moment M erhöhen.

In ausgeführten Maschinen ist der Winkel γ immer klein. Ferner ist auch wegen des nötigen guten Leistungsfaktors „MMK" klein. Im wesentlichen ist daher MMK_{1+2} gleichwertig mit der Differenz aus MMK_4 und MMK_3, eine Merkregel, die die Übersicht über den Motor vereinfacht. Der Netzstrom ist daher auch nicht allzu groß, wie es beim Anlauf ja auch sein soll.

Wenn wir nun den Motor nicht länger festhalten, sondern unter einer bestimmten Belastung laufen lassen, so nimmt er nahezu diejenige Geschwindigkeit an, die seinem Übersetzungsverhältnis $\varkappa$ entspricht. Wir wollen den Fall $\varkappa = 0{,}5$ betrachten und diese sowie die weiteren Überlegungen jetzt bei beiden Motoren gemeinsam durchführen; dabei besitzen die Motoren Schaltungen nach Fig. 105 bzw. 106.

Mit $\varkappa = +0{,}5$ erreicht der Motor nicht ganz die halbe synchrone Drehzahl. Dadurch vermindert sich in der Wicklung 4 die Frequenz auf nahezu die Hälfte und also die EMK E_4, während E_3 natürlich unverändert bleibt. Damit nimmt e ab und ändert seine Phasenlage in dem Sinne größerer Voreilung, wie man in der Fig. 107 sieht.

Im übrigen bleiben die Überlegungen ganz genau dieselben wie zuvor beim Stillstande des Motors und wir erhalten, wenn wir sie durchführen, in Fig. 107 und 108 das Zeit- und MMK-Diagramm für den mit halbem Synchronismus laufenden Motor.

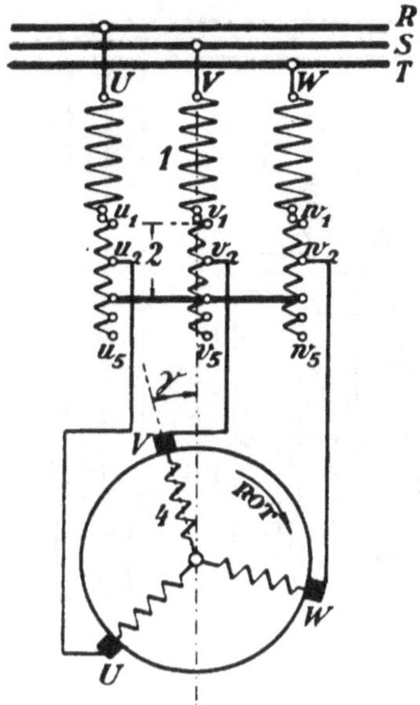

Fig. 105.

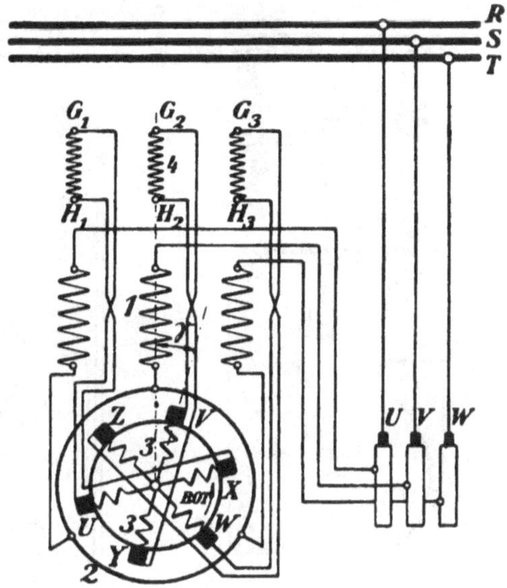

Fig. 106.

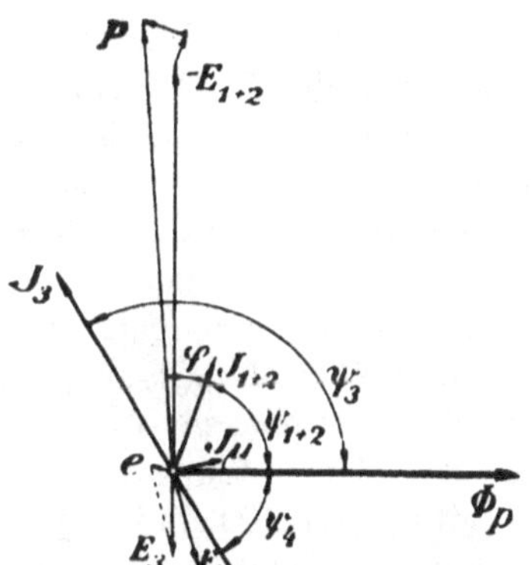

Fig. 107.

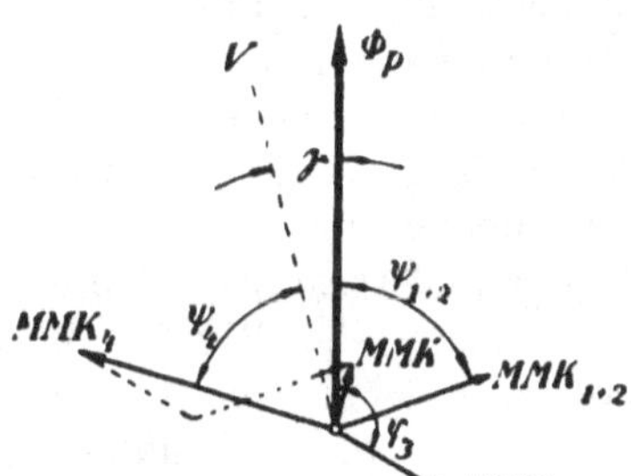

Fig. 108.

Wir sehen nun, daß durch die Verlegung von *e* im Sinne größerer Voreilung auch alle Ströme im gleichen Sinne verlegt werden. *Damit erhält der Motor selber im ganzen einen wesentlich höheren Leistungsfaktor, als er ihn vorhin im Stillstande aufwies.* Diesen Fall veranschaulicht unsere Figur. *Ja es kann sogar Voreilung des Netzstromes eintreten.* Sehr wichtig

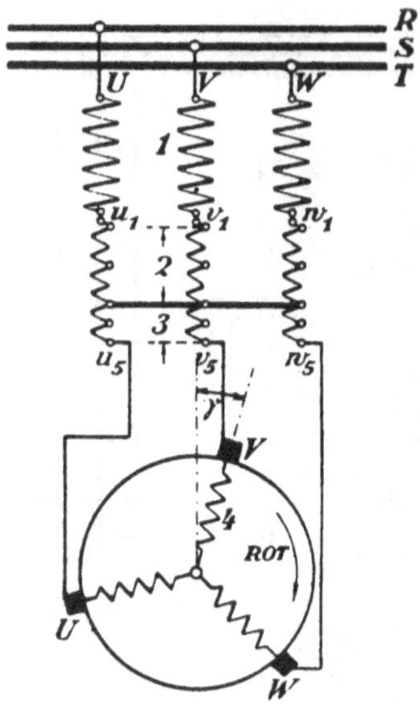

Fig. 109.

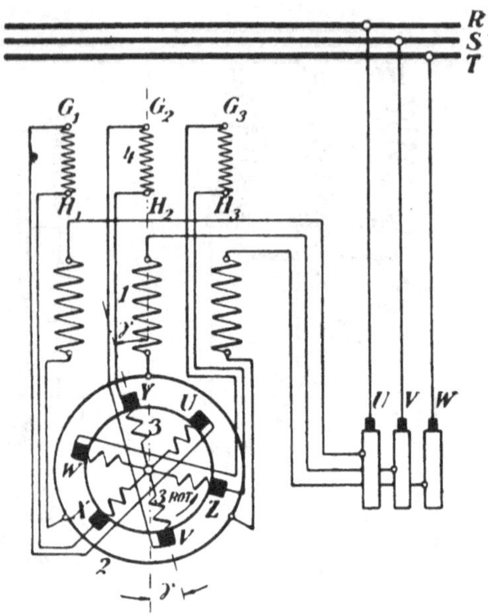

Fig. 110.

für die Erzielung dieses hohen Leistungsfaktors ist der Winkel γ trotz seiner Kleinheit. Denn da E_3 und E_4 einander der Größe nach fast gleich sind, ist die Phase von e sehr stark von γ abhängig. Für $\gamma = O$ würde man, wie leicht übersehbar ist, keinen guten Leistungsfaktor erzielen. Dies beweist also den schon oben behaupteten Einfluß der Verstellung des ganzen Bürstensatzes auf den Leistungsfaktor.

Wir denken uns nun die Geschwindigkeit weiter gesteigert, indem wir beim ständergespeisten Motor die Kontakte bis nach u_5, v_5, w_5, beim ankergespeisten die Bürsten in der vorn beschriebenen Weise um nahezu 180 Grad verschieben. Für das Übersetzungsverhältnis $\varkappa = -0{,}5$ ergeben sich dann die Schaltbilder Fig. 109 und Fig. 110. Diese zeigen uns zunächst, daß die Wicklung 4 jetzt im Verhältnis zur Gruppe der übrigen Wicklungen 1,2 und 3 umgekehrt angeschlossen ist. Beim einen Motor drückt sich dies in der umgekehrten Lage der Kontakte, beim anderen in der umgekehrten Lage der Bürsten aus. Deshalb werden im Zeitdiagramme die Ströme J_3 und J_4 nicht mehr in entgegengesetzter Richtung, sondern in gleicher erscheinen. Ferner ist im Kreise 3—4 nicht mehr die Differenz $E_3 - E_4$, sondern die Summe $E_3 + E_4$ wirksam. Diese ergibt aber trotzdem nur einen kleinen Wert e, weil E_4 infolge des übersynchronen Laufes, den der Motor nun annimmt, sein Vorzeichen gewechselt hat und selber negativ wird. Im Diagramm der magnetomotorischen Kräfte liegen MMK_3 und

MMK_4 wesentlich in der gleichen Richtung, MMK_{1+2} stellt sich daher ziemlich genau als deren Summe dar. Deshalb wächst auch der Strom J_{1+2}, wie es ja bei der mit dem übersynchronen Betrieb gesteigerten Leistung der Fall sein muß.

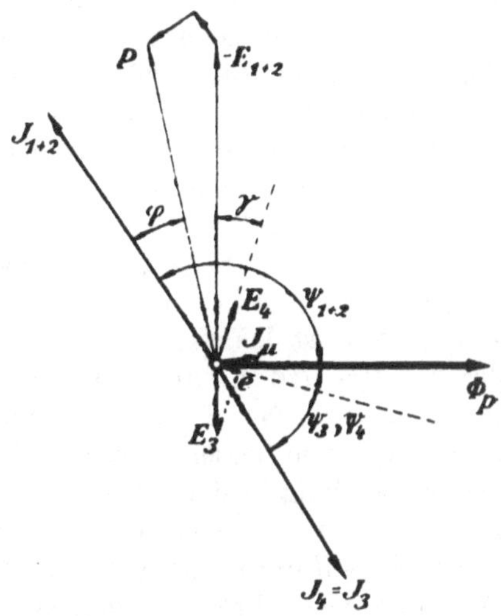

Fig. 111.

Führen wir diese Überlegungen zusammen mit den vorherigen durch, so erhalten wir in Fig. 111 und Fig. 112 Zeit- und MMK-Diagramm des übersynchronen Betriebes. Diese beiden Figuren und die vorherigen beiden sind unter der Annahme entworfen, daß das Drehmoment M der Maschine dasselbe ist. Es ist deswegen die zu Φ_p senkrechte Komponente von MMK_4 in beiden Fällen gleich groß.

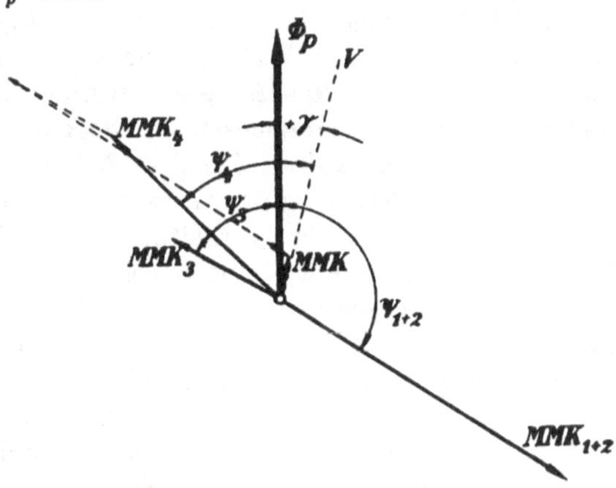

Fig. 112.

Voreilung oder hoher Leistungsfaktor werden auch hier wieder erreicht, wenn die Achsen der Wicklungen 3 und 4 einen Winkel γ miteinander einschließen. Aber dieser Winkel muß jetzt, wie sich leicht aus dem Zeitdiagramm ergibt, andersherum gerichtet sein als vorhin. Diese Notwendigkeit und die daraus sich ergebende Umständlichkeit bei der Bürstenverschiebung haben wir schon vorn erwähnt. Man hat sie bei dem ständergespeisten Motor durch eine aus Stern- und Dreieckschaltung zusammengesetzte Ständerwicklung umgehen wollen, wie sie in Fig. 20 angegeben ist; dann ist dies aber wieder für die Herstellung und Übersichtlichkeit des Motors nachteilig.

Wir haben nun über das Verhalten beider Nebenschlußmotoren jeden gewünschten Aufschluß erhalten. Man kann die entwickelten

Diagramme auch zur Herleitung der geometrischen Orte, z. B. des Stromes bei unveränderlicher Netzspannung benutzen, indessen würde die Behandlung einer solchen Aufgabe den Rahmen dieser Schrift weit übersteigen. Zur Vermittlung des Verständnisses des Motors genügen die Diagramme jedenfalls.

Für die wirkliche Ausführung der Motoren haben wir nun noch einen kleinen Nachtrag zu machen. Wir hatten oben gesagt, daß wir der Übersichtlichkeit wegen Motoren betrachten wollten, deren Wicklungen 2 und 3 getrennte Wicklungen wie in Fig. 94 und 95 seien. In Wirklichkeit ist das oft, wie schon erwähnt, nicht der Fall aus Gründen der Kupfer- und Verlustersparnis. Vielmehr werden sie teilweise zusammengelegt, wie dies unsere Schaltbilder Fig. 20, 22 und 99 bis 110 leicht erkennen lassen. Wir wollen nun hier die dann eintretende Stromverteilung in den einzelnen Teilen der Wicklungen 2 und 3 nicht mehr betrachten. Dies würde uns zu weit führen. Es kommt uns hier mehr auf die Frage an: Wie wird die ganze Gruppe 2 + 3 dann belastet? Diese Frage ist sehr einfach zu beantworten. Wir brauchen nämlich nur aus dem Werte für MMK_{1+2} den Wert MMK_2 abzusondern — dies geschieht mit Hilfe der als bekannt vorausgesetzten Windungszahlen der Wicklungen 1 und 2 — und MMK_2 mit MMK_3 zu addieren. Dann erhalten wir einen Wert, den wir mit MMK_{2+3} bezeichnen können und der uns ein Maßstab für die Belastung dieser Gruppe von Wicklungen ist. Diese Zusammensetzung zeigt uns für den Fall des Untersynchronismus eine starke, für den Fall des Übersynchronismus eine schwache Strombelastung der Gruppe 2 + 3 an. Die Wicklung 2 + 3 ist deshalb nicht nach den Verhältnissen des Über-, sondern nach denen des Untersynchronismus zu bemessen.

Beim ankergespeisten Motor bedeutet das, daß die an den Kommutator angeschlossene Wicklung bei Übersynchronismus ziemlich schwach belastet ist; der Strom fließt teilweise gar nicht durch sie, sondern gelangt auf kürzestem Wege über die Bürsten in die Ständerwicklung 4. Anders beim Untersynchronismus: hier fließt der Kommutatorwicklung 2 + 3 aus dem Netze und aus dem Ständer Strom zu und belastet sie doppelt.

4. Die Stromwendung.

In der Kommutierung verhalten sich die beiden Nebenschlußmotoren nicht gleich.

Der mit festen Bürsten und geregelter Ankerspannung arbeitende Motor nach Fig. 20 hat im Stillstand die vom vollen Felde herrührende Kurzschlußspannung e_k unter den Bürsten auszuhalten, die mit der Drehzahl abnimmt, bei Synchronismus Null ist und dann wieder auftritt. Dazu kommt die Stromwendespannung e_r, die, anfangs Null, mit zu-

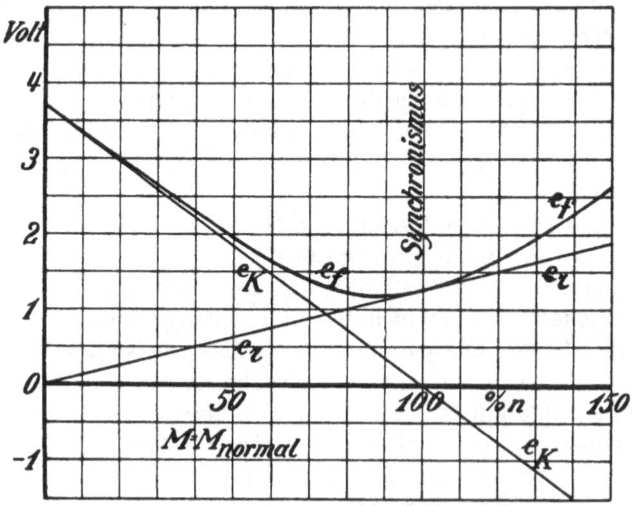

Fig. 113.

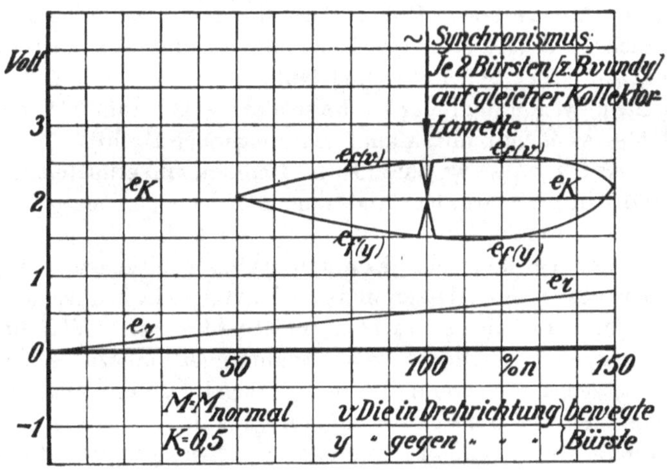

Fig. 114.

nehmender Drehzahl wächst und dem Strome proportional ist. Beide Spannungen besitzen die Frequenz des Netzes, da der Kollektor mit Strömen der Netzfrequenz gespeist wird. Die Kommutierung dieses Motors ist also der des Drehstrom-Reihenschlußmotors sehr ähnlich und ist für volles normales Drehmoment in Fig. 113 dargestellt. Sie kann nach den Regeln des Abschnittes VII ermittelt werden, indem man aus den Motordiagrammen Fig. 103 bis 112 Phase und Größe von Feld Φ_p und Ankerstrom J_4 entnehmen und damit die Kommutierungsdiagramme entwerfen kann. Maßgebend ist dabei der Winkel zwischen MMK_4 und Φ_p. Da man im Interesse guter Ausnutzung der Maschine ihn möglichst gleich 90 Grad machen wird, setzen sich in solchen Maschinen die beiden Kommutierungsspannungen, wie S. 109 erläutert, fast rechtwinklig zusammen. Wir haben daher bei der Kommutierung dieses Motors nur die schon erörterten Gesichtspunkte zu beachten.

Der mit gegeneinander beweglichen Doppel-Bürsten und geregelter Ständerspannung arbeitende Motor nach Fig. 22 besitzt eine Kurzschlußspannung e_k von stets derselben Größe, weil das Drehfeld, wie wir gesehen haben, mit stets derselben Geschwindigkeit über den Anker hinwegstreicht. Dagegen ist die Stromwendespannung e_r im Stillstande Null, weil die Drehzahl Null ist, und auch bei geringem Asynchronismus Null, weil da der Ständer kurzgeschlossen ist und aus der Ankerwicklung heraus überhaupt gar keinen Strom durch Leitung erhält. Wir hatten ja in der Tat gesehen, daß bei geringem Asynchronismus die zusammengehörigen Bürsten auf den gleichen Kommutatorlamellen stehen, so daß der im Ständer induzierte Strom nur durch diese und nicht mit durch die Wicklung des Ankers geht. Dabei ist die Frequenz beider Spannungen wieder gleich groß und zwar gleich der am Kommutator herrschenden Frequenz, somit bei Synchronismus Null.

Die Stromwendespannung e_r steigt also — konstanten Strom vorausgesetzt — von Null mit allmählich steigender Drehzahl allmählich an, um in der Nähe des Synchronismus ziemlich unvermittelt und vorübergehend Null zu werden und danach wieder im alten Maßstabe ständig anzuwachsen.

Phase und Größe beider Kommutierungsspannungen kann auch hier wieder aus unseren Diagrammen Fig. 103—112 ermittelt werden. Auch hier folgt aus den Betrachtungen des Abschnittes VII, daß sich beim gut ausgenutzten Motor beide Spannungen nahezu rechtwinklig zusammensetzen werden, wenn die beweglichen Bürstensätze den größten Winkel von 180 elektrischen Graden miteinander einschließen. Für andere Bürstenstellungen, also für alle zwischen den Grenzdrehzahlen gelegenen Werte, setzen sich die beiden Spannungen für jeden Bürstensatz verschieden zusammen, so daß auch deren Stromwendung verschieden ist. Dies ist in Fig. 114 dargestellt. $e_{f(v)}$ ist die Funkenspannung unter Bürste V, $e_{f(y)}$ die unter Bürste Y. In der Nähe des Synchronismus, da wo sich die Bürsten V und Y begegnen, fallen $e_{f(v)}$ und $e_{f(y)}$ beide auf den Wert e_k vorübergehend ab. Ferner ist die Kommutierung bei der einen Bürste günstiger als bei der anderen, und zwar ist dies die in der Drehrichtung des Ankers verschobene Bürste Y.

Werden die Wicklungen 2 und 3 zusammengelegt, so ändert dies an der Untersuchung der Kommutierung nichts. Denn während der

Strom J_3 wendet, bleibt ja der Strom J_2 unveränderlich. Die gesamte Stromänderung ist also nur von J_3 abhängig. Dies trifft auch dann noch zu, wenn die Anschlußpunkte der Wicklung 1 an die Wicklung 2 unter den Bürsten weggleiten. Dort ändert sich zwar der Strom J_2 ebenfalls, aber diese Änderung steht nicht im Raume still wie die auf die Bürsten bezogene Stromänderung, sondern läuft mit dem Anker im Raume um. Daher trägt sie nichts zur Stromwendung bei.

Die ständig vorhandene Kurzschlußspannung bildet einen kleinen Nachteil dieses Motors. Man sucht ihre Wirkung dadurch abzuschwächen, daß man zwischen Anker und Kommutator kleine Widerstandverbindungen einschaltet und sie außerdem noch niedrig wählt. Dagegen ist es vorteilhaft, daß e_r mit x abnimmt und numerisch meist klein ausfällt. Man sieht dies auch aus Fig. 114, die für $x = 0{,}5$ gilt. Bei $n = 100\%$ ist e_r nur 0,5 Volt, während in Fig. 113 $e_r = 1{,}25$ Volt ist.

5. Die Kommutatorgröße der Nebenschlußmotoren.

Die Kommutatorgröße von Kollektormaschinen ist ganz allgemein im Teil VI behandelt worden. Die Nebenschluß-Kollektormotoren bilden zwar keine Ausnahme von den dort gegebenen Regeln, jedoch nimmt der eine von ihnen, der im Anker gespeiste, gegenüber den sonstigen Kollektormaschinen trotzdem eine Sonderstellung insofern ein, als der Kollektor mit abnehmendem Regelbereich (x) auch kleiner werden kann. Es hängt dies damit zusammen, daß die über den Kollektor geführte Leistung um so kleiner ist, je kleiner das Regelbereich. Durch diese Aussage gewinnen wir zwar den Anschluß an die Regeln des Teils VI, aber diese Sonderstellung rechtfertigt es, wenn trotz der Gültigkeit der dortigen Regeln die Frage der Kollektorgröße hier nochmals berührt wird.

Beiden Nebenschlußmotoren ist die Forderung gemeinsam, daß Kollektor und Bürsten die vom vollen Motorfelde beim Anfahren erzeugte Kurzschlußspannung e_k zwischen zwei Lamellen aushalten müssen. Beim Motor mit Ankerspeisung besteht diese Spannung auch weiterhin bei jeder Drehzahl, beim Motor mit Ständerspeisung nimmt sie ab bis auf Null im Synchronismus; jedoch kann diese Abnahme nicht zu einer Verkleinerung des Kollektors verwertet werden mit Rücksicht auf die Anfahrt. Wie im Teil VI in Formel 31 auseinandergesetzt, bestimmt e_k die ganze Kollektorspannung. Beide Nebenschlußmotoren sind also für gleiche Kollektorspannung auszuführen.

In Formel 31 bezeichneten wir sie mit E_r; hier wollen wir sie zwecks Unterscheidung beider Motoren beim Motor mit Ständerspeisung entsprechend Fig. 94 mit E_4, beim Motor mit Ankerspeisung entsprechend Fig. 95 mit E_3 bezeichnen.

Diesem Gleichverhalten in der Spannung stehen nun große Unterschiede in der Stromstärke gegenüber. Diese springen am meisten in die Augen, wenn wir die asynchrone Drehzahl betrachten. Beim Motor mit Ständerspeisung Fig. 94 sind im Synchronismus die Bürsten untereinander kurzgeschlossen, aus dem Anker tritt der volle Betriebsstrom J_4 in sie über. Der Kollektor ist daher für die Leistung $E_4 \cdot J_4 \cdot q$ zu bauen und das entspricht voller Motorleistung, weil der Wert $E_4 \cdot J_4 \cdot q$, wie man bei Heranziehung der Formeln 22 und 14 leicht erkennt, das Produkt $M \cdot n_r$, also Drehmoment $\times$ Drehzahl enthält, das die Leistung des Motors darstellt — vgl. auch Formel 33 im Teil VI, in der $E_r = E_4$ und $J_a = J_4$ zu setzen ist.

Beim Motor mit Ankerspeisung nach Fig. 95 stehen im Synchronismus je zwei zueinandergehörige Bürsten U--X auf denselben Kollektorlamellen, aus dem Anker tritt gar kein Strom mehr in sie über, da der Anker gar nicht mehr über den Kollektor geschlossen ist. Nur der Ständerstrom J_4 fließt nach der Bürste X hin, geht durch die Lamelle nach U und verläßt durch U den Kollektor. Der Kollektor ist also jetzt für die Leistung $E_3 \cdot J_4 \cdot q$ zu bauen.

Nun gilt aber immer für Stillstand die Bedingung:

$$(57) \qquad \frac{E_3}{Z_3} = \frac{E_4}{Z_4}.$$

Denn E_3 sowohl wie E_4 werden von demselben Flusse Φ_p erzeugt. Der Kollektor ist deshalb für die Leistung

$$(58) \qquad E_3 \cdot J_4 \cdot q = E_4 \cdot J_4 \cdot q \cdot \frac{Z_3}{Z_4} = E_4 \cdot J_4 \cdot q \cdot \varkappa_0$$

zu bauen. Hierin ist wieder $E_4 \cdot J_4 \cdot q$, wenn man Formeln (14) und (22) heranzieht, der ganzen Motorleistung proportional.

Da wir nun vorn sahen, daß $\varkappa_0$ das Regelbereich bestimmt, so wird der Kollektor kleiner als der ganzen Motorleistung entspricht, und zwar um so kleiner, je kleiner das Regelbereich. Beispielsweise ist für Regelung nur bis zu halber synchroner Drehzahl herab $\varkappa_0 = 0{,}5$ oder $Z_4 = 2 \cdot Z_3$. Z_3 beim ankergespeisten Motor ist nun gleich Z_4 beim ständergespeisten Motor, weil die Anker beider Motoren für gleiche Gesamtspannung gebaut werden dürfen. Daher wird E_4 beim ankergespeisten Motor doppelt so groß wie E_4 beim ständergespeisten Motor und daher endlich J_4 beim ankergespeisten Motor halb so groß wie J_4 beim ständergespeisten Motor. Nur für diesen halben Strom brauchen die Kollektorbürsten bemessen zu werden, weshalb also auch der ganze Kollektor nur so groß wie der eines Motors für die halbe Leistung ausfällt.

Diese Erkenntnis ist sehr wichtig. Der Drehstrom-Nebenschlußmotor ist der einzige Motor, dessen Kollektor bei kleinerem Regelbereich ebenfalls kleiner dimensioniert werden darf. Bei einem Regelbereich bis zum Stillstande ($\varkappa_0 = 1$) bekäme er einen Kollektor gleicher Größe wie der im Ständer gespeiste Motor; aber dieses Regelbereich wird sehr selten verlangt werden. Meist genügt ein Regelbereich, das nach unten bis zur halben synchronen Drehzahl reicht, also ein Gesamtbereich 1 : 3, wofür $\varkappa_0 = 0{,}5$ zu wählen ist, und dann wird der Kollektor nur halb so groß wie der des im Ständer gespeisten Motors. Hierdurch kommt dieser Motor noch weiter in Nachteil gegenüber dem Nebenschlußmotor mit Bürstenverschiebung. Wird das Regelbereich Null, so braucht man gar keinen Kollektor mehr: der Motor geht in den ganz gewöhnlichen Asynchronmotor über. Wünscht man jedoch die Phase zu verbessern — den Asynchronmotor also zu kompensieren —, so muß trotz des Regelbereichs nahezu Null der Kollektor doch noch eine kleine scheinbare Leistung führen, nämlich die der Magnetisierung entsprechenden *KVA*. Man kann ihn dann nicht entbehren, aber er wird sehr klein (vergl. Fig. 21c). Auch in diesem Falle ist er nach den Regeln im Teil VII zu berechnen, nachdem man ermittelt hat, wie viel *KVA* der Magnetisierung entsprechen. Für Voreilung wird er wieder größer.

Teil XIV.

Die Frequenz-Umformer.

1. Die Arbeitsweise.

Zu wiederholten Malen, nämlich im Teil IV und bei der Behandlung der verschiedensten, insbesondere der Drehstrom-Kommutatormotoren, haben wir darauf hingewiesen, daß durch einen Kommutator die Frequenz der Ströme und Spannungen für Teile eines und desselben Stromkreises geändert wird. In der Regel führt eine Leitung eine feste, gegebene Frequenz an den Kommutator heran, dieser ändert sie und man trifft veränderliche Frequenz im Innern des Ankers an, wie z. B. bei dem Drehstrom-Reihenschlußmotor. Aber wir haben auch in dem Drehstrom-Nebenschlußmotor mit Ankerspeisung eine Maschine kennengelernt, in der Strom veränderlicher Frequenz aus dem Kommutator zur Speisung des Ständers dieses Motors verwendet wurde (vgl. Fig. 20 und 95).

Die Frequenzumformer, die wir jetzt besprechen wollen, sind jenem Nebenschlußmotor in diesem Punkte ähnlich.

Über Zweck und Anwendungen solcher Maschinen ist vorn (Teil II, Abschn. 8 und Teil III, Abschn. 8) ausführlich gesprochen worden. Am wichtigsten ist die Aufgabe, die Drehzahl großer Induktionsmotoren zu regulieren. Soll ein solcher Motor auf verschiedene Drehzahlen eingestellt werden können, dann führt sein Anker bekanntlich Frequenzen, die bei Synchronismus Null sind (Gleichstrom!) und entsprechend der Abweichung vom Synchronismus zunehmen. Bei Stillstand und bei doppeltem Synchronismus ist die Ankerfrequenz gleich der dem Ständer zugeführten. Nun tritt bei einem wirtschaftlichen Regulierproblem die Aufgabe auf, diese Ströme von ganz veränderlicher Frequenz nicht zu vernichten, wie das bei der bekannten Regulierung mittelst Widerstände geschieht, sondern sie nutzbar zu verwerten, damit die in ihnen enthaltene Energie nicht verloren ist, denn sonst würde die Regulierung großer Induktionsmotoren sehr viel Geld kosten.

Zur Lösung dieser Aufgabe gibt es mehrere Wege. Will man sie so lösen, daß man die verfügbare elektrische Energie veränderlicher Frequenz *unter Vermeidung der Umwandlung in eine andere Energieform* einem Netz mit konstanter Frequenz zuführt, so bedient man sich der Frequenzumformer.

Die Frequenz von veränderlicher Größe wird zweckmäßig dem Kommutator entnommen. Wir hatten im Teil IV gesehen, daß die Frequenz auf dem Kommutator von der relativen Geschwindigkeit des Drehfeldes gegenüber den Bürsten abhängt. Wenn man also mit Hilfe von Strom einer bestimmten Frequenz (z. B. 50 sec.$^{-1}$) in einem Anker ein Feld erzeugt, indem man ihn dem Anker über Schleifringe zuführt, und dann den Anker durch einen äußeren Antrieb mit veränderlicher Geschwindigkeit dreht, so erhält man aus dem Kommutator einen Strom oder eine Spannung von veränderlicher Frequenz.

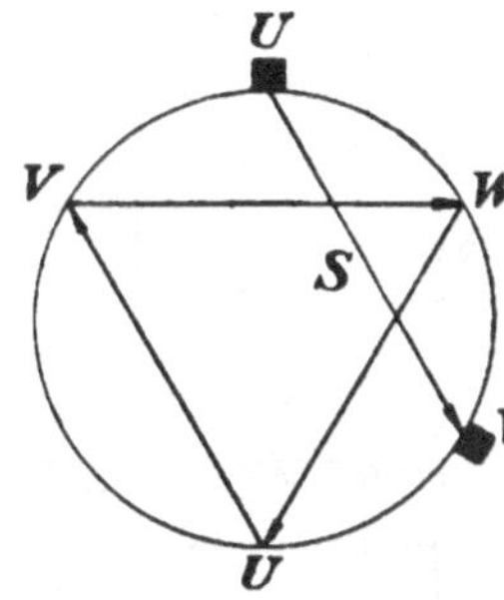

Fig. 115.

In der Fig. 24 seien U, V, W die Schleifringe, K ein Kommutator mit Ankerwicklung und Bürsten U, V, W; $R_1 S_1 T_1$ das Netz mit der Frequenz $f_{01} = 50$ und $R_2 S_2 T_2$ das Netz, das die Frequenz f_2 erhalten soll, die veränderlich ist. Infolge der Zuführung der Frequenz 50 zu bestimmten, mit den Ringen U, V, W verbundenen Punkten der Ankerwicklung läuft das Drehfeld mit der durch die Frequenz $f_{01} = 50$ und die Polzahl $2p$ gegebenen minutlichen Drehzahl $n_0 = 60 \cdot \frac{f_{01}}{p}$ über den Anker hinweg. Die Drehrichtung möge dem Uhrzeigersinne entsprechen, dieser Sinn sei als positiv bezeichnet. In jedem Leiter entsteht eine bestimmte Spannung, also sowohl zwischen den Schleifringen U, V, W wie auch zwischen den Bürsten U, V, W bestimmte Spannungen. Ist der Motor zweipolig, sind drei Schleifringe vorhanden und drei Bürsten und sind Schleifringanschlüsse wie Bürsten symmetrisch verteilt, so sind die Spannungen zwischen den Ringen ebenso groß wie zwischen den Bürsten. Denn zwischen zwei Ringen liegen ebenso viele Leiter wie zwischen zwei Bürsten.

Daraus folgt, daß bei unveränderlichen Abständen zwischen den Bürsten das Übersetzungsverhältnis der Schleifring- zur Kommutatorspannung fest gegeben ist und daß es bei Dreiphasenfrequenzumformern gleich Eins ist. Wie es sich für andere Bürstenanordnungen stellt, übersieht man am besten graphisch aus der Fig. 115. Die Strecken $U-V$, $V-W$, $W-U$ stellen die Schleifringspannungen der Größe nach dar. Die Spannungen zwischen den Bürsten erhält man, wenn man sich den durch die Punkte U, V, W gelegten Kreis als den Kommutator vorstellt und auf ihm die Bürsten so verteilt, wie sie es auf dem wirklichen Kommutator sind, und die Berührungspunkte der Bürsten (z. B. U und V) mit dem Kreise durch Sehnen S verbindet. Diese stellen dann die Spannungen zwischen den Bürsten dar, ihr

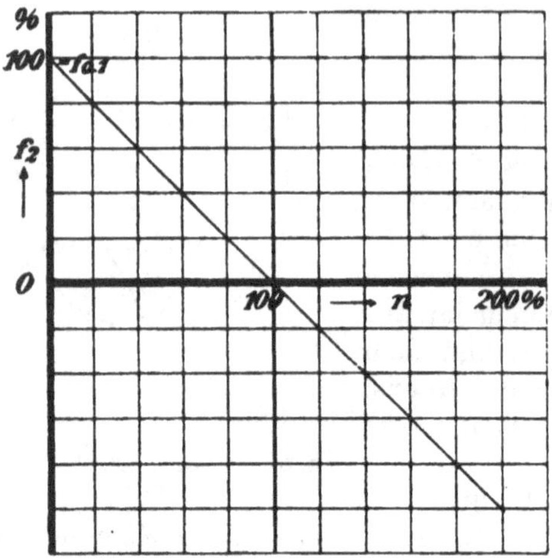

Fig. 116.

Größenverhältnis zu den Sehnen $U - V$ usw. gibt das Übersetzungsverhältnis an.

Dieses Übersetzungsverhältnis ändert sich auch bei der Bewegung des Ankers mit der Drehzahl n in der Minute nicht. Denn das Drehfeld behält, weil es im Anker durch Stromzuleitung über Schleifringe — d. h. durch an der Wicklung fest angeschlossene Punkte — erregt wird, seine Geschwindigkeit, auch wenn der Anker umläuft, gegenüber der Ankerwicklung bei. Aus demselben Grunde ändert sich die Größe beider Spannungen nicht, sondern nur die Frequenz der Kommutatorspannung. Dies geschieht deshalb, weil durch die mechanische Drehung die Geschwindigkeit des Drehfeldes gegenüber den Bürsten sich ändert. Wird der Anker entgegengesetzt zur Drehrichtung des Feldes mit der Drehzahl $n < -n_0$ gedreht, so nimmt die Drehung des Feldes im Raume allmählich ab, bei synchroner Drehung $n = -n_0$ steht es still, bei übersynchroner Drehung $(n > -n_0)$ bewegt es sich in der anderen Richtung. Gleichzeitig nimmt die Frequenz auf der Kommutatorseite, ausgehend vom Werte der Schleifringfrequenz 50, ab, wird im Synchronismus Null und nimmt dann wieder zu. Dieses Verhalten veranschaulicht die Fig. 116. Wird der Anker in der Drehrichtung des Feldes mit der Drehzahl $n \lesseqgtr + n_0$ gedreht, so nimmt die Frequenz auf der Kommutatorseite über den Stillstandswert f_{01} zu. Dieser Fall ist aber bisher praktisch nicht verwertet worden.

Man gewinnt also aus dem Frequenzumformer eine Spannung konstanter Größe und veränderlicher Frequenz, letztere ist zu berechnen nach der Formel

$$f_2 = \frac{n_0 + n}{60} \cdot p,$$

die $f_2 = 0$ ergibt, sobald $n = -n_0$ wird.

Zur Erzeugung des Drehfeldes muß in den noch unbelastet gedachten Frequenzwandler, am besten über die Schleifringe, ein Magnetisierungsstrom geleitet werden. Wir werden später sehen, daß dieser aber auch über den Kommutator geliefert werden kann.

Damit sich das Feld richtig entwickeln kann, muß der Anker von einem Eisenschluß S (Fig. 24) umgeben sein. Für die bisher betrachtete grundlegende Wirkungsweise ist es einerlei, ob dieser Eisenschluß mit umläuft oder nach Art eines Ständers ausgebildet ist.

Wird aus den Schleifringen (oder dem Kommutator) Strom entnommen, so muß, damit das Drehfeld nicht gestört wird, dem Kommutator (oder den Schleifringen) Strom zugeführt werden. Denn die magnetomotorische Kraft, die der auf der einen Seite entnommene Nutzstrom in der Ankerwicklung hervorbringen würde, wenn er allein vorhanden wäre, kann nur durch die des auf der anderen Seite zugeführten Stromes wieder aufgehoben werden, weil ja keine Ständerwicklung vorhanden ist, die einen nur auf einer Seite entnommenen Strom kompensieren könnte.

Daraus folgt: der Nutzstrom durchläuft den Frequenzumformer, ohne das Feld zu beeinflussen oder ein Drehmoment zu bilden. Daher wird auch keine mechanische Leistung abgegeben.

In bestimmten Ankerstellungen ist die Ankerwicklung sogar vorübergehend stromlos. Wenn nämlich diejenigen Ankerleiter, an die die Schleifringe angeschlossen sind, unter den Bürsten hinweggleiten, kann der Strom unmittelbar von Bürste zu Ring gelangen. Bei dem Dreiphasen-Frequenzumformer, der bei drei Schleifringen drei Bürsten pro Polpaar hat, ist der Nutzstrom pro Schleifring gleich dem Nutzstrom pro Phase aus dem Kommutator. Da auch die Spannungen gleich sind, so müssen auch die Phasenverschiebungen auf der Schleifring- und Kommutatorseite einander bis auf den kleinen Einfluß des Magnetisierungsstromes gleich sein.

Dies folgt daraus, daß die elektrischen Leistungen auf beiden Seiten einander gleich sind, weil der Frequenzumformer mechanische Leistung nicht abgibt.

Diese Regel gilt für jede räumliche Stellung der Bürsten. Bei Prequenzumformern mit andrer Bürstenbesetzung ist der Strom pro Fhase nach demselben Grundsatze zu ermitteln, daß — mit Ausnahme des Magnetisierungsstromes — die zugeführte und die abgeführte Leistung einander gleich sein müssen, nur daß dann die Spannungen die oben an Fig. 115 erläuterten Beträge annehmen.

Die obenerwähnte vorübergehende Stromlosigkeit gestattet es, den Anker des Frequenzumformers bei gleicher Erwärmung mehr zu belasten, als einen gewöhnlichen Mehrphasenanker. Nachrechnungen, die über den Rahmen dieses Buches hinausgehen, zeigen, daß die vom Nutzstrom herrührende Erwärmung bei Dreiphasenschaltung auf Schleifring- und

Kollektorseite nur das $\frac{2}{\pi} = 0{,}636$-fache von der des gewöhnlichen Dreiphasenankers, bezogen auf gleiche Stromstärke, in den Leitern beträgt. Daher kann der Dreiphasen-Frequenzumformer bei gleicher Erwärmung $\sqrt{\frac{\pi}{2}} = 1{,}25$ mal so viel äußeren Nutzstrom führen, vorausgesetzt, daß er rotiert. Denn bei Stillstand tritt je nach Lage des Ankers die Stromlosigkeit gar nicht ein, daher hat die Berechnung für Stillstand keine Gültigkeit.

Bei Anwendung von mehr als drei Phasen häufen sich die Augenblicke völliger Stromlosigkeit des Ankers. Die Erwärmung sinkt, die Belastbarkeit steigt noch weiter. Praktisch brauchbar ist noch die Sechsphasenschaltung auf Schleifring- und Kollektorseite, sie ergibt nur 0,17-fache Erwärmung, daher 2,42-fache Belastbarkeit.

Da sich die magnetomotorischen Kräfte der Nutzströme vor und hinter dem Frequenzumformer bereits im Anker selber aufheben und das durch den Magnetisierungsstrom gebildete Feld nicht stören, so hat der Umformer keine Ständerwicklung, die ähnlich wie die Arbeitswicklungen oder Kompensationswicklungen der Motoren das Feld vor ungewollten Beeinflussungen schützt, nötig. Der Ständer bietet, wie oben gesagt, nur noch den für das Feld erforderlichen magnetischen Schluß dar. Er kann daher mitumlaufen oder stillstehen [1]).

Somit stellt der Frequenzumformer für sich in seinen Grundzügen eine sehr einfache Maschine dar, deren Gebrauch jedoch leider durch umständliche Schaltungen beeinträchtigt wird, wie wir sehen werden.

Die Phasenverschiebung der Ströme des Frequenzumformers gegen seine Spannungen wird nicht durch ihn selber bestimmt, wie es bei Motoren z. B. der Fall ist, sondern richtet sich nach den Maschinen, mit denen er zusammen arbeitet, oder nach den Netzen, die er speist, und nach der Art, wie er an diese angeschlossen ist.

2. Die Stromwendung.

Die Kommutierung des Frequenzumformers bietet gegenüber der anderer Kommutatormaschinen insofern nichts grundsätzlich Neues, als wiederum eine Transformator-EMK und eine Stromwendespannung auftreten, die sich je nach der Phasenverschiebung zwischen Strom und Spannung geometrisch zusammensetzen. Diese Spannungen

[1]) Neuerdings sind auch Maschinen mit Ständerwicklung verwendet worden, teils lediglich um dem Frequenzwandler einen eigenen Antrieb zu geben, teils um die Schleifringe vom Betriebsstrome zu entlasten und sie nur zur Lieferung und Regelung des Magnetisierungsstroms zu benutzen. Sie sind hier nicht behandelt, da Ergebnisse nicht vorliegen. Sie sind auch nicht unter die eigentlichen reinen Frequenzumformer zu rechnen, da sie Drehmomente entwickeln.

müssen entweder durch den Entwurf klein gehalten oder durch Wendepole beseitigt werden. Die Transformator-EMK hängt von der Speisung der Schleifringe ab und kann konstant oder wie bei der häufigsten Anwendung unter Abschn. 3 mit Annäherung in den Synchronismus sehr klein werden. Die Stromwendespannung richtet sich nach Stromstärke und Drehzahl.

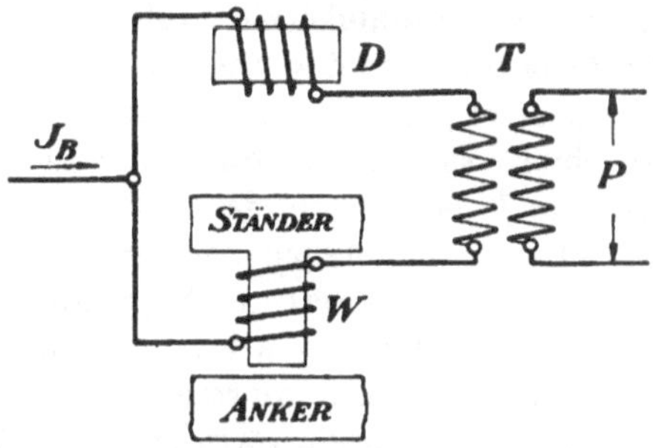

Fig. 117[1]).

Sind Strom und Spannung in Phase miteinander, so setzen sich Transformator-EMK und Stromwendespannung nach den Erläuterungen des Abschn. VII rechtwinklig zusammen.

Nach denselben Erläuterungen muß die Stromwendespannung durch eine mit dem Strome der betreffenden Bürste gespeiste Wicklung des Wendepoles beseitigt werden und die Transformator-EMK durch eine mit Hilfe der Spannung im Nebenschlusse gespeiste Wicklung. Fig. 117 zeigt eine Schaltung, mit deren Hilfe diese Aufgabe lösbar ist: der Bürstenstrom J_B wird geteilt und fließt zur Hälfte um den Wendepol W, zur anderen durch eine Drosselspule D, die denselben Ohmschen und induktiven Widerstand hat wie W. Beide Stromteile durchfließen die Sekundärwicklung eines Transformators T, wobei sich ihre Amperewindungen aufheben[1]). T wird primär aus der Klemmenspannung P gespeist und überträgt diese in den aus W und D gebildeten Stromkreis. Andere Schaltungen hatten wir bereits beim Einphasen-Reihenschlußmotor kennengelernt, bei dem die gleiche Aufgabe vorkommt. Im allgemeinen kann jede derartige Schaltung die Spannungen unter den Bürsten nur für einen bestimmten Betriebspunkt vollständig beseitigen.

Die Unterschiede des Frequenzumformers gegenüber den anderen Kommutatormaschinen bedingen folgende beide neue Eigentümlichkeiten seiner Stromwendung:

Fast immer gehört unter seine Betriebszustände der synchrone Lauf, bei dem er am Kommutator die Frequenz f_2 = Null, d. h. Gleichstrom abgibt. Es wird dann natürlich auch der Wendepol mit Gleichstrom erregt.

Dabei sind besondere Regeleinrichtungen für die Kommutierungsschaltung erforderlich, weil mit dem Nullwerden der Frequenz nur Widerstände ihre volle Wirksamkeit behalten, Drosselspulen aber

[1]) In Fig. 117 fehlt versehentlich die Ableitung des Stromes J_B aus der Mitte der Sekundärwicklung des Transformators T.

nicht, da ihr induktiver Widerstand Null wird. Dies trifft auch für die Schaltung der Fig. 117 zu, deshalb muß der Ohmsche Widerstand der Drosselspule D genau dem des Wendepols W gleich sein, sonst verschiebt sich die Stromverteilung mit kleiner werdender Frequenz mehr und mehr nach dem Zweige vom geringeren Widerstande hin.

Zweitens entstehen bei der Anwendung gewöhnlicher Ankerwicklungen infolge von deren nicht genau sinusförmiger Stromverteilung zwar keine Grundfelder — wir sahen, daß dies ausgeschlossen sein mußte, wenn der Frequenzumformer überhaupt wirken sollte —, aber Oberfelder. Diese beeinträchtigen die Kommutierung, indem dadurch außer den schon genannten beiden Spannungen noch weitere in den kurzgeschlossenen Windungen unter den Bürsten entstehen. Eine nähere Berechnung kann im Rahmen dieses Buches nicht gegeben werden. Doch sei erwähnt, daß man durch besondere Wicklungen versucht hat, die Oberfelder zu beseitigen und eine rein sinusförmige Stromverteilung herzustellen.

Bemerkt sei noch, daß weder der Ohmsche noch der induktive Spannungsabfall des Frequenzumformers feste Größen sind, sondern mit der Drehung sich ändern. Es hängt dies damit zusammen, daß die Schleifringanschlußpunkte abwechselnd sich den Auflagepunkten der Bürsten nähern und sich wieder entfernen. Viel Einfluß hat diese Eigentümlichkeit nicht, weil beide Spannungsabfälle klein gegen die Hauptspannungen sind.

Frequenzumformer können auch mehrphasig ausgeführt werden, z. B. mit sechs Phasen. Dabei kann die Phasenzahl auf beiden Seiten ungleich groß sein. Dem schon vorn genannten Vorteil der größeren Ausnutzung (größeren Belastbarkeit) steht als Nachteil die größere Schleifring- und Bürstenzahl gegenüber, andererseits werden die Oberfelder vermindert und die Kommutierung erleichtert. Ausführungsbeispiele sind nicht bekannt geworden.

3. Der Frequenzumformer in Verbindung mit dem asynchronen Induktionsmotor.

Wir wenden uns nun der Betrachtung des Frequenzumformers in Verbindung mit dem asynchronen Induktionsmotor zu, seiner häufigsten und zugleich bisher einzigen Anwendung. In diesem Falle speist das Netz $R_1 S_1 T_1$ den Induktionsmotor — im folgenden als „Hauptmotor“ bezeichnet —, während der Anker des Hauptmotors mit den Sammelschienen $R_2 S_2 T_2$, also mit den Bürsten U, V, W des Frequenzumformers verbunden wird (Fig. 24).

Die Regelung der Drehzahl des Induktionsmotors soll zwischen 60 und 130 % des Synchronismus (100 %) liegen. Bei noch weiterer

Regelung wird der Frequenzumformer zu groß, vor allem im Kommutator, und es verschwinden dann die Vorteile, die ein kleiner Kommutator für das Regelproblem bietet. Die Typengröße des Frequenzumformers entspricht genau der größten Abweichung vom Synchronismus derart, daß er bei Stillstand für die volle Leistung des Hauptmotors, bei der obengenannten Regelung für 40 % von der Leistung des Hauptmotors zu bemessen wäre. Dies zeigt deutlich, daß zu große Regelbereiche zwecklos sind. Anfahren unter Anschluß des Umformers verbietet sich aus den gleichen Gründen; es muß der Induktionsmotor zuerst für sich mit Anlaßwiderständen angelassen und dann erst der Umformer parallel geschaltet werden. Hierzu sind Synchronisiereinrichtungen in der Schaltanlage nötig, die den Betrieb des Frequenzumformers verteuern und schwieriger machen. Sie können jedoch bei der noch zu besprechenden mechanischen Kupplung des Umformers mit dem Hauptmotor wegfallen.

Kennzeichnend für die Regelung ist, daß die Frequenzwandlung mit einer Spannungswandlung zusammengehen muß. Denn im Synchronismus des Hauptmotors wird nicht bloß die Frequenz, sondern bekanntlich auch die EMK im Anker des Hauptmotors Null. Beide Größen ändern sich proportional zueinander.

Diese gleichzeitige Änderung von Frequenz und Spannung hat auf die Kommutierung insofern einen guten Einfluß, als dadurch nicht bloß die Stromwendespannung, sondern auch die Transformator-EMK für ein weites Regelbereich beseitigt werden kann (vgl. das vorn bei der Besprechung der Kommutierung Gesagte). Die Kommutierungsschaltung Fig. 117 wirkt also gut im ganzen Regelbereich.

Soll ein Induktionsmotor mit Hilfe eines Frequenzumformers geregelt werden, so ist es grundsätzlich möglich, die Ankerströme dieses Induktionsmotors entweder dem Kommutator oder den Schleifringen zuzuführen. Die Frage, welche der beiden Möglichkeiten die bessere ist, wird durch die meistens bestehende Forderung beantwortet, daß der Hauptmotor den Synchronismus erreichen und ohne besondere Umschaltung überschreiten können soll. Im Synchronismus werden die Ankerströme des Hauptmotors zu Gleichströmen, ihre Frequenz wird Null und die EMK im Anker wird auch Null, seine Klemmenspannung wird sehr klein, weil sie nur noch dem Ohmschen Spannungsabfall entspricht. Gleichströme aber kann man einer an Schleifringe angeschlossenen Wicklung niemals entnehmen, denn jede Relativbewegung zwischen Wicklung und Feld würde nicht die Frequenz Null und der Stillstand zwischen Wicklung und Feld würde überhaupt keine Spannung, auch nicht die zur Deckung des Ohmschen Spannungsabfalles notwendige, ergeben. Man muß demnach die Schleifringe des Hauptmotors immer mit dem Kommutator des Frequenzumformers verbinden.

Seine Schleifringe U, V, W (Fig. 24) werden infolgedessen über einen Transformator DT mit dem Netz $R_1\,S_1\,T_1$ verbunden, das den Hauptmotor speist. Der Transformator ist notwendig, weil mit wechselnder Frequenz oder Drehzahl des Hauptmotors die Spannung entsprechend wechseln muß, während doch die Spannung des Netzes unveränderlich ist, außerdem auch in der Regel viel zu hoch für unmittelbaren Anschluß an die Schleifringe. Der Transformator muß also auch regelbar sein. Durch diese Forderung verteuert er die Frequenzumformer-Anlage ungemein. Man kann Schalttransformatoren oder Drehtransformatoren wählen, aus einem sogleich zu besprechenden Grunde wählt man meist die letzten.

Mit Rücksicht auf den Ohmschen Spannungsabfall darf die vom Transformator gelieferte Spannung auch beim Synchronismus des Hauptmotors nicht ganz Null werden. Die Spannung des Transformators muß also nicht in der Weise geregelt werden, daß ihr Vektor ohne Richtungsänderung zu Null zusammensinkt und dann in entgegengesetzter Richtung wieder ansteigt, sondern so, daß er aus der einen Richtung in die andere Richtung umschwenkt und dabei seine Größe derart ändert, daß er durch ein Minimum, das dem Ohmschen Spannungsabfall entspricht, hindurchgeht. Diese Forderung läßt sich bequemer mit einem Induktionsregler als mit einem schaltbaren Transformator ausführen, weil sich mit ihm Größe und Phase der Spannung ändern lassen, mit einem Schalttransformator aber nur die Größe. Daß sie ebenfalls nicht zur Einfachheit beiträgt, ist ersichtlich.

4. Der Antrieb des Frequenzumformers.

Der Antrieb des Frequenzumformers kann auf dreierlei Arten erfolgen: 1. Man kann ihm noch eine Ständerwicklung geben, die an die Bürsten des Kommutators angeschlossen wird und nur zur Entwicklung eines für die Reibungsverluste und Eisenverluste genügenden Drehmomentes bemessen zu sein braucht. Der Frequenzumformer wird dadurch teilweise zum Nebenschlußmotor (s. Teil XIII). 2. Man kann ihn mit dem Hauptmotor mechanisch unter Vermittlung eines Zahnradgetriebes kuppeln. 3. Endlich kann man ihn durch einen kleinen Asynchronmotor M (Fig. 24) antreiben, der einesteils vom Kommutator, anderenteils von der Netzspannung aus gepeist wird, also ein verkleinertes Abbild des Hauptmotors ist. Diese elektrische Kupplung ist in der Fig. 24 dargestellt.

Die erste Art des Antriebes hat man wegen der teueren Ausführung des Frequenzumformers noch nicht angewendet.

Bei der mechanischen Kupplung gleicht das Verhalten des ganzen Maschinensatzes (Hauptmotor mit Umformer) ganz dem des Nebenschlußmotors mit Ständerspeisung, den wir im Teil XIII beschrieben haben und dessen Kommutator auch mit einer regelbaren Spannung gespeist werden mußte. Sitzt dort der Kommutator am Motor selbst, so ist er hier abgetrennt, dem kleineren Regelbereich angemessen verkleinert, aber doch noch mechanisch an den Hauptmotor gebunden. Dabei begibt man sich eines Vorteils: der beliebigen, vom Orte des Hauptmotors unabhängigen Aufstellung des Umformers, tauscht aber einen anderen Vorteil dafür ein: der Maschinensatz kann ebensowenig ins Pendeln kommen wie der gewöhnliche Nebenschlußmotor.

Bei der elektrischen Kupplung nach Fig. 24 gilt für den kleinen Maschinensatz: Hilfsmotor—Frequenzumformer alles, was für den Maschinensatz: Hauptmotor—mechanisch gekuppelter Frequenzumformer im Vorstehenden erläutert wurde. An diese Gruppe wird nun der Hauptmotor angeschlossen. Er wird also im Ständer und Anker mit festen Spannungen gespeist. Die Ohmschen und induktiven Widerstände bringen zwar eine gewisse Nachgiebigkeit (asynchrones Verhalten) in die oben als „fest“ bezeichneten Spannungen hinein, aber sie verhindern nicht, daß wie beim Synchronmotor Pendelerscheinungen möglich sind, wenn das Drehmoment des Hauptmotors Schwankungen ausgesetzt ist. Aus den gleichen Erklärungen ist ersichtlich, daß der kleine Maschinensatz: Hilfsmotor—Frequenzumformer weniger zum Mitpendeln neigen wird, als der Hauptmotor.

Zu beachten ist auch, daß der Hilfsmotor nur zur Deckung der mechanischen Verluste des kleinen Maschinensatzes auszureichen braucht, die namentlich in Reibungsverlusten bestehen. Da sie also eine erhebliche Belastung für den Hilfsmotor darstellen, hängt auch seine Drehzahl von ihnen ab, insbesondere von der leicht veränderlichen Reibung. Damit hängt aber auch die Drehzahl des Hauptmotors von den Verlusten des kleinen Maschinensatzes mit ab. Man wähle also den Hilfsmotor nicht zu knapp.

Das Pendeln des Hauptmotors kann durch Widerstände gemildert werden, die man zwischen ihn und den Umformer einschaltet. Dadurch wird die Starrheit der ihm aufgedrückten Spannungen noch weiter gemildert, er gewinnt noch mehr die Eigenschaften eines asynchronen Motors. Der Wirkungsgrad wird aber dafür etwas geringer.

5. Die Phasen-Regelung mit dem Frequenzumformer.

Der Frequenzumformer kann außer zur Drehzahlregelung auch zur Einstellung der Phasenverschiebung im Hauptmotor dienen, so daß dieser mit $\cos\varphi = 1$ arbeitet. Dies tritt dann ein, wenn die den Schleifringen des Hauptmotors zugeführte Spannung der Phase nach geeignet eingestellt wird. Hierdurch tritt eine Verschiebung der Ströme im Anker des Hauptmotors und daher auch in dessen Ständer ein, so daß der Leistungsfaktor verbessert werden kann.

Die Verschiebung der Spannungsphase kann entweder mit Hilfe des Drehtransformators vorgenommen werden oder auch mit Hilfe einer Verstellung der Lage des Ankers des Frequenzumformers oder durch Bürstenverstellung. Von diesen Mitteln wendet man die Bürstenverschiebung, wenn Wendepole vorhanden sind, nicht an.

Alle diese Mittel laufen gewissermaßen auf eine Verlegung der Anschlüsse des Umformers am Netz hinaus. Am Netz unmittelbar würde man nur drei Stellungen zur Verfügung haben, die eine viel zu grobe Einstellung der Phase geben würden. Dagegen sind die genannten Mittel feinstufig und gestatten gleichsam eine Verlegung der Anschlüsse auch an Punkte mit Spannungen, die ihrer Phase nach zwischen den Phasen der Netzspannungen liegen. Bei der Einstellung der Phase mit Hilfe des Drehtransformators ist dies unmittelbar einleuchtend.

Die Phaseneinstellung mit Hilfe einer Verstellung der Lage des Ankers des Frequenzumformers wird bei Zahnradantrieb durch Versetzen des Zahnradeingriffes besorgt. Wendet man ein sogenanntes Planetengetriebe an, so kann man die Verstellung auch während des Betriebs vornehmen.

Bei elektrischer Kupplung wird die Verstellung dadurch besorgt, daß der Ständer des Hilfsantriebsmotors M beweglich gelagert und mit einer Schraubenspindel etwas gedreht wird (siehe Abb. 23). Sein Anker folgt dann dieser Verschiebung, auch dann, wenn er selbst im Umlauf ist, und nimmt den mit ihm gekuppelten Anker des Frequenzumformers mit.

Daß ein mit einem Frequenzumformer nach Fig. 24 verbundener Hauptmotor Nebenschlußverhalten hat, wurde des öfteren gesagt. Der Vollständigkeit wegen sei erwähnt, daß es Schaltungen gibt, durch die man Reihenschluß- oder Verbundverhalten des Hauptmotors erzielen kann, wie schon im Teil III erwähnt. Sie ausführlich zu besprechen, liegt indessen außerhalb des Rahmens dieses Buches, da sie zu den Regulieraufgaben zählen, ohne daß dabei die Eigenschaften des Frequenzumformers sich ändern. Angewendet wurden solche Schaltungen noch nicht.

Aus sämtlichen Beschreibungen geht hervor, daß man es bei Antrieben mit Frequenzumformern mit recht wenig einfachen Anlagen zu tun hat; es sind nicht nur eine Menge Zubehörteile notwendig, wodurch die Anlage teuer und schwer verzinsbar wird, sondern es gehört auch schon ein recht umsichtiges Personal zum Betriebe selbst. Es sind deshalb auch nur wenige Anlagen gebaut worden. In neuerer Zeit benutzt man bei den sogenannten Milchschen Regelsätzen einen Frequenzwandler zur Erregung einer Kollektormaschine; er wird dementsprechend kleiner, als wenn er die Arbeitsströme selbst führen müßte, wie oben.

Teil XV.

Die Phasenregler.

1. Die Arbeitsweise.

In dem Abschnitt XIV über den Frequenzwandler hatten wir gesehen, daß wohl in erster Linie die Aufgabe, asynchrone Induktionsmotoren wirtschaftlich zu regeln, zu ihm geführt hatte, daß aber mit ihm zugleich die Aufgabe gelöst werden konnte, den Leistungsfaktor des asynchronen Motors zu verbessern.

Wenn es sich nur darum handelt, diese letzte Aufgabe zu lösen, braucht man keine so umständliche Maschine, wie der Frequenzwandler ist, sondern kann mit einer besonders einfachen Maschine, dem sogenannten Phasenregler oder Phasenschieber, zum Ziele kommen.

Wir haben im Abschnitt III bereits die Vorteile bei der Verbesserung des Leistungsfaktors von Induktionsmotoren aufgezählt. Es ergab sich eine große Reihe von Vorteilen, die um so mehr ins Gewicht fallen, als sich ein Phasenregler auch an jeden vorhandenen Induktionsmotor anschalten läßt, ohne daß an diesem eine Veränderung vorgenommen oder der Betrieb auch nur unterbrochen zu werden braucht. Der Phasenregler ist daher bei der Einfachheit seiner Bau- und Betriebsweise, die wir noch kennenlernen werden, eine sehr zweckmäßige, empfehlenswerte Kommutatormaschine.

Wie aus dem Schaltbilde Fig. 26 zu erkennen ist, besteht ein Phasenregler lediglich aus einem Anker mit Kommutator, dem die Ankerströme aus einer Stromquelle $R_2 S_2 T_2$ in der Regel als Drehstrom über feststehende Bürsten U, V, W zugeführt werden (der Anlasser A_2 für den Hauptmotor ist dabei kurzgeschlossen zu denken, derart, daß seine Kontaktbürsten unmittelbar mit den von $R_2 S_2 T_2$ kommenden Leitungen in Verbindung stehen), und einem Ständer S, der im einfachsten Falle gar keine Wicklung trägt, sondern nur als magnetischer Schluß für die vom Anker aus erzeugten Felder dient. Dieser Anker wird irgendwie angetrieben, die Art des Antriebes ist für die Wirkungsweise ohne Belang, die Drehzahl braucht jedenfalls nicht an die Frequenz gebunden zu sein. Es ist aber zweckmäßig, wenn sie in mäßigem Umfang regelbar ist. In unserer Fig. 26 ist angenommen, daß ein gewöhnlicher kleiner, mit Widerständen A_1 regelbarer Asynchronmotor M den Antrieb besorgt. Aufbau und Anlage sind also recht einfach und übersichtlich.

Die Wirkungsweise ist folgende:

Die vom Anker des Motors, dessen Leistungsfaktor verbessert werden soll, über die Leitung $R_2 S_2 T_2$ kommenden Ströme besitzen eine geringe Frequenz. Jenen Motor wollen wir im folgenden der Kürze wegen als „Hauptmotor" bezeichnen. Wenn der Phasenregler ruht, erzeugen diese Ströme, da sein Anker nicht durch eine Ständerwicklung kompensiert ist, mit ihrem vollen Werte als Magnetisierungsströme wirkend, ein Drehfeld Φ_r, das wegen der geringen Frequenz der Ströme sehr langsam umläuft. Man nennt daher diese Art Phasenregler auch „eigenerregte" Phasenregler, da ihr Ankerstrom zugleich das Feld bildet. Nehmen wir an, der Ständer des Hauptmotors liege an einem Netz R_1, S_1, T_1 mit der Frequenz $f_{01} = 50$ und habe 3 % Schlupf, so ist die Frequenz seiner Ankerströme $f_2 = 1{,}5$ in der Sekunde. Ist der Phasenregler als vierpolige Maschine gebaut, so entspricht dieser Frequenz eine Umdrehungszahl des Drehfeldes Φ_r von 45 in der Minute, also eine sehr langsame Drehzahl. Dieses Drehfeld erzeugt eine EMK, die dem Strome um 90 Grad nacheilt, und diese EMK befindet sich im Ankerkreise des Induktionsmotors. Stillstehend wirkt also der Phasenregler nicht anders als eine Drosselspule und würde so den Leistungsfaktor des Hauptmotors verschlechtern.

Beginnt man nun den Phasenregler im gleichen Sinne mit seinem Drehfelde umlaufen zu lassen, so verschwindet die EMK allmählich, wird bei Synchronismus Null (im Beispiel also schon bei 45 Umdrehungen) und wächst mit weiterer Steigerung der Drehzahl wieder an und zwar, was das wichtigste dabei ist, im umgekehrten Sinne als zuvor: sie eilt von nun an dem Strome v o r. Es wird also in den Stromkreis R_2, S_2, T_2 des Ankers des Hauptmotors eine voreilende EMK eingeführt und dadurch der Leistungsfaktor des Hauptmotors verbessert. Durch Einstellung der Drehzahl des Phasenreglers kann man dieser EMK Werte geben, wie man sie braucht, und kann den Leistungsfaktor des Hauptmotors verbessern oder der Einheit gleichmachen oder sogar eine Voreilung des Stromes im Hauptmotor erzielen. Der Übersynchronismus des Phasenreglers ist erheblich: einer Synchrondrehzahl von 45 Umdrehungen pro Minute entspricht meist eine Betriebsdrehzahl von 750 bis 1000 Umdrehungen pro Minute.

Damit haben wir bereits die ganze Wirkungsweise des Phasenreglers erörtert, die so einfach ist, daß sein Diagramm, von Nebeneinflüssen (Ohmscher Widerstand, Verluste) abgesehen, nur aus einem Strom- und einem Spannungsvektor besteht, die beide zueinander senkrecht stehen. Da dem Phasenregler aus diesem Grunde außer den Verlusten keine Leistung zugeführt wird, entwickelt er auch kein Drehmoment und daher braucht der Antriebsmotor nur so stark bemessen zu sein, daß er die Verluste, bestehend in Lager-, Luft- und

Bürstenreibung, sowie Ummagnetisierung des Ankereisens decken kann. Der Antriebmotor ist deshalb immer klein. Beispielsweise entspricht der Phasenregler für einen normalen Induktionsmotor von 1000 KW Nutzleistung einer Maschinengröße von etwa 40 KW und sein Antriebsmotor einer solchen von 5 KW.

Wir wollen nun das Zusammenwirken des Phasenreglers mit dem Hauptmotor näher untersuchen. Fig. 118 stellt das Diagramm eines Hauptmotors in vereinfachter Gestalt dar, in der die Streuung

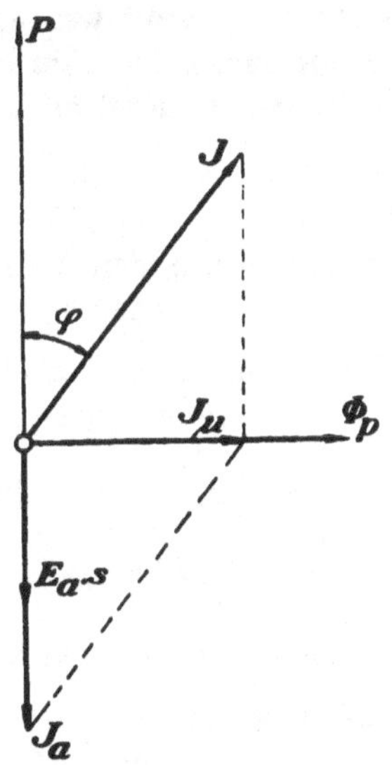

Fig. 118.

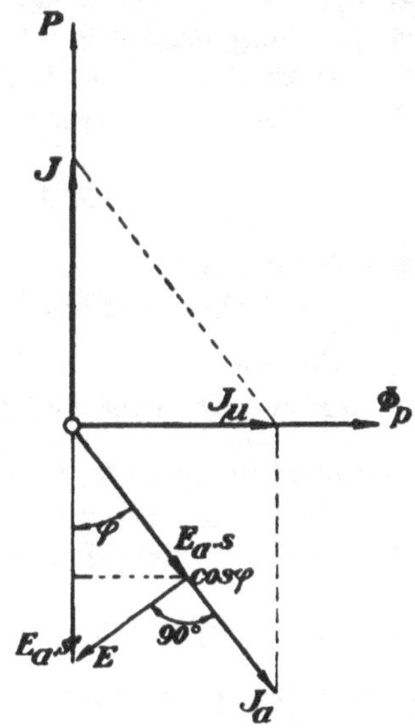

Fig. 119.

nicht genau berücksichtigt ist, die aber für unsere Zwecke genügt. Es bedeuten: J_μ den Leerlaufstrom des Hauptmotors, J seinen Ständerstrom, J_a seinen Ankerstrom, P seine Klemmenspannung und φ seinen Phasenverschiebungswinkel, der verbessert, d. h. Null werden soll. Es ist angenommen, der Motor habe das Übersetzungsverhältnis 1; ist das nicht der Fall, so muß man statt der Stromstärken selbst mit den zu ihnen gehörigen Amperestäben pro Pol rechnen.

Das Feld Φ_p des Motors ist mit dem Leerlaufstrom J_μ in Phase und bringt im Anker die Spannung $E_a \cdot s$ hervor, die ihm 90 Grad nacheilt. Dabei ist E_a die Spannung des Ankers beim Stillstande und s die Schlüpfung. Ihr entspricht gemäß dem Widerstand w_a im Ankerkreise der Ankerstrom J_a, in Phase mit ihr. Es ist

$$J_a \cdot w_a = E_a \cdot s \ (59).$$

In w_a sind die Widerstände im Phasenregler mit einzurechnen, s ist daher 10 % bis 20 % größer als der Schlupf des kurzgeschlossenen Hauptmotors (ohne Phasenregler).

Die Leistung des Hauptmotors ist

$$P \cdot J_a \cdot \eta, \; (60),$$

wenn η der Wirkungsgrad ist.

Soll nun der Leistungsfaktor $\cos\varphi = 1$, also $\varphi = 0$ werden, so muß der Hauptmotor ein Diagramm nach Fig. 119 bekommen. Bei derselben Leistung muß also sein Ständerstrom so groß werden, wie früher sein Ankerstrom J_a war, also kleiner als zuvor, und sein Ankerstrom J_a muß so groß werden, wie früher der Ständerstrom J war, also

$$= J_a/\cos\varphi \; (61),$$

und zugleich muß der Ankerstrom der Spannung um den Winkel φ voreilen. Damit dies möglich ist, muß folgendes geschehen:

1. Da die Widerstände w_a im Ankerkreise dieselben bleiben oder vielmehr durch die Einschaltung des Phasenreglers noch etwas größer werden, der Strom jetzt aber den Wert $\frac{J_a}{\cos\varphi}$ hat, muß die Spannung an den Widerständen auf den Wert $\frac{E_a \cdot s}{\cos\varphi}$ steigen.

2. Zu dieser Spannung muß der Phasenregler die voreilende EMK E hinzufügen, die senkrecht auf dem Ankerstrome $\frac{J_a}{\cos\varphi}$ steht und so groß sein muß, daß sie den auf dem Hauptmotorflusse senkrecht stehenden Vektor $E_a \cdot s'$ erreicht. Sie bekommt also den Wert

$$(63) \qquad E = \frac{E_a \cdot s \cdot \tan\varphi}{\cos\varphi}.$$

E ist nahezu gleich der Klemmenspannung des Phasenschiebers.

3. Der Schlupf des Hauptmotors muß steigen, damit die vom Felde Φ_p erzeugte Spannung so weit steigt, daß sie gleich der Summe der unter 1. und 2. genannten Spannungen wird, also gleich

$$(64) \qquad \frac{E_a \cdot s}{\cos^2\varphi}$$

wird.

Der neue Schlupf erhält demnach den Wert

$$(65) \qquad s' = \frac{s}{\cos^2\varphi}.$$

Der Phasenregler ist also für die Leistung

$$E_a \cdot J_a \cdot \frac{s}{\cos^2 \varphi} \cdot \tan \varphi \tag{66}$$

einzurichten. Vergleichen wir diesen Wert mit der Nutzleistung des Hauptmotors und bedenken, daß beim angenommenen Übersetzungsverhältnis 1 nahezu $E_a = P$ ist, so sehen wir, daß der Phasenschieber für den Anteil $\frac{1}{\eta} \cdot s \cdot \frac{\operatorname{tang} \varphi}{\cos^2 \varphi}$ seiner Leistung einzurichten ist. Wir sehen daraus erstens, daß der Phasenregler um so größer werden muß, je größer die zu verbessernde Phasenverschiebung ist, daß er aber immer wegen des Faktors s gegenüber dem Hauptmotor eine kleine Maschine wird; z. B. folgt für die häufig vorkommenden Werte:

$$\cos \varphi = 0{,}8,$$
$$s = 0{,}03,$$
$$\eta = 0{,}9,$$
$$\frac{1}{\eta} \cdot s \cdot \frac{\operatorname{tang} \varphi}{\cos^2 \varphi} = 0{,}04,$$
$$s' = 0{,}047.$$

Diese sehr einfache Darstellung kann nur auf eine Erklärung des Zusammenwirkens beider Maschinen in Umrissen und zur angenäherten Darstellung der in Frage kommenden Größenverhältnisse Anspruch machen. Zu einer genaueren Berechnung muß man einerseits die Streuung des Hauptmotors, andererseits die Widerstände und Verluste im Phasenregler genau in Rechnung stellen. Im Wesen der Sache ändert sich dadurch nichts. In der Größenordnung der Ergebnisse treten, wie Nachrechnungen zeigen, Unterschiede zwischen 10 und 20 % auf, also nicht zu erhebliche Abweichungen, wenn es sich wie hier um das Verständnis der Vorgänge und weniger um ziffernmäßig sehr genaue Ergebnisse handelt.

Zeichnen wir in Fig. 120 den durch den Leerlaufstrom J_μ, Ständerstrom J und Kurzschlußstrom J_k bestimmten Kreis des Motors einmal ohne, einmal mit Phasenregler auf, so erkennt man leicht, daß die Überlastungsfähigkeit des Hauptmotors erheblich zunimmt, da der Kreis größer wird.

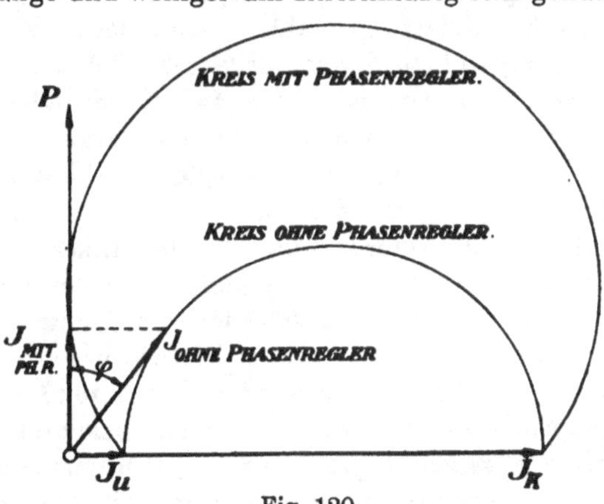

Fig. 120.

Da die Spannung des Phasenreglers von den Stromstärken abhängt, die ihm der Hauptmotor liefert, so sind zwei Eigenschaften klar: 1. im Leerlauf des Hauptmotors kann der eigenerregte Phasenregler den Leistungsfaktor nicht genügend verbessern; 2. durch größere Sättigung der Phasenregler kann man es erreichen, daß der Phasenregler für schwache Belastungen den Leistungsfaktor noch genügend verbessert. Denn wenn mit der Belastung der Strom sinkt, so sinkt das Feld des gesättigten Phasenreglers langsamer als der Strom. Fig. 121 zeigt, in welchem Grade eine Verbesserung des Leistungsfaktors bei verschiedenen Belastungen des Hauptmotors möglich ist.

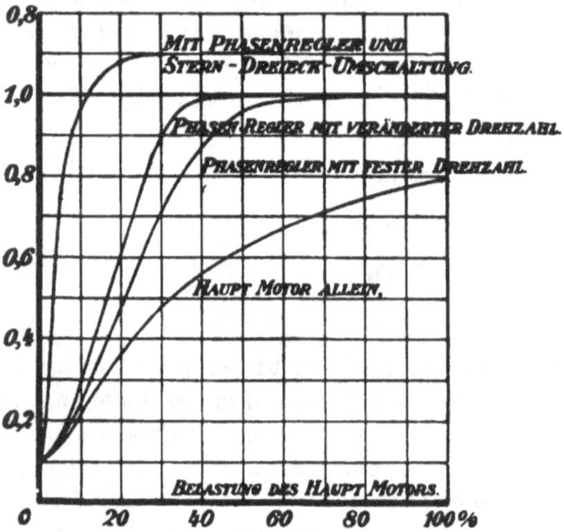

Fig. 121.

Ein einfaches Mittel, bei verschiedener Belastung des Hauptmotors seine Phase zu verbessern, besteht außer in der Wahl richtiger Sättigungen noch darin, die Drehzahl des Phasenreglers zu steigern. Deshalb war vorn gesagt, es sei zweckmäßig, wenn sich die Drehzahl des Antriebmotors *M* regeln lasse.

Ein anderes, indes umständlicheres Mittel besteht in der Umschaltung des Ankers des Hauptmotors von Stern auf Dreieckschaltung, wenn die Belastung sinkt. Denn dadurch nimmt die dem Phasenregler zugeführte Stromstärke erheblich zu.

Zu erwähnen ist noch, daß im Ständer des Hauptmotors zwar die Stromwärmeverluste kleiner, im Anker aber dafür größer werden als bei Betrieb ohne Phasenregler. Es hat eben jetzt der Anker den Magnetisierungsstrom J_μ mit zu führen. Bei dem mit Streuung behafteten Hauptmotor muß jetzt der Anker und nicht mehr der Ständer sämtliche Streuflüsse erzeugen. Der Ankerfluß wird daher stärker, der Ständerfluß etwas schwächer als beim gewöhnlichen Betrieb des Hauptmotors. Das Ständer-Eisenjoch kann also kleiner, das Ankerjoch muß aber größer werden. Dies muß beim Bau des Ankers des Hauptmotors und seiner Kühlung beachtet werden und zeigt auch, daß der Wirkungsgrad des Hauptmotors sich trotz des verbesserten Leistungsfaktors nur unwesentlich erhöhen wird.

2. Die Stromwendung des Phasenreglers.

Die Kommutierung des Phasenreglers ist ganz nach den Grundsätzen des Abschnittes VII zu beurteilen. Zweierlei Spannungen sind, wie bei allen Kommutatormaschinen, in Betracht zu ziehen: die Stromwendespannung und die vom Felde des Phasenreglers herrührenden elektromotorischen Kräfte, in jenem Abschnitt „elektromotorische Kräfte der Transformation" genannt. Diese beiden Werte, dort mit e_r und e_k bezeichnet, mußten bei einer Maschine mit größtem Drehmoment geometrisch rechtwinklig zur Gesamtspannung e_f zusammengesetzt werden. Wir haben aber soeben gesehen, daß der Phasenregler überhaupt kein Drehmoment entwickelt. Daraus folgt unter Beachtung des Abschnittes V, daß sein Feld nicht räumlich senkrecht zur Ankerachse stehen darf, sondern dieser parallel sein muß, daß es also eine gerade um 90 Grad andere Lage einnimmt als bei Kommutatormaschinen mit Drehmoment. Hieraus folgt nun unmittelbar, daß sich die beiden Spannungen e_r und e_k beim Phasenregler nicht unter 90, sondern unter 180 Grad zusammensetzen werden, mit anderen Worten: e_k vermehrt oder vermindert e_r in seinem vollen Betrage. Wären e_r und e_k ebenso groß wie bei einer zum Vergleich herangezogenen Kommutatormaschine mit Drehmoment, so würde also der Phasenregler eine schwerere Stromwendung haben als diese. Mithin bestehen für diese Maschinen noch ganz besondere Gründe, e_r und e_k möglichst klein zu halten.

Während e_r durch die Wendung des Stromes entsteht, wird e_k dadurch erzeugt, daß der Anker gegen das Feld des Phasenreglers eine Bewegung ausführt, deren Sinn bei Unter- und Übersynchronismus verschieden ist und die bei Synchronismus gerade Null ist. Wir haben daher zu untersuchen, welcher Zusammensetzungssinn bei diesen Bewegungen der richtige ist.

Wir erkannten in Abschnitt VII, daß die Stromwendespannung e_r durch kleine Nebenfelder erzeugt wird, die sich der Anker selbst bildet, wenn Strom durch ihn fließt. Diese Nebenfelder entwickeln sich im wesentlichen nur in der nächsten Nähe der stromwendenden Leiter, wie schon auf S. 103 gesagt worden ist. Nach außen treten sie wenig in die Erscheinung. Wenn nun wie hier dem Anker durch einen Ständer S ohne Kompensationswicklung Gelegenheit zur Erzeugung eines Feldes Φ_r gegeben ist, so besitzt dieses Feld doch dieselbe Richtung wie jene Nebenfelder, und wenn wir den Anker, während das Feld selber noch ruht, in ihm drehen, muß daher die durch dieses Feld erzeugte Zusatzspannung in den stromwendenden Leitern so wirken, als ob er um den auf Rechnung des Feldes zu setzenden Betrag e_k vergrößert würde. Beim Phasenregler ruht zwar das Feld Φ_r nicht ganz, vielmehr bewegt es sich in derselben Richtung wie der Anker, aber die Geschwindigkeit dieser Bewegung ist wegen der geringen Frequenz f_2 des zugeleiteten Stromes viel kleiner als die räumliche Bewegung des Ankers. Infolgedessen wird e_k wohl etwas kleiner werden, als wenn das Feld Φ_r ganz ruhte, addiert sich aber jedenfalls zu e_r und vergrößert damit e_f wesentlich. Wird die Ankergeschwindigkeit gemäßigt, bis sie der des Feldes gleicht, so wird e_k gleich Null (Synchronismus) und bei noch kleineren Drehzahlen des Ankers wird sich e_k von e_r abziehen. Derartige niedrige Geschwindigkeiten haben aber keine praktische Bedeutung.

In der Erkenntnis, daß also die gesamte Stromwendung beim Phasenregler erschwert wird, versucht man nun e_k möglichst klein zu machen. Das gelingt, wenn man im Ständer *S* gegenüber den stromwendenden Leitern des Ankers weite Nuten vorsieht. Man büßt dadurch allerdings zu gleicher Zeit etwas vom Felde Φ_r ein. Diese Einbuße wird aber mehr als wett gemacht dadurch, daß man nun das Feld Φ_r ohne Rücksicht auf die Stromwendung kräftig wählen kann, so stark, wie man dies bei einem Ständer ohne solche Nuten nicht gedurft hätte. In diesen Nuten bildet sich zwar immer noch ein Teil des Feldes Φ_r mit aus, aber er ist wegen des sehr viel größeren magnetischen Widerstandes sehr viel kleiner. Außerdem wendet man Dämpfungsmittel an.

Wir hatten vorn gesagt, daß der Phasenregler den Ständer *S* nur als magnetischen Schluß für sein Feld Φ_r nötig habe. Es ist daher grundsätzlich für die Wirkungsweise gleich, ob der Ständer mit dem Anker zusammen umläuft oder ob er stillsteht, und man hat vielfach Phasenregler gebaut, die solche mitumlaufende Ständer haben. Man kann für diese Ausführungsweise geltend machen, daß sie konstruktiv sehr einfach ist. Wir sehen aber jetzt durch die Betrachtung der Kommutation, daß es einen außerordentlich wichtigen Grund gibt, den Ständer lieber ruhen zu lassen, weil man dann den ebenfalls ruhenden Bürsten gegenüber jene „Kommutierungsnuten" anbringen kann. Die Bauweise mit stillstehendem Ständer ist also die bessere, weil sie trotz etwas weniger leichter Konstruktion doch Phasenregler von längerer Lebensdauer liefert.

3. Bauliche Ausführung.

Über die konstruktive Ausbildung der Phasenregler ist zu sagen, daß ihre Spannung meistens klein (10 bis 50 Volt), ihre Stromstärke meistens groß (200 bis 2000 Amp.) ist. Der Hauptbestandteil des Phasenschiebers ist demgemäß sein Kollektor; ihm gegenüber fallen alle seine anderen Teile klein aus. Man hat daher die Maßnahmen anzuwenden, die für Starkstromkollektoren mit kleiner Spannung notwendig sind. Darunter steht an erster Stelle eine ausreichende Kühlung des Kollektors. Aufteilung des Kollektors in zwei bis drei Einzelkollektoren mit Ventilationsfahnen oder Aufbau des Kollektors aus hohlen, luftdurchströmten Lamellen gibt den gewünschten Erfolg; vielfach kann man auch die Phasenzahl im Anker des Hauptmotors größer als 3 wählen, um nicht zu starke Ströme zu erhalten, wenn es sich um sehr große Leistungen handelt.

Der Anker des Phasenreglers liefert selbst zwar nur eine kleine Spannung, kann aber beim Anlassen unter der großen Spannung des Ankers des Hauptmotors stehen. Er ist daher für die volle Ankerspannung des Hauptmotors zu isolieren.

Wie Fig. 26 zeigt, wird der Anlasser A_2 für den Hauptmotor zweckmäßig zwischen Hauptmotor und Phasenregler gelegt, hat also keinen Nullpunkt. Bei der Einrichtung von Phasenreglern an vorhandenen Induktionsmotoren muß daher darauf geachtet werden, ob der Anlassernullpunkt aufgelöst werden kann oder nicht; nur im ersten Fall ist der vorhandene Anlasser verwendbar.

4. Andere Arten von Phasenreglern.

Die Verwendung des Frequenzumformers als Phasenregler wurde schon im Teil XIV, Abschnitt 5 besprochen. Er hat bei dieser Verwendung dem oben beschriebenen selbsterregten Phasenregler gegenüber den Vorteil, daß die Verbesserung der Phase des Hauptmotors auch möglich ist, wenn dieser gar nicht belastet ist, also im Leerlauf, weil er (siehe Fig. 24) eine Spannung aus dem Netz erhält, die von der Stromstärke im Anker des Hauptmotors unabhängig ist. Man bezeichnet deshalb auch den Frequenzumformer, der nur auf Phasenverbesserung arbeitet, als „fremderregten“ Phasenregler. Diesem einzigen Vorteil gegenüber stehen eine Reihe Nachteile, das sind: die Pendelgefahr und die komplizierte, daher teuere Anlage entsprechend Fig. 24, Punkte, die bereits in dem vorigen Abschnitt sowie im Teil II, Abschnitt 8 und 9 besprochen worden sind. Deshalb ist der Frequenzumformer als Phasenregler nur da am Platze, wo Leerlauf des Hauptmotors sehr oft vorkommt, etwa bei Walzwerksmotoren, und wo er mechanisch mit dem Hauptmotor zwecks Vermeidung des Pendelns entweder direkt oder durch Zahnräder gekuppelt werden kann.

Zu erwähnen ist ferner eine in der neueren Zeit angewendete Phasenverbesserung mit Hilfe von Kommutator-Generatoren, eine erst in neuerer Zeit gefundene, praktisch aber noch wenig angewandte, daher wenig geklärte Methode, die indessen nicht ohne Aussicht ist, da es ja eine ganze Anzahl verschiedener solcher Generatoren gibt.

Wie im Teil XVI, Abschnitt 4 auseinandergesetzt werden wird, vermögen alle Kommutatormaschinen generatorisch zu wirken, d. h. Wechselströme zu erzeugen. Diese Eigenschaften kann man dazu benutzen, um Strom in den Anker eines Asynchronmotors zu liefern. Damit zugleich entsprechend dem Strome sich die Spannung an dessen Schleifringen ändert, hat man zum Beispiel die generatorischen Eigenschaften des im Teil XII beschriebenen Reihenschlußmotors für Drehstrom verwendet[1]). Die dreiphasige Reihenschlußmaschine kann zweierlei generatorische Wirkungen entfalten. Einmal kann sie Ströme einer bestimmten durch Selbsterregung entstandenen Eigenfrequenz in das Netz liefern, dann aber kann sie auch, wenn sie aus einem Netze von gegebener Frequenz, z. B. aus dem Anker eines Asynchronmotors, gespeist bzw. erregt wird, Ströme dieser selben Frequenz in dieses Netz liefern. Die erste Art der Erregung kann man, da sie meist nicht erwünscht ist, theoretisch wenigstens durch genügende Sättigung der Maschine unterbinden, so daß nur die andere Art übrig bleibt. Nehmen wir nun an, eine Reihenschluß-Kollektormaschine, wie wir sie in Teil XII beschrieben haben, sei genügend gesättigt, um Selbsterregung mit ungeeigneten Frequenzen unmöglich zu machen, so kann sie bei geeigneter Bürstenstellung Leistung in ein Netz abgeben. Dabei wird die Phasenverschiebung zwischen ihrem Strome und ihrer Klemmenspannung Null, wenn sie sich etwa doppelt so schnell dreht, als dem Synchronismus entspricht. Dreht sie sich noch schneller, so eilt ihr Strom der Klemmenspannung vor und das gerade ist es, was man bei der Phasenregelung eines großen Asynchronmotors braucht, wie wir bereits bei dem gewöhnlichen Phasenregler erkannten. Dabei liegen die Verhältnisse noch insofern günstig, als die Frequenz der Ankerströme des Hauptmotors, mit der man die Reihenschluß-Kommutatormaschine speisen muß, sehr gering, also die synchrone Drehzahl der Maschine auch sehr klein ist. Man kann daher leicht großen Übersynchronismus, mithin viel Phasenvoreilung erzielen.

Ein Vorteil dieses Phasenreglers besteht darin, daß er die Phasenverschiebung im Hauptmotor auch im Leerlauf verbessert, weil er die dazu erforderlichen Ströme, als Generator wirkend, eben selbst hervorbringt und nicht auf die Erregung durch die Ströme des Hauptmotors angewiesen ist. Dabei braucht er nicht die umständliche Anlage wie ein Frequenzumformer, sondern lediglich wie der gewöhnliche Phasenregler einen Antriebsmotor mit beliebiger Drehzahl. Nur muß dieser etwas größer sein als beim gewöhnlichen Phasenschieber, weil durch die generatorische Wirkung eine gewisse Leistung in den

[1] Siehe H. Nehlsen, E. T. Z. 1917, S. 584.

Anker des Hauptmotors zurückgegeben wird und zwar wenigstens so viel, als der Wärmeentwicklung J^2R in diesem Anker entspricht. Im übrigen ist die Maschine im Aussehen und Verhalten wenig vom gewöhnlichen Phasenregler verschieden. Wie dieser kann sie dem Hauptmotor auch Voreilung geben und der Grad der Phasenverbesserung kann einfach durch Veränderung ihrer Drehzahl eingestellt werden.

Man pflegt die Maschine mit einer Bürstenverschiebung von etwa 90 elektrischen Graden (im Sinne der Drehung) und einem Übersetzungsverhältnis $\varkappa$ von $\varkappa = 0{,}7$ bis 1,4 zu bauen, wobei die kleinere dieser beiden Zahlen dann gewählt wird, wenn man volle Phasenverbesserung oder gar Voreilung auch im Leerlauf des Hauptmotors anstrebt. Die Maschine pflegt Kommutierungslöcher wie der gewöhnliche Phasenschieber, mitunter auch Wendepole zu erhalten und wird wie dieser mit den Polzahlen 4 bis 6 und den Drehzahlen 700 bis 1000 gebaut.

Daß man in ähnlicher Weise auch andere Kommutator-Generatoren zur Phasenverbesserung asynchroner Motoren heranziehen kann, ist einleuchtend, doch sind Ausführungen noch nicht bekannt geworden.

Teil XVI.

Kommutator-Generatoren.

1. Die physikalischen Grundlagen der Selbsterregung.

Die Kommutatorgeneratoren können im Rahmen dieses Buches nur kurz behandelt werden, weil sie, soweit es sich um vollständig selbständige Stromerzeuger handelt, in der Praxis überhaupt noch keine Anwendung gefunden haben. Bei Kommutatormotoren hat man zwecks Bremsung ihre Fähigkeit, als Generatoren arbeiten zu können, ausgenutzt, hat dabei auch nutzbare Leistung in das speisende Netz zurückgegeben, aber dabei ist die generatorische Wirkung immer nur auf Augenblicke benutzt worden und gegenüber der motorischen in den Hintergrund getreten. Ferner hat man sie in Verbindung mit asynchronen Motoren zur Verbesserung der Phasenverschiebung verwendet (siehe Teil XV).

Zum Verständnis der Ein- und Mehrphasen-Kommutatorgeneratoren muß eine allgemeine Betrachtung voraufgeschickt werden.

Wenn eine Maschine als Wechselstrom- oder Drehstrom-Generator auf ein Netz wirken soll, das ohne ihr Zutun keine Spannung erhalten würde, das also nicht mit irgendeiner anderen Stromquelle in Verbindung steht, so muß, damit in dem Netz überhaupt eine Wechselspannung herrscht, mindestens in dem an das Netz angeschlossenen Teil der Maschine selber ein Wechsel- oder Drehfeld bestehen. Unter der Voraussetzung, daß auch in den übrigen Stromkreisen der Maschine, die nicht am Netz liegen, keine andere Stromquelle vorhanden sein soll, die der Maschine die zur Erzeugung dieses Feldes notwendigen Ströme liefern könnte, so muß dies die Maschine selber besorgen. Wir wollen die Maschine in diesem Falle als „selbständigen" Generator bezeichnen. Schon von den Motoren sind uns mehrere Fälle bekannt, in denen vom Netz her für die Zwecke der Felderzeugung keine Ströme mehr beansprucht werden, sondern nur noch reine Arbeitsströme geliefert werden. Solche Motoren waren diejenigen, deren Phasenverschiebung beseitigt war. Die Bedingungen für die Selbsterregung eines selbständigen Generators und die für die Phasenkompensation eines Motors müssen also die gleichen sein.

Da endlich die erzeugten Spannungen Wechselspannungen sein sollen, so müssen die erzeugten Spannungen im Takte der doppelten Frequenz, also sehr häufig Null werden und deshalb müssen auch die Felder in denjenigen Spulen, von denen die Spannungen herstammen, im gleichen Takte verschwinden und wieder auftreten. Betrachten wir eine solche Spule für sich, dann ist das Wiederauftreten des Feldes in ihr unmöglich, wenn nicht zur gleichen Zeit noch Feld in anderen Spulen besteht, von denen aus das Feld in der betrachteten Spule wiederhergestellt werden kann. Hieraus folgt, daß das Gesamtfeld der Maschine zwar alle Spulen nacheinander verlassen muß, in der ganzen Maschine jedoch niemals Null werden darf. Ein selbständiger Kommutatorgenerator für Einphasenstrom, in dem ein reines Wechselfeld bestünde, ist demnach nicht denkbar, vielmehr müssen alle Kommutatorgeneratoren Drehfelder von mehr oder weniger regelmäßiger Ausbildung besitzen, denn nur solche Felder haben bekanntlich die Eigenschaft, niemals aus der Maschine gänzlich zu verschwinden, aber doch innerhalb einzelner Spulen durch Null zu gehen. Beispielsweise wird in einem Dreiphasen-Kommutatorgenerator mit konstantem Drehfeld das Feld in den zur Phase 1 gehörigen Spulen zwar Null, besteht aber zu gleicher Zeit innerhalb der Spulen der anderen beiden Phasen weiter, wird also in der Maschine als Ganzes niemals verschwinden.

Es ist sehr wichtig, sich diese Überlegung genau zu merken, weil sie viele Eigentümlichkeiten der Kommutatorgeneratoren physikalisch leicht verstehen lehrt.

Alle genannten Bedingungen gelten natürlich nur für „selbständige" Generatoren. Für „unselbständige" gelten sie nicht mehr, weil ihnen eben an einer anderen Stelle des Netzes eine Stromquelle zur Verfügung steht, die ihrerseits die genannten Eigenschaften besitzen muß. Man erkennt übrigens leicht, daß sie allgemein gelten, also z. B. auch für synchrone Generatoren. Auch diese besitzen stets – auch bei einphasiger Stromabgabe – ein Drehfeld, nämlich dasjenige, das ihr mit Gleichstrom erregter sich drehender Läufer im Ständer hervorbringt.

2. Die Größe der Selbsterregung.

Die Frage, wie groß die von Kommutatorgeneratoren erzeugte Spannung im Leerlauf sein wird, läßt sich mit Hilfe des Energiegesetzes beantworten, wenn dabei noch die magnetischen Verhältnisse berücksichtigt werden. Ohne diese würde die Größe der Selbsterregung unbestimmt sein.

In der Fig. 122 stelle die Linie 1 die Beziehung dar, die zwischen den magnetisierenden Gesamtamperewindungen AW und der vom Felde des Generators in einer mit dem zu speisenden Netz verbundenen Spule, die die Nummer 1 tragen möge, erzeugten EMK E_1 besteht. Wir können uns denken, diese Beziehung, die also die magnetische Charakteristik des Generators vorstellt, sei durch Rechnung oder Messung ermittelt. An den sonst noch vorhandenen Spulen des Generators

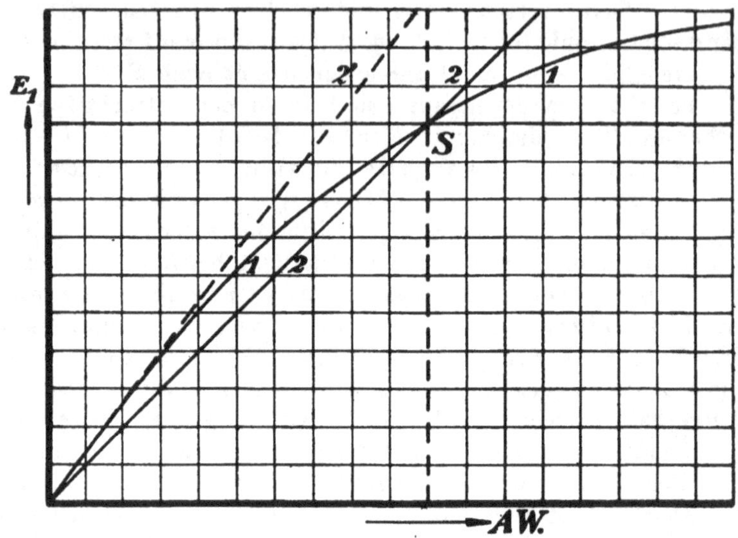

Fig. 122.

würde man ähnliche Charakteristiken messen, so daß die ausgewählte für alle gelten kann.

Diese Charakteristik stellt zunächst nur die magnetisch möglichen Spannungen dar und es fragt sich nun, auf welche unter ihnen sich der Generator einstellt.

Zur Beantwortung dieser Frage dient uns der Energiesatz. Im Leerlauf wird die gesamte Leistung des Generators ausschließlich in seinen eigenen Ohmschen Widerständen verzehrt, in die wir der Einfachheit wegen etwaige vorhandene Ummagnetisierungsverluste mit einrechnen wollen.

Bedeuten

E_x die elektromotorische Kraft einer Wicklung mit der Nummer x,

J_x den ihr fließenden Strom,

R_x ihren Ohmschen Widerstand

und sind m Wicklungen vorhanden, so gilt nach dem Energiesatz:

$$\text{(67)} \qquad \text{Summe } (E_x \cdot J_x)_{x=1}^{x=m} = \text{Summe } (R_x \cdot J_x^2)_{x=1}^{x=m},$$

wenn wir unter dem Werte $E_x \cdot J_x$ den Wert $[E_x] \cdot [J_x] \cdot \cos(E_x, J_x)$ verstehen (vektorielle Schreibweise). $[E_x]$, bzw. $[J_x]$ bedeuten die Beträge der Vektoren E_x bzw. J_x. Die Produkte sind m-mal zu bilden und zu summieren, was durch die Schreibweise:

$$\text{Summe } (\quad)_{x=1}^{x=m}$$

angegeben werden soll. Daneben gilt die Beziehung:

$$\text{(68)} \qquad \text{Summe } (c_x \cdot J_x)_{x=1}^{x=m} = AW$$

für die gesamten Amperewindungen AW, die das gesamte Generatorfeld erzeugen. Die Faktoren c_x geben an, wieviel jeder Strom zu den Gesamt-Amperewindungen beiträgt; die Summe aller $c_x \cdot J_x$ ist unter gehöriger Berücksichtigung der Phasen der Ströme zu bilden.

Da uns zuerst die an der Wicklung 1 auftretenden Verhältnisse interessieren, so ziehen wir die entsprechenden Werte aus dem Energiesatze und dem Amperewindungssatze heraus. Sind m Wicklungen im ganzen vorhanden, so lassen sich die beiden Sätze so schreiben:

$$\text{(69)} \qquad E_1 \cdot J_1 \cdot \left[1 + \frac{\text{Summe } (E_x \cdot J_x)_{x=2}^{x=m}}{E_1 \cdot J_1}\right] = R_1 J_1^2 \cdot \left[1 + \text{Summe}\left(\frac{R_x J_x^2}{R_1 J_1^2}\right)_{x=2}^{x=m}\right],$$

$$\text{(70)} \qquad c_1 \cdot J_1 \left[1 + \text{Summe}\left(\frac{c_x \cdot J_x}{c_1 \cdot J_1}\right)_{x=2}^{x=m}\right] = AW.$$

Wir können nun mittelst der zweiten dieser Gleichungen J_1 durch AW ersetzen und damit J_1 aus der ersten Gleichung entfernen. Berücksichtigen wir noch, daß alle m elektromotorischen Kräfte von demselben Felde herstammen und daß wir daher schreiben dürfen:

$$\text{(71)} \qquad E_x = y_x \cdot E_1,$$

so erhalten wir schließlich:

$$\text{(72)} \qquad E_1 \cdot \left[1 + \text{Summe}\left(\frac{y_x \cdot J_x}{J_1}\right)_{x=2}^{x=m}\right] = AW \cdot \frac{R_1}{c_1} \cdot \frac{\left[1 + \text{Summe}\left(\frac{R_x J_x^2}{R_1 J_1^2}\right)_{x=2}^{x=m}\right]}{\left[1 + \text{Summe}\left(\frac{c_x \cdot J_x}{c_1 \cdot J_1}\right)_{x=2}^{x=m}\right]}.$$

Aus dieser Gleichung erkennen wir folgendes:

E_1 läßt sich als eine gerade Linie über AW darstellen. Diese ist als Linie 2 in der Figur 122 eingetragen. Die Neigung dieser Geraden ist von den Widerständen (R_x), von der Art, wie die einzelnen Spulen zum Gesamtfelde beitragen (c_x), also z. B. von ihrer Windungszahl und Raumlage, und endlich von den verschiedenen Stromverkettungen $\frac{J_x}{J_1}$ ab, die durch die Schaltung bestimmt werden, mithin von lauter Werten abhängig, die sich aus den Abmessungen und der Schaltung der Maschine entnehmen lassen, wofür wir noch ein bestimmtes Beispiel bei den reinen Drehfeldgeneratoren kennenlernen werden. Jedenfalls bestimmt diese gerade Linie nun durch ihren Schnittpunkt S mit der magnetischen Charakteristik diejenige Spannung E_1, mit der

der Generator leerlaufend sich selber in der Wicklung 1 erregt. Eine andere Spannung ist ausgeschlossen.

Wir sehen, daß der Generator auf dem gekrümmten Teil seiner Charakteristik arbeiten muß. Fiele die gerade Linie mit dem geradlinigen Teile zusammen, 2' in der Figur, so würde die Spannung, mit der sich der Generator erregt, sehr unbestimmt werden und es würde dem Zufall oder ganz geringen Änderungen z. B. des Bürstenwiderstandes anheimgestellt werden, ob er überhaupt eine oder gar keine Spannung gibt. Verläuft die gerade Linie endlich steiler als die magnetische Charakteristik, dann erregt sich der Generator überhaupt nicht mehr. Es liegen also dieselben Verhältnisse vor, die uns von den Gleichstromgeneratoren her schon bekannt sind. Die Tatsache, daß der Generator seine Spannung verlieren kann oder, wie man sich ausdrückt, „unstabil" zu werden beginnen kann, ist sehr wichtig zu wissen.

Durch Verändern der Neigung der geraden Linie kann man die Spannung des Generators regeln. Da man die Widerstände (R_x) nicht ändern kann, so muß man die Schaltung, d. h. die Werte c_x und die Stromverhältnisse $\frac{J_x}{J_1}$ ändern, wozu Bürstenverschiebung und Veränderung der Übersetzungsverhältnisse innerhalb der Maschine oder in Transformatoren, die mit ihr verbunden sind, dienen können. Ein besonders einfaches Beispiel dafür werden wir beim Drehfeld-Kommutatorgenerator kennenlernen.

Über die Frequenz, die ein Kommutatorgenerator hervorbringt, läßt sich keine allgemeine Regel angeben. Da wir indessen sahen, daß sich das Feld der Maschine immer drehfeldartig ausbilden muß, wenn auch nicht immer als regelmäßiges Drehfeld, so muß die erzeugte Frequenz sehr von der Schaltung der Maschine abhängen; außer dieser wird noch, was natürlich ist, die Drehzahl des Ankers eine Rolle spielen. Denn die Drehzahl des Feldes gegenüber dem Ständer bestimmt dessen elektromotorische Kräfte, während die Drehzahl des Feldes und die des Ankers die elektromotorischen Kräfte des Ankers gibt, und diese beiden Gruppen von elektromotorischen Kräften müssen da, wo Ständer und Anker durch die Schaltung verbunden sind, miteinander bis auf die Spannungsverluste übereinstimmen.

Wenn das Drehfeld kein vollkommenes ist, so wechseln Augenblicke geringerer Feldstärke mit solchen größerer. Es muß dann das Feld wechselweise etwas verkleinert und wieder vergrößert werden, Vorgänge, die Zeit kosten. Dann wird die Frequenz auch hierdurch mit beeinflußt werden und es sind die Zeitkonstanten der Wicklungen für sie mit maßgebend. Solche Verhältnisse liegen z. B. vor, wenn ein Einphasen-Repulsionsmotor als Generator arbeitet.

3. Der Drehstrom-Kommutator-Generator[1]).

Nachdem wir versucht haben, einen Überblick über die bei Generatoren im allgemeinen vorliegenden Verhältnisse zu bekommen, wollen wir uns jetzt dem Drehstrom-Kommutatorgenerator zuwenden, einer Maschine, bei der die geschilderten Verhältnisse am reinsten und übersichtlichsten auftreten.

Die Fig. 123 stellt das Schaltbild dieses Generators dar. An das Netz RST, das der Generator mit Spannung und Strom versorgen soll, ist der Ständer S unmittelbar angeschlossen. Der Anker A ist über seinen Kommutator K auch an das Netz angeschlossen, jedoch ist dies nicht unmittelbar, sondern über einen Transformator T geschehen. Das Übersetzungsverhältnis w_{1t}/w_{2t} dieses Transformators, das mit $\varkappa$ bezeichnet werden möge, sei dadurch veränderlich, daß der Transformator Anzapfungen besitze, an die der Anker nach Belieben angelegt werden könne.

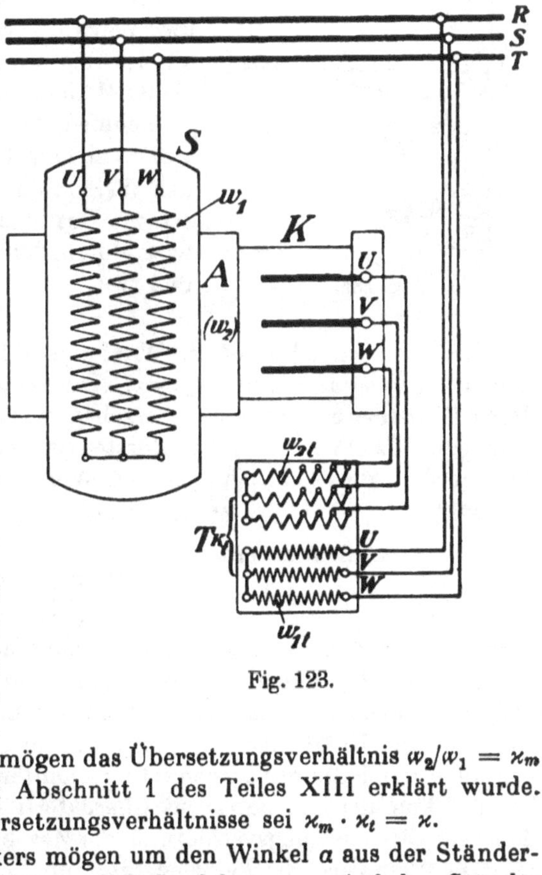

Fig. 123.

Der Ständer und Anker mögen das Übersetzungsverhältnis $w_2/w_1 = \varkappa_m$ besitzen, so wie es im Abschnitt 1 des Teiles XIII erklärt wurde. Das Produkt beider Übersetzungsverhältnisse sei $\varkappa_m \cdot \varkappa_t = \varkappa$.

Die Bürsten des Ankers mögen um den Winkel α aus der Ständerachse verstellt sein, der nahezu 180 Grad betrage. Auf den Ständer bezügliche Größen erhalten den Index 1, auf den Anker bezügliche den Index 2. Denken wir uns die Widerstände des Transformators T mit in die des Generators eingerechnet, so sind R_1 und R_2 dessen Ständer- und Ankerwiderstände.

[1]) Dieser Generator wurde besonders eingehend von R. Rüdenberg rechnerisch untersucht. Eine gute Zusammenstellung der einzeln in der ETZ. veröffentlichten Arbeiten bietet Bulletin de l'Association des ingénieurs Montefiore, Band 12, 1912, S. 139, 197, 299, 343.

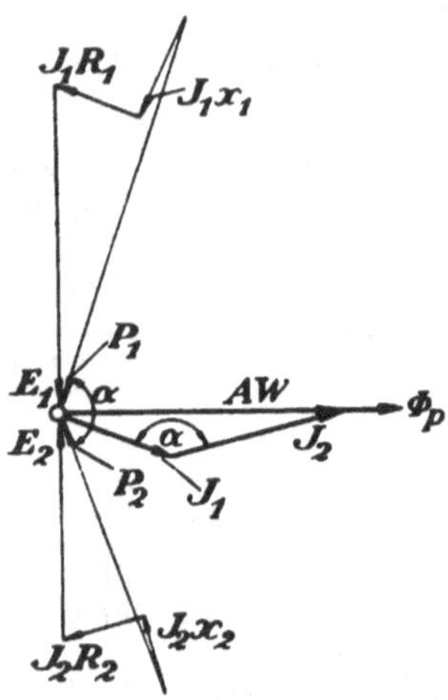

Fig. 124.

Wir wollen zuerst die Selbsterregung prüfen. Die Maschine besitzt im Ständer und Läufer zusammen 6 Spulen, aber es brauchen nur die einer einzigen Phase, also je eine im Anker und Ständer, betrachtet zu werden, da in den anderen wegen der Regelmäßigkeit des Drehfeldes die Vorgänge dieselben sind. Auf den Transformator brauchen wir hinsichtlich seiner Widerstände keine Rücksicht mehr zu nehmen, da sie in die Generatorwiderstände eingerechnet sind. Wir können also den Wert m der Formel zunächst gleich 2 setzen. Das Stromverhältnis $J_x/J_1 = J_2/J_1$ wird durch den Transformator bestimmt und ist:

$$J_2/J_1 = \varkappa_t.$$

Beziehen wir alles auf die Windungszahl des Ständers und setzen diese $= 1$, so ist $c_1 = 1$ und $c_2 = \varkappa$. Die vektorielle Zusammensetzung, deren Einzelheiten wir hier übergehen wollen, ergibt unter Berücksichtigung des Winkels α der Bürstenverschiebung für den gesamten Nenner des Ausdruckes für E_1 den Wert:

$$(74) \qquad (1 + \varkappa_m) \cdot \varkappa \cdot \sin \alpha,$$

so daß wir schließlich erhalten:

$$(75) \qquad E_1 = AW \cdot \frac{R_1 + R_2 \cdot \varkappa^2}{(1 + \varkappa_m) \cdot \varkappa \cdot \sin \alpha}.$$

Diese einfachen Verhältnisse werden außerdem durch das Diagramm Fig. 124 des leerlaufenden Generators erläutert. Wir erkennen also, daß die Widerstände, die Übersetzungsverhältnisse und die Bürstenstellung die Höhe der Erregung bestimmen und daß diese vornehmlich mit Hilfe der beiden letztgenannten Größen reguliert werden kann. Von der magnetischen Charakteristik abgesehen, bestimmen demnach die Schaltungsverhältnisse der Maschine die Höhe der Erregung.

Die Frequenz, die der Generator im Leerlauf erzeugen kann, ergibt sich in erster Annäherung aus der folgenden Überlegung:
Bezeichnen: f die der Ankerdrehung n entsprechende Frequenz,
f_0 die Ständerfrequenz, entsprechend n_0,
f_r die Frequenz im Anker, entsprechend n_r,
so gilt (s. Abschnitt 2 des Teiles V):

$$(76) \qquad f = f_0 + f_r.$$

Außerdem gilt wegen der Verkettung des Ständers und Ankers durch den Transformator:

(77) $$\varkappa = \frac{f_0}{f_r},$$

denn ohne diese Beziehung würden die Spannungen an den Punkten, an denen Ständer und Ankerkreise zusammengeschaltet sind, nicht gleich groß sein.

Aus beiden Gleichungen folgt nun:

(78) $$f_0 = f \cdot \frac{\varkappa}{1 + \varkappa},$$

(79) $$f_r = f \cdot \frac{1}{1 + \varkappa},$$

womit die Frequenzen bestimmt sind. Wie man sieht, hängen sie ausschließlich von den Übersetzungsverhältnissen ($\varkappa$) ab und sind der Drehzahl n des Ankers (f) proportional, lassen sich also durch beide Mittel beherrschen.

Fließen Ströme, so werden die Spannungen an den genannten Zusammenschlußpunkten etwas verändert und dann ändern sich die Frequenzen etwas mit. Man sagt: die Frequenzen haben etwas „Schlupf" gegen ihre soeben berechneten Leerlaufswerte. Den Grund dazu bilden die induktiven Widerstände der Wicklungen. Genauere Untersuchungen haben gezeigt, daß die Ohmschen Widerstände keinen Einfluß auf die Größe der Frequenz besitzen. Haben wir in der oben abgeleiteten Formel eine Bürstenverschiebung von nahezu 180 Grad angenommen und alle induktiven Widerstände vernachlässigt, um ein rasch übersichtliches Ergebnis zu erhalten, so ändert sich dies, wenn die Streuung — ausgedrückt durch die bekannten Streuungskoeffizienten τ_1 des Ständers und τ_2 des Ankers — und die Bürstenverschiebung α mit in die Rechnung einbezogen werden. Man erhält für die Ständer, also auch die Netzfrequenz, den folgenden Ausdruck:

(80) $$f_0 = f \cdot \frac{\varkappa^2(1 + \tau_2) - \varkappa \cdot \cos\alpha}{(1 + \tau_1) + \varkappa^2(1 + \tau_2) - 2\varkappa \cdot \cos\alpha};$$

f_0 kann nun nicht mehr beliebig gesteigert werden, sondern nur noch den Höchstwert

(81) $$f_{0\max} = f \cdot \frac{1}{2} \cdot \left[1 \pm \sqrt{1 + \frac{1}{\tau}}\right]$$

annehmen, wenn $\tau = \tau_1 + \tau_2 + \tau_1 \cdot \tau_2$ gesetzt wird. Für $\tau = 0{,}06$ (6 % Streuung) erhält man beispielsweise die 2,6-fache oder — 1,6-fache Drehungsfrequenz. Aus der Gleichung (80) folgen die Bedingungen: für Lieferung synchroner Frequenz

(82) $$f_0 = f \text{ oder } \varkappa \cdot \cos\alpha = 1 + \tau_1,$$

für die Lieferung von Gleichspannung

(83) $$f_0 = 0 \text{ oder } \frac{\cos\alpha}{\varkappa} = 1 + \tau_2.$$

Wenn dem Generator Strom entnommen wird, so sinkt wie bei sonstigen Generatoren seine Spannung im allgemeinen. Wichtig ist es, daß der Generator dabei unter Umständen seine Spannung verlieren kann, indem er sich seiner Stabilitätsgrenze nähert. Um dies zu vermeiden, arbeitet man zweckmäßig mit gut gesättigten Kommutatorgeneratoren. Die Streuung muß möglichst klein sein, dagegen sollen die Ohmschen Widerstände nicht zu klein sein, weil sonst beim Leerlauf der Winkel α zu nahe an 180^0 kommt, so daß die Bürstenbreite im Verhältnis zu $180-\alpha$ eine zu große Rolle spielt und wegen des nie ganz gleichmäßigen Kontaktes die Maschine zu empfindlich wird.

Dauernde Kurzschlußströme, wie bei einem gewöhnlichen Generator, sind unmöglich, weil ein Kurzschluß des Netzes die Verbindung zwischen Ständer und Anker stört; jeder Teil ist dann zugleich für sich kurzgeschlossen. Diese Tatsache hindert jedoch nicht, daß dem Kommutatorgenerator ganz bedeutende Ströme entnommen werden können. Stoßkurzschlußströme sind niedriger und klingen rascher ab als bei gewöhnlichen Generatoren.

Wir hatten in der Einleitung zu diesem Abschnitt gesehen, daß Bedingung für Generatorwirkung die Erhaltung des Feldes war. Das Feld kann nun aber auch dadurch erhalten bleiben, daß es teilweise in einem anderen magnetischen Kreise weiterbesteht. In der Tat zeigt die genauere Untersuchung, daß der Anschluß einer gesättigten Drosselspule an das Netz zur Erhöhung der Stabilität beiträgt, ja daß mit ihrer Hilfe die Spannung des Generators auf ganz niedrige Werte herab geregelt werden kann, eine Aufgabe, die, wie ein Blick auf die magnetische Charakteristik Fig. 122 zeigt, mit der Maschine allein nicht lösbar ist.

Wir haben damit die wesentlichsten Eigentümlichkeiten des Drehstromgenerators mit reinem Drehfelde kennengelernt und müssen nun noch kurz die anderen Generatoren besprechen, vor allem solche, deren Wirkung zu Bremszwecken verwendet worden ist.

4. Die verschiedenen Kommutator-Motoren als Generatoren.

Wir können uns dabei aus praktischen Gründen auf die Besprechung der Bremswirkung der einzelnen Kommutatormotoren-Arten beschränken, weil ihre generatorische Wirkung bisher fast ausschließlich hierzu verwendet worden ist.

Kennzeichnend für die Umstände, unter denen eine Bremswirkung auftritt, ist die Verbindung der Maschine mit dem Spannung liefernden Netz. Diese Verbindung war, wie oben erwähnt, bei den bisherigen Untersuchungen als nicht vorhanden gedacht, und war ein Netz vorausgesetzt, so mußte der Generator es erst selbst mit Spannung versorgen. Ein Spannung lieferndes Netz aber bringt in der Maschine ein Feld hervor, das die Maschine nicht erst selbst liefern muß („unselbständige" Generatoren, s. S. 234). Dieses Feld besitzt die durch das Netz vorgeschriebene Frequenz. In ihm bewegt, kann die Maschine ebensogut als Generator wirken, als wenn sie sich dasselbe Feld selber erzeugen würde. Wir werden weiterhin sehen, daß diese generatorische Wirkung zum Bremsen und zwar zur Rückgabe anderweitig verwertbarer Energie in das Netz benutzt wird.

Da wir aber gesehen haben, daß die Kommutatormaschinen sich selbst erregen können und eine ihrer Schaltung eigentümliche Frequenz erzeugen, so ist das Bestehen dieser Selbsterregung neben der „Fremderregung" sehr wohl möglich.

Betrachten wir zuerst den Drehstrom-Nebenschlußmotor, weil dessen Schaltung der soeben untersuchten Generatorschaltung am ähnlichsten ist, und denken wir uns, dem Netze *RST* der Fig. 123 sei eine fremde Spannung fest aufgedrückt, so wird die Maschine in dem davon herrührenden Felde generatorisch wirken, also eine äußere Kraft abbremsen können. Da man zur Einstellung dieser Bremswirkung auf verschiedene Stärke die Schaltung ändern wird (durch Bürstenverschiebung oder Änderung der Übersetzung $\varkappa_t$ des Transformators T), wird man auch die Bedingungen treffen, die nach der Formel (75) Selbsterregung bei geöffnetem, spannungsfreiem Netz zur Folge haben würden. Tritt nun Selbsterregung ein oder nicht? Diese Frage können wir entscheiden, wenn wir folgendes überlegen: Eine etwa selbsterzeugte Frequenz würde von der des Netzes abweichen. Selbst wenn sie zufällig mit ihr übereinstimmen sollte, so würde diese Übereinstimmung nicht von Dauer sein, sobald man die Bürsten etwas verschieben würde oder kleine Änderungen im Übergangswiderstande der Bürsten auftreten würden. Stimmt aber die selbsterzeugte Frequenz mit der des Netzes nicht, so ist ein Zusammenarbeiten mit ihm ausgeschlossen. Also stellt das Spannung liefernde Netz samt seiner an irgendeiner Stelle gelegenen Stromquelle für den sich selbst als Generator erregenden Motor einen Kurzschluß dar. Nun ist die Lage dieses Kurzschlusses wichtig. Gemäß der Schaltung liegt er zwischen dem Ständer und der Leitung zum Anker, schließt also jeden dieser Teile für sich kurz. Diesen Fall besprachen wir vorhin und kamen zum Schlusse, daß mit einem derartigen Kurzschluß eine Erregung der Maschine nicht mehr möglich ist. Wir erkennen also: Der Nebenschlußmotor kann, als Generator arbeitend, Leistung in das ihn speisende Netz abgeben, ohne sich dabei selbst mit einer unpassenden Frequenz zu erregen.

Diese Eigenschaft ist sehr wertvoll. Denn man braucht nichts zur Fernhaltung einer nutzlosen, den Wirkungsgrad der Energierücklieferung nur herabsetzenden Selbsterregung zu tun. Infolgedessen eignet sich der Drehstrom-Nebenschlußmotor nicht bloß zur Abbremsung äußerer Kräfte, sondern auch zur Energierücklieferung. Sollte dabei während seiner Generatortätigkeit das speisende Netz spannungslos werden, so arbeitet er trotzdem mit eigener Frequenz weiter. Diese erlischt wieder bei Rückkehr der Netzspannung. Der Drehstromnebenschlußgenerator (und mit ihm alle Schaltungen gleichen Charakters) läßt sich also auch sehr leicht und gefahrlos (s. S. 241 betr. Stoßkurzschlußstrom) mit andern Stromquellen parallel schalten.

Zum Drehstrom-Reihenschlußmotor übergehend, haben wir zu beachten, daß sein Spannung lieferndes Netz nicht zwischen dem Ständer und Anker, sondern in Reihe mit diesen beiden Teilen liegt. Sonst aber ist seine Schaltung genau so wie die nach Fig. 123, aus der er hervorgeht, wenn wir den Nullpunkt 0 der Wicklung im Ständer auflösen und hier das speisende Netz anlegen. Wir erhalten dann die Schaltung wie in Fig. 10. Der Drehstrom-Reihenschlußmotor wird mit dem ihm von außen her erteilten Felde generatorisch wirken können. Über dieses von fremd herkommende Feld kann er nun außerdem noch sein Selbsterregungsfeld lagern, mit einer von der Netzerregung völlig abweichenden Frequenz. Das Netz bildet für seine Selbsterregung aus denselben Gründen wie oben einen Kurzschluß, aber da dieser nicht zwischen Ständer und Anker liegt, sondern in Reihe mit beiden, wird die Selbsterregung genau nach dem Schaltbilde der Fig. 123 verlaufen können und wird nicht unterdrückt. Sie wird zwar mit bremsen, aber die Energierückgabe stören und wegen der geringen Widerstände bei gewissen Bürstenstellungen α schädlich groß werden.

Man muß deshalb dem Drehstrom-Reihenschluß-Motor Widerstände vorschalten, um die Selbsterregung fernzuhalten. Gemäß Fig. 122 und den Erläuterungen bei Formel 72 und 75 wird dadurch die Selbsterregungslinie 2 so gehoben, in 2′ verwandelt, daß die Maschine ins labile Bereich der Selbsterregung kommt und diese abstirbt. Die Größe der einzuschaltenden Widerstände kann man also aus dem Bürstenwinkel α und den Übersetzungsverhältnissen $\varkappa_m$ und $\varkappa_t$ nach den vorn angegebenen Grundsätzen und Formel 75 rechnerisch finden, sobald man die magnetische Charakteristik, insbesondere deren ersten Anstieg kennt. Da er im wesentlichen durch den Luftspalt der Maschine gegeben ist, so genügt es schließlich, an Stelle der ganzen Charakteristik nur diesen zu kennen, um die „Dämpfungs- oder Bremswiderstände“ angeben zu können.

Diese Widerstände setzen natürlich auch den Wirkungsgrad der nützlichen Energierückgabe empfindlich herab. Nachrechnungen, die hier übergangen werden müssen, zeigen, daß die „Dämpfungswiderstände“ um so kleiner sein dürfen, je größer die Sättigung der Kommutatormaschine ist, während bei gar nicht gesättigter Maschine die Widerstände zugleich alle zurückgegebene Energie aufzehren.

Man verwertet aus diesen Gründen die Fähigkeiten des Drehstrom-Reihenschlußmotors als Generators bisher ausschließlich zur Bremsung und zur Phasenverbesserung (s. Abschnitt 4 des XV. Teiles). Der Bremsung bedient man sich vorzugsweise bei den Fördermaschinen- und Hebezeugmotoren. Praktisch wird dabei so verfahren, daß die Widerstände erst dann in den Stromkreis eingeschaltet werden, wenn die Bremsung gewünscht wird, also nachdem die beweglichen Bürsten der Maschine die Nullage erreicht haben und im Begriffe sind, in die Stellung entgegengesetzter Drehrichtung des Motors überzugehen. Nach Beendigung der Bremsperiode werden die Widerstände wieder ausgeschaltet, sobald die Bürsten wieder an die Nullage gelangen und in die Stellung übergehen wollen, der Motorwirkung entspricht. In ausgeführten Anlagen hat sich eine große Sicherheit und Einstellbarkeit der Bremswirkung ergeben; auch die Rückgabe von Energie an das speisende Netz konnte nachgewiesen werden.

Der eigentümliche Unterschied zwischen den Nebenschluß- und Reihenschlußmotoren zeigt sich auch bei den einphasigen Kommutatormaschinen. Wir haben früher gesehen, daß diese Maschinen mit Ausnahme des Einphasen-Reihenschlußmotors alle Drehfelder besitzen, wenn auch nicht so vollständige wie die Drehfeldmaschinen selbst. Daher ist nach unseren Erläuterungen auch ein ähnliches Verhalten zu erwarten.

Der einphasige Nebenschlußmotor eignet sich also zur Rückgabe von Energie, ohne dabei Neigung zu einer nutzlosen Selbsterregung zu zeigen. Dämpfungswiderstände braucht er nicht, daher ist der Wirkungsgrad seiner Energierückgabe gut. Energierückgabe tritt ein, wenn er schneller angetrieben wird, als er selbst bei völliger Entlastung laufen würde.

Die einphasigen Reihenschlußmotoren mit Drehfeldern, also der Repulsionsmotor und der kompensierte Repulsionsmotor, können auch Energie in das speisende Netz zurückgeben, neigen aber dabei zu einer nutzlosen Selbsterregung, die durch Widerstände abgedämpft werden kann. Der Wirkungsgrad der Rücklieferung ist daher schlecht; meistens rechnet man gar nicht auf die wirklich zurückgegebene Leistung, sondern begnügt sich mit der erzielten Bremsung. Ohne Dämpfungswiderstände nimmt die Selbsterregung eine Stärke an, die der Maschine schädlich ist und einen geordneten Betrieb unmöglich macht. Die Bremsung und Generatorwirkung treten beim Repulsionsmotor ein, wenn die Bürsten über die Nullage zurückgezogen werden und der Motor sich anders herumdreht, als es dieser Bürstenverschiebungsrichtung motorisch entsprechen würde, also wenn er z. B. von seiner eigenen Schwungmasse weiterbewegt wird.

Wir kommen endlich zur Betrachtung der generatorischen Wirkung des einphasigen Reihenschlußmotors (Fig. 8). Er besitzt seiner Bauart nach kein Drehfeld und kann keins besitzen. Nach unseren Erläuterungen kann er daher als selbständiger Generator für Wechselstrom überhaupt nicht arbeiten. Aber Gleichstrom kann er hervorbringen genau wie eine Gleichstrom-Reihenschlußmaschine. Am Netz liegend kann er als unselbständiger Wechselstromgenerator wirken, aber dem Wechselstrome lagert sich der Gleichstrom über, also sind auch hier Dämpfungswiderstände notwendig, die den Wirkungsgrad der Generatorwirkung stark herabsetzen. Untersuchungen haben gezeigt, daß die erforderlichen Widerstände alle Leistung, die die Maschine hergibt, aufzehren. Die Generatorwirkung tritt ein, wenn sich der Motor entgegengesetzt zu seinem Drehsinne als Motor bewegt. Da die Selbsterregung in Gleichstrom besteht, so tritt sie außerordentlich stark auf, da die Widerstände alle gering sind. Es ist daher sehr gefährlich, einen noch in Bewegung befindlichen Reihenschlußmotor durch Umschalten seiner Erregung umsteuern zu wollen; man muß damit warten, bis der Motor zur Ruhe gekommen ist.

Man hat versucht, den Gleichstrom dadurch zu umgehen, daß man die Erregung des Motors nicht unmittelbar mit dem Anker, sondern unter Vermittlung eines Reihenschlußtransformators mit dem Ankerkreise in Reihe schaltete. Die Gleichstromerregung verwandelt sich dann in eine Wechselstromerregung, die nunmehr wieder dadurch ermöglicht wird, daß die einzelnen Felder, zu verschiedenen Zeiten durch Null gehend, ein wenn auch äußerst unregelmäßiges Drehfeld ergeben. Indem man diesen Reihenschlußtransformator sättigt, kann man die Selbsterregung schwächen, so daß man mit geringeren Dämpfungswiderständen auskommt und den Wirkungsgrad der Energierückgabe verbessert. Auf diese Weise kann der Reihenschlußmotor ungefähr dieselbe generatorische Wirkung erzielen wie der Repulsionsmotor. Dabei hat er wegen dieses Transformators leider einen schlechten Leistungsfaktor, kann daher als Generator viel weniger mechanische Leistung aufnehmen als er als Motor zu liefern vermag.

Schaltet man die zuletzt beschriebenen Motoren mit Reihenschlußcharakter derart um, daß sie diesen Charakter verlieren und zu Nebenschlußmotoren werden, dann gilt selbstverständlich für sie das über die generatorischen Fähigkeiten der Nebenschlußmotoren oben Erläuterte, d. h. störungfreie Bremsung und Energierückgabe werden möglich. Man kann aber dann nicht in einem Zuge von Motor- zu Generatorwirkung übergehen, sondern muß dazwischen Leitungsumschaltungen vornehmen. Das ist oft unbequem. Gleichwohl hat man dieses Mittel schon mitunter benutzt, insbesondere im Bahnbetriebe und beim Einphasen-Reihenschlußmotor. Dabei wird stets die Erregung für sich vom Netz aus gespeist. Die verschiedenen, dazu angegebenen Schaltungen sind sich in diesem Punkte grundsätzlich gleich, unterschiedlich sind sie nur in der Phase, die sie der Erregerspannung geben zwecks Herstellung eines guten Leistungsfaktors.

Formeltafel für die Streuungs- und Stromwendespannungs-Berechnung.

1. Die magnetischen Leitfähigkeiten in *cm*:

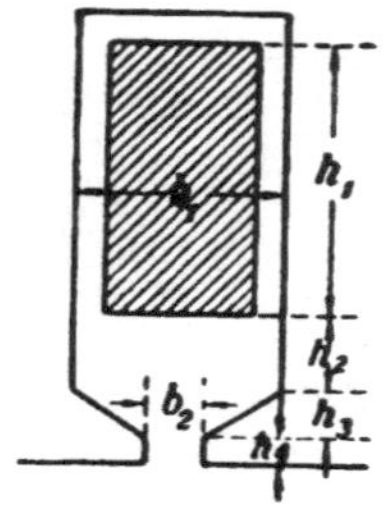

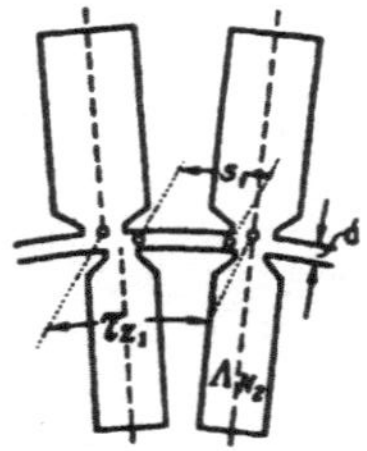

I

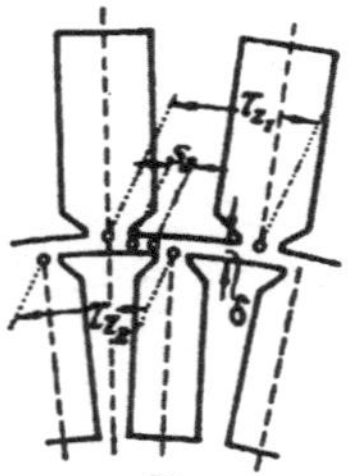

II

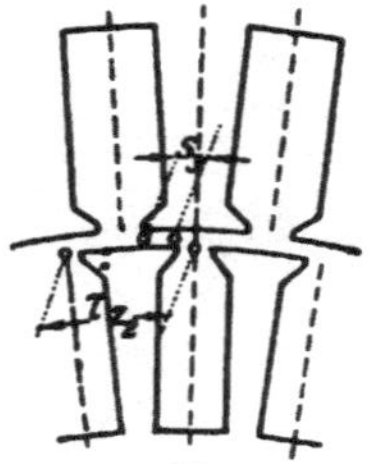

III

a) Leitfähigkeit zwischen den Nutenwänden:

$$\Lambda_N = L \cdot \left[\frac{h_1}{3b_1} + \frac{h_2}{b_1} + 2{,}3 \cdot \frac{h_3}{b_1 - b_2} \cdot \log \frac{b_1}{b_2} + \frac{h_4}{b_2}\right] cm$$

b) Leitfähigkeit von Zahnoberfläche zu Zahnoberfläche:

$$\Lambda_z = L \cdot \frac{2{,}3}{\pi} \cdot \log \frac{\tau_z}{b_2}\, cm \quad \ldots\ldots\ldots$$ Wicklung gegenüber Luft.

$$= L \cdot \frac{s_1 + s_2}{2} \cdot \frac{1}{2\delta} \, \frac{\frac{s_1}{2\delta} \cdot \frac{s_2}{s_1 + s_2} + \frac{\Lambda_{N2}}{L}}{\frac{s_1}{2\delta} + \frac{\Lambda_{N2}}{L}}\, cm \quad \ldots$$ Wicklung (Index 1) gegenüber genutetem Eisenkörper (Index 2)

$$= L \cdot \frac{1}{8\delta} \cdot \left[s_2 + s_3 \frac{N'_1}{N'_2}\right] cm \quad \ldots\ldots\ldots$$ Zwei sich kompensierende Wicklungen mit den Nutenzahlen N'_1 und N'_2 pro Pol, zusammengerechnet

c) Leitfähigkeit der Wicklungsköpfe:

$$\Lambda_\tau = 0{,}67 \left[l_K - 0{,}64\,\tau_s\right] cm$$

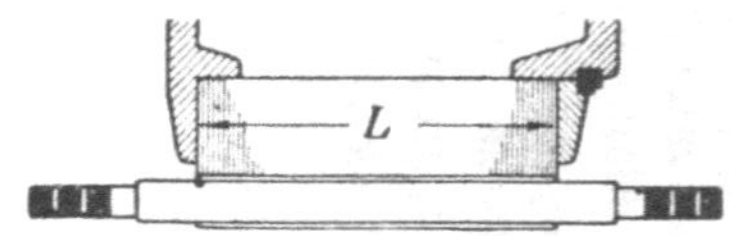

d) Leitfähigkeit der Bohrung:

$$\Lambda_B = L\, cm$$

N' = Nutenzahl pro Pol, gerechnet für die betrachtete Wicklung. Alle Maße in *cm* einzusetzen.

Z = Gesamtleiterzahl

z = Leiterzahl pro Nut

J' = Strom pro Leiter, eff., Amp.

2. Die Streuflüsse in *cgs*.

		Drehstrom-wicklung	Gleichstrom-Trommelwicklung (Durchmesserwicklung) dreiphasig gespeist	Gleichstrom-Trommelwicklung (Durchmesserwicklung) einphasig gespeist; auch 1/1-bis 8/9-Spulenwicklung	Einphasen-Spulen-2/3-Wicklung; auch 8/9-bis 1/2-Spulenwicklung	Einphasen-Spulen-1/3-Wicklung; auch 1/2-bis 1/10-Spulenwicklung
Nutenfluß: $\Phi_N = 3{,}56 \cdot [zJ'] \,.\, A$	$A =$	Λ_N	$0{,}866\ \Lambda_N$	Λ_N	Λ_N	Λ_N
Zahnkopffluß: $\Phi_z = 3{,}56 \cdot [zJ'] \,.\, B$	$B =$	Λ_z	$0{,}866\ \Lambda_z$	Λ_z	Λ_z	Λ_z
Fluß um Wicklungskopf: $\Phi_\tau = 3{,}56 \cdot [zJ'] \,.\, C$	$C =$	$\Lambda_\tau \cdot \frac{N'}{3}$	$0{,}866\ \Lambda_\tau \cdot \frac{N'}{3}$	$\Lambda_\tau \cdot \frac{N'}{2{,}25}$	$\Lambda_\tau \cdot \frac{N'}{2}$	$\Lambda_\tau \cdot \frac{N'}{1{,}5}$
Bohrungsfluß: $\Phi_B = 3{,}56 \cdot [zJ'] \,.\, D$	$D =$	$\Lambda_B \cdot \frac{N'}{3} \cdot 0{,}912$	$0{,}866 \,.\, \Lambda_B \cdot \frac{N'}{3} 0{,}912$	$\Lambda_B \cdot \frac{N'}{2{,}55}$	$\Lambda_B \cdot \frac{N'}{1{,}91}$	$\Lambda_B \cdot \frac{N'}{1{,}53}$

3. Die Elektromotorischen Kräfte E in $2p$-poliger Wicklung bei $2a$ bezw. m parallelen Kreisen, in Volt effektiv (vgl. Formel 18, Seite 84).

Drehstromwicklung pro Phase, beziehungsweise im Dreieck . .	$E = \frac{1}{3} \cdot 2{,}22 \cdot \frac{f}{100} \cdot \frac{Z}{m} \cdot \frac{1}{10^6} \cdot \left[\Phi_N + \Phi_s + \Phi_\tau + 0{,}955\, \Phi_B\right]$	Volt
Gleichstrom-Trommelwicklung mit $3\,p$ Bürstensätzen, dreiphasig gespeist, verkettet	$E = \frac{1}{\sqrt{3}} \cdot 2{,}22 \cdot \frac{f}{100} \cdot \frac{Z}{2a} \cdot \frac{1}{10^6} \cdot \left[\Phi_N + \Phi_s + \Phi_\tau + 0{,}955\, \Phi_B\right]$	„
Gleichstrom-Trommelwicklung mit $2\,p$ Bürstensätzen, einphasig gespeist	$E = 2{,}22 \cdot \frac{f}{100} \cdot \frac{Z}{2a} \cdot \frac{1}{16^6} \cdot \left[\Phi_N + \Phi_s + \Phi_\tau + 0{,}638\, \Phi_B\right]$	„
Einphasen-Spulenwicklung $^1/_1$-bis $^1/_{10}$-Wicklung	$E = 2{,}22 \cdot \frac{f}{100} \cdot \frac{Z}{m} \cdot \frac{1}{10^6} \cdot \left[\Phi_N + \Phi_s + \Phi_\tau + f' \cdot \Phi_B\right]$	„

Wicklung:	$^1/_1$	$^8/_9$	$^4/_5$	$^3/_4$	$^2/_3$	$^1/_2$	$^1/_3$	$^1/_4$	$^1/_{10}$
$f' =$	0,638	0,700	0,750	0,786	0,824	0,900	0,955	0,975	0,990

Die Werte mit Φ_B fallen weg für zusammengebaute Maschinen.

4. Die Stromwendespannung e_r zwischen 2 Segmenten einer beliebigen Wicklung wie bei 3.

$$e_r = 0{,}8\,\pi \,.\, z_k \cdot \frac{Z}{L_k} \cdot \frac{p}{2a} \cdot (\Lambda_N + \Lambda_z + \Lambda_\tau) \cdot J_b \cdot \frac{v_k}{b} \cdot 10^{-8} \text{ Volt eff.}$$

worin: z_k die Zahl der kommutierenden Leiter in einer Nut

L_k die Zahl der Kollektorlamellen (s. S. 96)

J_b Bürstenstrom in amp. eff. (s. S. 105)

v_k und b (s. S. 102).

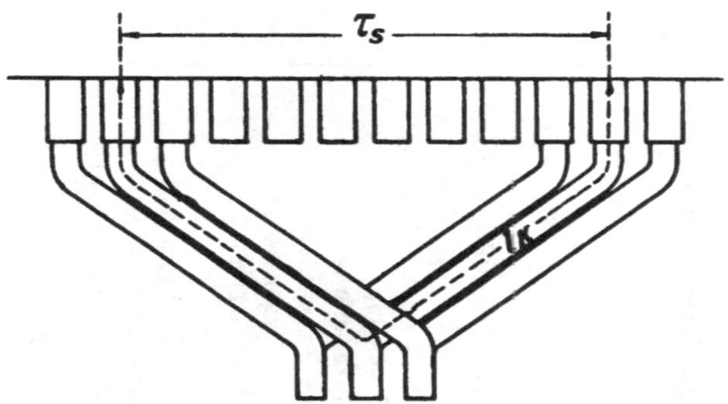

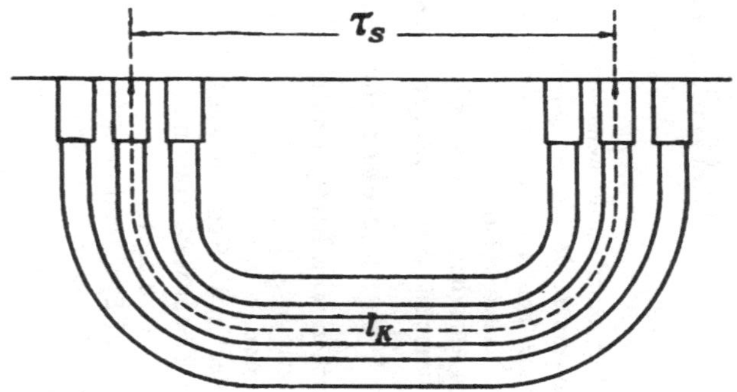

Nach: Elektrotechnik und Maschinenbau, Wien 1911, Heft 50 und 51.

Formelzeichen.

In der folgenden Zusammenstellung sind nicht alle vorkommenden Formelzeichen aufgenommen, da sie in jedem Abschnitt für sich erklärt sind. Die Zusammenstellung soll vielmehr nur die Richtlinien erkennen lassen, nach denen die Wahl der Zeichen erfolgte.

Die vom Ausschuß für Einheiten und Formelgrößen (AEF) angenommenen Zeichen sind tunlichst überall benutzt worden.

Kennzeichen der Formelzeichen:

Das Formelzeichen wird bezogen auf:	durch das Kennzeichen:
den Anker	a
die Bürsten	b
den Kollektor, die Kommutierung, die Kompensationswicklung	k
einen einzelnen Leiter	'
Höchst- und Synchronwerte	o
zeitliche oder räumliche Reihenfolge	1, 2, . . .

Formelzeichen:

A	Arbeit	R	Widerstand
2a	Zahl der parallelen Ankerkreise	r	Halbmesser
𝔅	Induktion	T	Periodendauer; Kommutierungszeit
c	Beiwerte bestimmter Größe	t	Zeit; Temperatur
d	Durchmesser	v	Geschwindigkeit
E, e	Elektromotorische Kraft	Z	Leiterzahl
F	Fläche	α	Bürstenverstellwinkel aus Ruhelage
	f_0 = Netz (Ständerfrequ.)	β	Winkel
f	Frequenz f = Drehungsfrequenz	γ	Winkel
	f_r = relative Frequenz	δ	Winkel
g	Fallbeschleunigung	η	Wirkungsgrad
J	effektive Stromstärke	$\varkappa$	Übersetzungsverhältnis
i	momentane Stromstärke	λ	Winkel
L, l	Länge eines Gegenstandes	μ	Reibungszahl; Permeabilität
M	Moment (Drehmoment)	σ	Stromdichte
N	Leistung	φ	Phasenverschiebung zwischen Strömen und Spannungen
n	mechanische Drehzahl		
P	Klemmenspannung; Kraft	Φ	magnetischer Fluß
p	Polpaarzahl; Druck auf Flächeneinheit	Φ_p	magnetischer Fluß eines Poles
q	Phasenzahl	ω	Kreisfrequenz; Winkelgeschwindigkeit

Literaturverzeichnis.

Literatur und Patentschriften sind auf dem Gebiete der Kommutatormaschinen äußerst zahlreich. Es läßt sich deshalb hier nur eine Übersicht über die wichtigsten Arbeiten der letzten 15 Jahre geben.

1. Für genauere Studien giebt es folgende Zusammenstellungen, die zum Nachschlagen zu empfehlen sind:

Strecker, Jahrbuch der Elektrotechnik, Jahrgang I, 1912 und folgende Jahrgänge, Abschnitte „Wechselstrom-Kommutatormotoren" und später „Wechselstrom-Kommutatormaschinen" (diese Abschnitte wurden von 1914 bis 1922 vom Verfasser dieses Buches bearbeitet), Verlag R. Oldenbourg. Besonders geeignet für die Literatur nach 1912 bis heute.

Dyhr, Die Einphasenmotoren nach den deutschen Patentschriften. Mit Sachverzeichnis der deutschen Reichspatente über Einphasen- und Mehrphasen-Kommutatormotoren, 1912, Verlag Springer. Eignet sich besonders zum Nachschlagen der Literatur bis 1912.

Linker, Der Einphasenmotor, 1907, Berlin bei R. Dietze. — Gibt beschreibende Zusammenstellung aller einschlägigen Patente, auch der des Auslandes bis 1906.

2. Arbeiten allgemein gültigen Inhalts.

Alexander, Drehstrommotoren mit Kommutator für regelbare Drehzahl. Diss. Berlin 1908.

Richter, C., Beiträge zur Mechanik der Bürsten. Elektrotechnik und Maschinenbau 1909, Bd. 27, S. 31.

Sumec, Über den Stand der Kommutierungstheorie. Elektrotechnik und Maschinenbau. 1909, S. 937.

Fränkel, und Laue, Short circuit losses in alternating current commutator motors, Electrician. 1910, Bd. 65, S. 269.

Eichberg, Über regelbare Drehstrom-Kollektormotoren. Elektrotechn. Zeitschr. 1910, S. 749.

Rüdenberg, Die Kommutierung in Drehstrom-Kollektormaschinen. Elektrotechnik und Maschinenbau 1911, S. 467.

Arnold, Die Wechselstromtechnik. Bd. 5, Teil 2: Die Kommutatormaschinen. Verlag Springer. 1912.

Bloch, Die Berücksichtigung des Wickelsinnes. Schweizerische Bauzeitung 1916, S. 115.

Bloch, Die Ortskurven der graphischen Wechselstromtechnik. Verlag Rascher & Co., Zürich 1917.

Czepek, Der Übergangswiderstand von Kohlenbürsten am Kollektor. Archiv für Elektrotechnik 1916, Bd. 5, S. 161.

Schenkel, Einheitliche Gesichtspunkte für die Berechnung der Kollektoren von Wechselstrom-Kollektormaschinen beliebiger Bauart und Phasenzahl. Elektrotechn. Zeitschr. 1917, S. 101 (vgl. Teil VI dieses Buches).

Moser, Die Bestimmung der Transformator- und Rotationsspannung bei Einphasenkommutatormotoren mit Bürstenverschiebung und Doppelbürsten. Elektrotechnik und Maschinenbau 1918, S. 174, 189.

Ernst, Stromverteilung und Stromwärme in Drehstromkollektorankern bei Sechsbürstenschaltung. Elektrotechn. Zeitschrift 1918, S. 181.

Schmitz, Die Stromverteilung in Mehrphasen-Kollektorankern. Elektrotechn. Zeitschrift 1918, S. 163.

Rüdenberg, Die Bemessung von Drehstrom-Kollektormotoren. Elektrotechn. Zeitschrift 1920, S. 265, 289.

Unger, Die Stirnstreuung der Ankerwicklungen von Einphasen-Kommutatormotoren. Elektrotechnik und Maschinenbau 1921, S. 17, 31.

Schenkel, Praktische Streuungsberechnung, insbesondere bei Wechselstrom-Kollektormotoren. Elektrotechnik und Maschinenbau 1911, Heft 50 und 51. — (Aus dieser Arbeit stammt die Formeltafel S. 248—251 dieses Buches.)

3. Einphasen-Reihenschluß- und doppelt gespeiste Motoren, sowie wichtigere Arbeiten aus dem Wechselstrom-Bahngebiet.

Richter, Wechselstrom-Reihenschlußmotoren der SSW. Elektrotechn. Zeitschrift 1906, Heft 23, 1907, Heft 34.

Behn-Eschenburg, Wechselstrombahnmotoren und Telephonstörungen Elektrotechn. Zeitschrift 1908, S. 925.

Dahlander, Versuche mit elektrischem Betrieb auf den schwedischen Staatseisenbahnen. Verlag R. Oldenbourg.

Ossanna, Über die Dimensionierung der einphasigen Kommutatormotoren mit besonderer Berücksichtigung der schweren Zugförderung. Elektrotechn. Zeitschrift 1911, S. 581 und 808; Elektrotechnik und Maschinenbau 1916, S. 365 ff.

Müller, Wechselstrom-Kollektormotoren der Bergmann-Elektricitäts-Werke. Elektrotechn. Zeitschrift 1912, S. 302.

Vallauri, Zur Funkenunterdrückung bei Einphasen-Bahnmotoren. Elektrotechnik und Maschinenbau 1915, S. 233.

Kopczynski, Kommutierung bei Einphasen-Reihenschlußmotoren. Elektrische Kraftbetriebe und Bahnen 1922, S. 77.

Schenkel, Die Einphasen-Wechselstromkollektormotoren mittlerer Größe der Siemens-Schuckertwerke. Elektrotechn. Zeitschrift 1920, S. 26.

4. Repulsionsmotoren und kompensierte Repulsionsmotoren.

v. Sääf, Fördermaschinen mit Antrieb durch Doppel-Kommutatormotor. Elektrische Kraftbetriebe und Bahnen 1911, S. 293.

Stern, Untersuchung der Felder eines Repulsionsmotors nach Déri. Diss. Karlsruhe 1910.

Moser, Das vereinfachte Kreisdiagramm des Repulsionsmotors. Elektrotechnik und Maschinenbau 1914, S. 669.

Siegel, Das Kreisdiagramm des Repulsionsmotors. Elektrotechnik und Maschinenbau 1921, S. 212 ff.

Jaensch, Beiträge zur vektordiagrammatischen Darstellung der Arbeitsweise des Repulsionsmotors nach Thomson. Diss. Dresden 1915.

Schenkel, Die Einphasen-Wechselstromkollektormotoren mittlerer Größe der Siemens-Schuckert-Werke. Elektrotechn. Zeitschrift 1920. S. 26.

5. Einphasige Nebenschlußmotoren.

Langsdorf, The current locus of the single phase induction motor. Proceedings of the Am. Inst. of El. Eng. Bd. 28, 1909, S. 643.

Creedy, Theorie of the adjustable speed single phase induction motor. Proceedings of the Am. Inst. of El. Eng. Bd. 28, 1909, S. 731.

Alexanderson, Repulsion motor with variable speed shunt characteristics. Proceedings of the Am. Inst. of El. Eng. Bd. 28, 1909, S. 831.

6. Mehrphasige Reihenschlußmotoren.

Dreyfus und Hillebrand, Zur Theorie des Drehstrom-Serien-Kollektormotors. Elektrotechnik und Maschinenbau 1910, S. 367.

Rüdenberg, Über einige Eigenschaften des Drehstrom-Serienmotors. Elektrotechn. Zeitschrift 1910, Hefte 47 und 48.

Rüdenberg, Über die Stabilität, Kompensierung und Selbsterregung von Drehstrom-Serienmaschinen. Elektrotechn. Zeitschrift 1911, Hefte 10 und 11.

Niethammer und Siegel, Der kompensierte Drehfeld-Kommutatormotor mit Seriencharakteristik. Elektrotechnik und Maschinenbau 1911, S. 923.

Janzen, Fördermaschinen mit Antrieb durch Drehstrom-Kommutatormotoren. Elektrische Kraftbetriebe und Bahnen 1912, S. 469, 482.

Binder, Diagramme für den Drehstrom-Reihenschlußmotor. Elektrotechn. Zeitschrift 1913, S. 410.

Jonas, Phasenkompensation und Stabilisierung von Mehrphasen-Reihenschlußmotoren. Elektrotechn. Zeitschrift 1913, S. 1081.

Moser, Einige Diagramme zum Mehrphasen-Reihenschlußmotor. Elektrotechnik und Maschinenbau 1915, S. 101.

Schenkel, Der Drehstrom-Reihenschlußmotor der Siemens-Schuckertwerke. Elektrotechn. Zeitschrift 1912, S. 473 ff.

7. Mehrphasige Nebenschlußmotoren.

Dreyfus und Hillebrand, Zur Theorie des Drehstrom-Kollektor-Nebenschlußmotors. Elektrotechnik und Maschinenbau 1910, S. 937.

Hillebrand, Das Spannungsdiagramm des Drehstrom-Kollektor-Neben schlußmotors und seine Konstanten. Archiv für Elektrotechnik 1912, 1. Bd., S. 179, 258.

Schrage, Ein neuer Drehstrom-Kommutatormotor mit Nebenschlußregulierung durch Bürstenverschiebung. Elektrotechn. Zeitschrift 1914, S. 89.

Kafka, Das Kreisdiagramm für den mehrphasigen Nebenschlußmotor. Elektrotechnik und Maschinenbau 1916, S. 67 ff.

8. Frequenzwandler.

Heyland, Periodenumformer. El. Kraftbetriebe und Bahnen 1908, Heft 1 und 2.

Seiz, Der asynchrone Einankerumformer. Diss. Karlsruhe 1914.

9. Phasenregler.

Westinghouse, Phase advancer. Electrician 1910, Bd. 64, S. 1064.

Niethammer und Siegel, Über den Phasenkompensator Bauart BBC Elektrotechnik und Maschinenbau 1913, S. 1089.

Rüdenberg, Über Phasenschieber und ihre Verwendung. El. Kraftbetriebe, und Bahnen 1914, S. 425.

Kozisek, Kommutator-Phasenschieber. Elektrotechn. Zeitschrift 1920 S. 52.

Kozisek, Verbesserung des Leistungsfaktors bei Wechselstrombahnen. Elektrotechn. Zeitschrift 1920, S. 327.

10. Kommutatorgeneratoren, Bremsmethoden.

Kummer, Bremsen mit Serienmotoren. El. Kraftbetriebe und Bahnen 1907, Heft 19.

Fynn, The single phase commutator generator. El. World 1910, Bd. 55, S. 1379.

Cauwenberghe, Über einige Eigenschaften der Kommutatorgeneratoren. Elektrotechnik und Maschinenbau 1910, S. 953.

Rusch, Über die Nutzbremsung der wichtigsten Kollektormotoren. Elektrotechnik und Maschinenbau 1911, S. 1.

Rüdenberg, Selbsterregende Drehstromgeneratoren für veränderliche Frequenz. Elektrotechn. Zeitschrift 1911, Hefte 16, 17 und 20. Elektrotechnik und Maschinenbau 1911, Hefte 11 und 15.

Niethammer und Siegel, Über elektrische Bremsung mit besonderer Berücksichtigung der Wechselstrom-Kommutatormotoren. Elektrotechnik und Maschinenbau 1911, S. 1063.

Müller, Gegenstrom- und Kurzschlußbremsung bei Reihenschluß-Kommutatormotoren. El. Kraftbetriebe und Bahnen 1911, S. 721.

Schenfer, Über elektrische Bremsung von Drehstrom-Serien-Kollektormotoren. Elektrotechnik und Maschinenbau 1912, S. 533.

Fränkel, Über Selbsterregung und Nutzbremsung von Reihenschlußkommutatormaschinen für Ein- und Mehrphasenstrom. Elektrotechnik und Maschinenbau 1912, S. 677.

Binder und Dyhr, Über die Entstehung und Unterdrückung selbsterregter Ströme in Drehstrom-Reihenschlußmaschinen. Elektrotechn. Zeitschrift 1913, S. 197.

Schmitz, Der Winter-Eichbergmotor als selbsterregter Generator. Diss. Dresden 1916.

Behn-Eschenburg, Nutzbremsung mit Kommutatormotoren für Einphasenwechselstrom. Elektrotechnik und Maschinenbau 1918, S. 553.

Monath, Einige Verfahren und Schaltungen zur Nutzbremsung von Wechselstrom-Lokomotiven. El. Kraftbetriebe und Bahnen 1919, S. 209, 217.

Fleischmann, Über selbsterregte Mehrphasenstromgeneratoren. Archiv für Elektrotechnik 1920, Bd. 8, S. 447; 1921, Bd. 9, S. 439.

Schenkel, Die Selbsterregung von Kommutatormotoren während ihres Laufs als Motor. Archiv für Elektrotechnik 1913, Bd. 2, S. 10.

Schenkel, Die Stromrückgewinnung bei Wechselstrombahnen. Elektrotechn. Zeitschrift 1920, S. 541 ff.

Sachverzeichnis.

E.

F.

G.

H.

Zeitfracht Medien GmbH
Ferdinand-Jühlke-Straße 7
99095 Erfurt, Deutschland
produktsicherheit@kolibri360.de